조선시대 과학의 순교자

조선시대
과학의 순교자

시대를 앞선 통찰로 불운하게 생을 마감했던 우리 과학자들

이종호 지음

사과나무

조선시대 과학의 순교자

초판 1쇄 발행 2018년 02월 26일
초판 3쇄 발행 2022년 07월 10일

지은이 이종호
펴낸곳 도서출판 사과나무
펴낸이 권정자
등록번호 1996년 9월 30일(제11-123)
주소 경기도 고양시 덕양구 충장로 123번길 26, 301-1208
전화 (031) 978-3436
팩스 (031) 978-2835
이메일 bookpd@hanmail.net
트위터 @saganamubook

값 15,000원
ISBN 978-89-6726-028-6 03400

이 도서의 국립중앙도서관 출판시도서목록(CIP)은 서지정보유통지원시스템 홈페이지(http://seoji.nl.go.kr)와 국가자료공동목록시스템(http://www.nl.go.kr/kolisnet)에서 이용하실 수 있습니다.(CIP제어번호: CIP2018002508)

차마 내 아우에게
바다를 두 번이나 건너며
나를 보러 오게 할 수는 없지 않은가.
내가 마땅히 우이도에 나가서
기다려야지.
− 정약전의 묘비명

❖ 머리말 ❖

조선시대에도 과학이 있었는가?

'과학'이란 단어가 보편화되어 있는 요즘에 조선시대의 대표적인 과학자 몇 명만 꼽아보라면 실제로 많은 사람들이 "조선시대에 정말로 과학자가 있었느냐?"고 반문할 것이다. 조선시대에는 과학과 동떨어져 살았다고 생각하기 때문이다.

다행히도 우리 과학자들의 면모를 알려주는 자료가 있는데 국립과천과학관에 있는 '과학기술인 명예의 전당'에 헌정된 인물들이다. 2018년 현재까지 모두 33명이 선정되어 있는데 다음과 같다.

최무선, 이천, 장영실, 세종대왕, 이순지, 허준, 최석정, 홍대용, 서호수, 정약전, 김정호, 김점동, 이원철, 윤일선, 우장춘, 조백현, 이태규, 안동혁, 김동일, 석주명, 현신규, 장기려, 염영하, 최형섭, 김순경, 김재근, 한만춘, 이임학, 조순탁, 허문회, 이호왕, 이휘소, 김대성.

과학기술인 명예의 전당에 헌정되었다는 것은 이들이 상당한 과학적 업적을 쌓았음을 인정받았다는 뜻이다. 이들 중 조선시대 인물도 상당수 있는데 정작 그들 자신은 과학이라는 단어를 모르고 살았다. 그럼에도 과학자로 분류하는 것은 그들의 업적이 '과학적 사고'를 기본으로 했기 때문이다. 과학이란 미지(未知)의 것을 탐구하는 작업으로, 수많은 과학자들이 공통적으로 가지고 있는 사명은 단 한 가지이다. 새로운 것을 찾아내거나 발견하고 이를 토대로 이론을 만들고 입증하여 미지의 영역을 밝혀내는 것.

이 책에서는 시대를 앞선 통찰로 불운하게 생을 마감해야 했던 우리의 과학자들을 다루고 있다. 지금까지 수많은 과학자들이 명멸하였지만 그 중에서도 과학자의 책무로 인해 불이익을 당한 사람들의 삶의 궤적을 더듬어보고자 했다. 그래서 과학자로서는 탁월한 업적을 남겼지만 일생이 비교적 평탄했던 사람은 제외했다. 우리 역사상 가장 과학자다운 인물로 거명되는 최무선, 세종대왕, 이순지 등을 제외한 것도 이 같은 맥락에서이다.

이 책의 인물들이 당쟁에 휘말리고, 서학(西學)을 공부한다는 이유로 탄압 받고, 서얼이라는 신분적 제약으로 불이익을 받는 등 여러 악조건에서도 과학자로 자리매김했다는 것은 그들의 인생이 쉽지 않았으리라는 것을 짐작케 해준다. 그들 대부분은 유배(流配)라는 처분을 받았는데, 유배란 차마 죽이지는 못하고 먼 곳으로 귀양 보내어 해배(解配)되기 전까지 돌아오지 못하게 하는 형벌 제도이다. 유배는 삼국시대부터 시작하여 조선에 이르기까지 중죄인을 처벌하기 위해 운용되었는데 이 책 속의 인물들은 모두 정치적인 사건으로 유배형을 받았다. 조선시대에 유배형을 받은 사람은 약 2만여 명 정도인데 아이러니하게도 유배지가 조선의 학문적 수준을 한 단계 높여주는 '지식의 산실'이 되기도 했다.

사실 정치적인 사건에 휘말려 유배형에 처해진 사람들은 당대의 엘리트 중의 엘리트였다. 그들은 유배형에 처해졌을 때 신세를 한탄하거나 좌절하는 대신 자신의 지식을 닦고 제고하는 데 주저하지 않았다. 허준, 정약전, 정약용, 김정희 등을 비롯한 선각자들의 탁월한 업적은 유배가 아니었다면 결실을 맺을 수 없었다고 해도 과언이 아니다. 그러므로 이 책의 주인공들은 유배 받은 이유야 어떻든 그들의 업적이 과학에 관련되는 한 모두 '과학의 순교자'들이다.

그들 중에서 순교자라는 말이 적합한 사람도 있고 생각에 따라 고개를 갸웃하게 만드는 사람도 있을 것이다.

풍석 서유구(1764~1845)는 정약용과 쌍벽을 이루며 정조의 총애를 받았던 당대 최고의 지식인이었다. 그러나 숙부가 유배형을 받고 가문이 풍비박산되자 자청해서 18년 동안 유배 생활을 하면서 '조선의 브리태니커'라 불리는 《임원경제지》를 저술했다. 그 후 복권되어 육조판서를 두루 겸임하고 81세까지 천수를 누린 그를 '과학의 순교자'로 볼 수 있느냐 하는 의문이 제기되었지만 만년의 그의 탄식을 보면 이유를 알 수 있다. 그 자신의 말대로 '재야로 내쳐지면서 하루아침에 떠돌이가 된' 그는 이곳저곳을 옮겨가며 논밭을 갈고 땔감을 구해오고 물고기를 잡으며 겨우겨우 먹고살아야 하는 궁핍한 처지로 몰락했다. 평생의 역작 《임원경제지》를 저술할 때 곁에서 도와주던 아들이 죽었고 아내마저 먼저 보냈다. 서유구는 자신이 애써 이룩한 학문적 성과가 허사가 되지 않을까 하는 근심의 나날을 보내야 했다. 실제로 서유구는 죽을 때까지 《임원경제지》를 간행하기 위해 무척 애를 썼지만 끝내 뜻을 이루지 못했다.

정약전(1758~1816)은 흑산도 유배 중에 근대 어류학의 시조로 평가받는 《자산어보》를 썼다. 그는 《자산어보》를 집필한 목적을 "후세의 선비가 이 책을 읽으면 치병(治病)과 이용(利用) 그리고 이치를 다 지고, 집안에서는 도움이 될 것"이라고 밝혔다. 결코 출세나 수양을 위해 쓴 것이 아니라 실학의 실천으로 저술한 것이라는 의미다. 정약전의 업적은 실학사상이 거둔 가장 중요한 성과로 평가된다. 그러나 정약전은 16년이 지나도록 흑산도를 벗어나지 못했다. 우이도에 나가 먼 바다를 바라보며 강진에 유배중인 동생 약용을 그리워했지만 끝내 만나지 못한 채 생을 마감했다.

최한기(1803년~1877)는 조선 후기의 대표적인 실학자로 1000여권의 책을 저술한 지식인이지만 관직의 꿈을 이루지 못한 채 평생 생원으로 보내야 했다. 능력과 품성을 보면 당대 최고의 지위인 삼정승을 주어도 아깝지 않을 만큼 학식이 깊은 그가 관계(官界) 진출이 좌절되었기에 탁월한 과학적 업적을 이룰 수 있었다는 시각이 오히려 적절한 듯하다. 하지만 최한기 자신의 입장에서는 1000권의 책을 저술한 조선의 천재 과학자로 자리매김한 것은 사실이지만 재능에 비해 불우하게 살았던 것만은 분명하다.

그리고 또 한 사람, 종두법의 보급으로 조선의 낙후된 의학계에 크게 기여했지만 친일 이력으로 과학기술인 명예의 전당 헌정에서 취소된 지석영. 그의 경우를 보면서 아무리 탁월한 과학적 업적을 이루더라도 한순간의 잘못된 선택이 전 생애까지 부정당하는 족쇄로 작용한다는 점에서 과학자의 처신에 대해 다시금 생각하게 해준다.

저자 이종호

| CONTENTS |

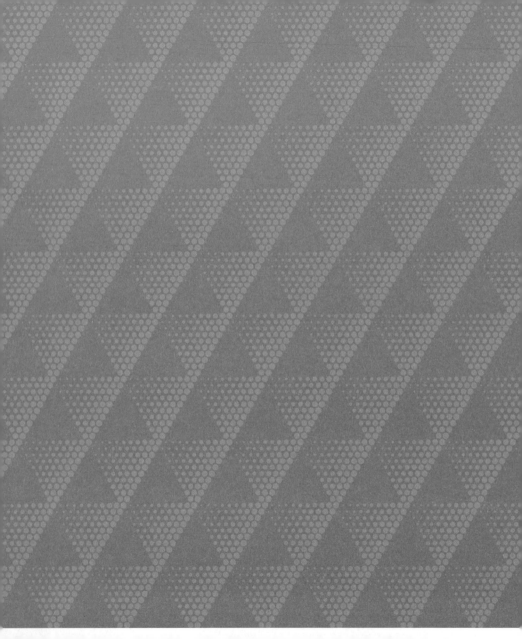

01장

아는 것은
절대
회피하지
않는다

최부, 1454년(단종 2)~1504년(연산군 10)

조선 전기의 문신. 나주 출신. 김종직의 문인. 1487년 추쇄경차관으로 제주에 갔으나 이듬해 부친상을 당해 가던
중 풍랑으로 중국 저장성 닝보부에 표류했다. 반년 만에 한양에 돌아와 왕명을 받고 《표해록(漂海錄)》을 썼다. 수

최부

崔溥, 1454~1504

3대 중국 기행문《표해록》저술, 갑자사화 때 참형 당함

조선의 천재 3명을 말하라면 〈칠정산(七政算)〉을 편찬한 이순지(李純之, 1406~1465), 《흠흠신서》《목민심서》 등을 저술한 정약용(丁若鏞, 1762~1836), 《표해록(漂海錄)》을 저술한 최부(崔溥, 1454~1504)를 꼽는다. 정약용과 이순지는 비교적 잘 알려져 있고 천재라고 해도 수긍하는 사람이 많지만 최부라는 이름을 들으면 고개를 갸웃한다. 도대체 최부가 누구냐는 것이다.

이에 대해 부연 설명이 필요한데 최부가 저술한 《표해록》이 3대 중국 여행기 중 하나라고 알려질 정도로 탁월한 내용이라고 해도 별로 놀라지 않는다. 중국 여행기가 뭐 그렇게 대단한 것이냐는 반문이다.

그러나 3대 중국 여행기가 마르코 폴로의 《동방견문록》, 일본 승려 엔닌의 《입당구법순례행기》, 그리고 1488년 최부가 저술한 《표해록》이라고 하면 고개를 번쩍 든다. 최부의 《표해록》을 알아서가 아니라

마르코 폴로의 《동방견문록》과 비견할 정도라는 말에 비로소 《표해록》이 대단한 것임을 직감하기 때문이다.

우리에게는 잘 알려져 있지 않은 《표해록》이 얼마나 대단한지는 중국 사회과학원의 심의림 교수의 다음과 같은 말로도 짐작할 수 있다.

칠정산(七政算)

조선 전기에 이순지가 제작한 역법(曆法, 달력). 원나라의 수시력은 청의 수도를 기준점으로 했기 때문에 우리 실정에 맞지 않아 우리나라 한양을 기준으로 하여 칠정산을 만들었다. 우리나라 실정에 맞는 기준을 사용함으로써 자주적 성격을 띠고 있다.

'중국 지식인의 한 사람으로서 《표해록》을 읽게 된 것을 몹시 기쁘게 생각한다. 과거 중국인들은 마르코 폴로라는 이탈리아 사람의 여행기만 알았지, 이웃나라 조선에도 '동방의 마르코 폴로'라 할 만한 최부의 기막힌 여행기가 있다는 사실을 몰랐다. 최부의 《표해록》은 중국에 대한 이웃나라의 가장 친절한 묘사라고 할 수 있다.'

표류 중에도 예를 갖추다

《표해록》이 세계 기행문학에 당당히 들어가 있다는 것은 자랑스러운 일이지만 실상 한국인에게조차 잘 알려져 있지 않은데는 그럴 만한 이유가 있다. 최부는 관직도 높지 않은데다 당쟁의 여파인 갑자사화에 희생된 많은 사람 중 한 명이기 때문이다.

최부의 본관은 탐진(耽津)으로 나주에 살았으며 자는 연연(淵淵) 호는 금남(錦南)이다. 진사 최택(崔澤)과 여양 진씨 사이에서 장남으로 태어났다. 어려서부터 성리학을 공부했고 1477년(성종 8) 24세의 나이로 진사시에 합격하여 바로 성균관에 들어가 당대의 문장가이자 사림파의 영수인 김종직(金宗直, 1431~1492)의 문하가 되어 영남사림의 맥을 이어받은 호남사림의 선도자가 된다. 1482년(성종 13) 친시문과(親試文科)에 을과(乙科)로 급제했는데 당시 8명의 급제자 중 김종직 문하의 동문으로 신종호, 표연수, 김일손 등이 있었다. 홍문관 부교리(종5품) 등 여러 관직을 거쳐 전적(典籍)으로 있을 때《동국통감(東國通鑑)》편찬에 참여했다. 1486년(성종 17)에는 문과중시(10년에 한 번 시행되는 정기시험으로 당하관 이하의 문신을 당상관으로 승진시켜주는 특진시험)에 아원(亞元, 장원 다음)으로 급제하여 사헌부 감찰(監察), 홍문관 부수찬(副修撰)을 거쳐 수찬으로 승진하고 1487년 부교리(副校理)가 되었다. 같은 해 도망친 노비들을 잡아들이는 추쇄경차관(推刷敬差官)에 임명되어 제주도로 파견된다. 그런데 2달 후인 이듬해 정월 아버지가 돌아가셨다는 소식을 듣자마자 1488년 1월 3일 수행원 42명과 함께 배를 타고 고향인 전라도 나주로 떠날 채비를 했다.

곧 폭풍이 몰려올 것 같은 날씨여서 사람들이 모두 만류했지만 최부는 한시바삐 상주의 예를 올려야 한다며 출항을 강행했다. 그러나 제주를 떠난 배가 나주로 향하던 중 갑작스러운 기상 악화로 방향을 잃고 말았다. 14일 동안 망망대해를 표류하던 일행은 구사일생으로 중국의 절강(浙江)성 산문(三門)현 주산(舟山)열도에 속한 대산(垈山)섬에 닿았다. 최부는 표류하면서 겪었던 내용을 생생하게 기록했다. 출항 이튿째인 1월 4일, 우박과 태풍으로 돛이 모두 파손되자 일부 부하들이 항의했다.

"형세가 이미 이와 같으니 이슬을 받거나 배를 수리하는 일에 온 힘을 다해도 끝내는 반드시 죽을 것입니다. 힘을 쓰다가 죽느니 차라리 편안히 누워서 죽음을 기다리는 편이 나을 것입니다."

부하들이 태업 아닌 태업을 하자 최부는 다음과 같이 말했다.

"나는 상(喪)을 당해 가는지라 조금도 지체할 수 없는 사정이었다. 더구나 어떤 사람들은 떠나기를 권하기도 했으니 자식 된 자로서 잠시라도 머뭇거릴 수 없었다. 너희들이 표류하게 된 것은 실로 나 때문이다. 그렇지만 상황이 또한 그렇게 만든 것이다. (…) 다행히 혹시 바람이 잦아지고 파도가 조용해진다면 계속 표류하여 다른 나라에 이르러 살 수 있을 것이다."

그는 낙담하여 아무것도 하지 않고 그대로 죽겠다는 부하들을 독려하며 배 안에 차오르는 물을 퍼내도록 했다. 사실 어차피 죽을 목숨이라는데 굳이 물을 퍼낼 필요는 없지만 자신에게 모든 책임이 있고 그래도 살아날 방법을 찾아야 한다는 그의 말에 따라 부하들은 계속 물을 퍼냈다. 그러나 폭풍이 잦아들지 않자 최부는 퍼포먼스를 벌인다. 휘몰아치는 폭풍 속에서 상복(喪服)을 갖추어 입고 하늘을 향해 말했다.

"저는 세상을 살아오면서 오직 충효우애를 마음먹었으며, 마음을 속이거나 모함이 없고, 원수나 원한을 산 적이 없고, 내 손으로 살해한 적도 없으니 비록 하늘은 높지만 굽어 살피시는 바입니다. 지금은 임금의 명을 받들어 제주에 갔다가 부친상을 당하여 돌아가는 중입니다. 제게 어떤 죄와 허물이 있는지 알지 못하나 혹시 저에게 죄가 있다면 저에게만 벌이 미치게 하는 것이 옳을 것입니다. 같이 배를 탄 40여 명은 죄가 없는데 바다에 빠지게 되었으니 하늘이 어찌 불쌍히 여겨 감싸주지 않습니까?"

최부의 말은 부하들을 감동시키기 충분했다. 절망한 일행 중 한 명이 "짠 바닷물을 마시고 죽는 것보다는 활시위로 스스로 목을 매어 목숨을 끊는 것이 낫다"고 하자 최부는 다음과 같은 말로 일행을 다독거렸다.

"비록 파도가 험하고 상황이 위급하지만 배는 실로 단단하여 쉽게 파손되지 않을 것이다. 만약 물을 다 퍼낸다면 살 수 있을 것이다. 너는 진실로 씩씩하고 강하니 물을 퍼내는 작업을 앞장서서 독려하라."

최부의 독려에 힘입어 부하들이 부지런히 물을 퍼내자 배는 정말로 가라앉지 않았다. 한숨을 돌린 후 어느 쪽으로든 배를 몰아야 했고 최부는 놀라운 명령을 내린다.

"너희들은 키를 잡아 배를 똑바로 해야 하며 방향을 잘 알아야 한다. 내가 일찍이 지도를 보니 우리나라 흑산도에서 동북쪽으로 가면 충청도와 황해도의 경계이며, 정북쪽으로 가면 평안도와 요동 등지에 이른다. 서북쪽은 예날 우공(禹貢)의 청주와 연주의 경계이며, 정서쪽은 서주와 양주지역이다. (…) 서남쪽을 향하여 조금 남쪽으로 가다가 서쪽으로 가면 설라(태국), 점성(베트남 중심부), 만랄가(말레이시아 말라카) 등지에 이른다. (…) 지금 풍랑으로 표류하여 5일 밤낮 동안 서쪽을 향해 왔으므로 생각하건대 거의 중국 땅에 이르게 되었으리라고 본다. 불행히 서북풍을 만나 반대로 동남쪽으로 가니 만약 유구국(琉球國, 일본 류큐왕국)이나 여인국에 이르지 못하면 천해

(天海, 허공) 밖 은하수에 도달할 것이다. 끝이 없는 곳을 가게 되면 어떻게 되겠는가. 너희들은 내 말을 기억하고 키를 똑바로 잡고 가야 한다."

이런 말을 했다는 것은 최부가 평소 조선 주변국 지리에 매우 밝았다는 것을 알 수 있다.

고난은 계속되었다. 물이 떨어져 황감(귤) 50여 개와 술 두 동이를 나누어서 아껴가며 마셨지만 이것마저 떨어지자 오줌을 받아 마시기도 했다. 그러나 오줌조차 나오지 않아 탈수증세로 고통을 겪어야 했는데, 다행히도 때마침 비가 내려 옷으로 받아 마실 수 있었다.

고행은 이것으로 끝이 아니었다. 표류 8일째인 1월 12일, 큰 섬에 도착하여 한숨을 돌리는가 싶자 이번에는 해적을 만난다. 그 섬의 이름은 하산(下山)으로, 절강성 주산열도의 섬 중 하나였다. 하산 섬에서 만난 해적 떼가 최부를 거꾸로 매달아놓고 조선의 관리임을 증명하는 인수(印綬)와 마패(馬牌)를 빼앗자 그는 "배 안에 있는 물건은 모두 빼앗아가도 좋으나 인수와 마패만은 나라의 신표(信標)로서 사사로이 사용할 수 없으니 돌려주시오"라고 단호히 말하며 조선의 관리로서의 위엄을 지키는 기개를 보였다.

해적에게 가진 것을 모두 빼앗기고 겨우 풀려나 중국 저장성 우두외양(牛頭外洋)에 상륙했지만 고난은 아직 끝이 아니었다. 중국인들은 최부 일행을 매우 난폭하게 다루었다. 어찌나 심하게 다루었는지 최부는 차라리 바다 위에서 죽는 것이 나았을 것이라고 탄식하기도 했다. 그들이 이렇게 혹독하게 대한 이유는 당시 중국 해상에 자주 출몰하던 왜구로 오인했기 때문이다. 그러나 중국 관헌으로부터 조사를 받은 후 왜구의 혐의를 벗게 되자 그들은 남북을 관통하는 대운하를 거쳐 북경으로 호송된다. 최부 일행의 이후 일정을 간략하게 요약하면 다음과 같다.

'영해현과 영파부를 지나 소흥부에 도착하여 좀 더 엄격한 심문을 거친 후 조선 관리로 대접을 받는다. 항주에 도착하여 일주일 동안 머물고 가흥을 지나 소주부(蘇州附)에 도착한다. 다시 무석과 상주부를 거쳐 진강을 지나 양자강을 건넌다. 항주에서는 의천 대각국사와 인연이 있는 고려사(高麗寺, 927년에 건설되었으며 혜인사라고도 한다)가 있다는 것과 조선에 사신으로 가서 《황하집》을 편찬한 장녕(張寧)에 대한 소식을 들었다. 소주에서는 고려정(高麗亭; 고려의 조공 사신을 접대하던 곳)이 있고 호남과 복건(福建) 등지의 상인이 모여드는 등 도시의 번성에 놀란다. 강북의 대도시 양주부를 지나면서 5년 전 이섬(李暹)이 조선에서 표류해 온 사실을 들으며 계속 북상하여 회안부, 회하(황하)를 건너고 서주를 지난다. 다시 북상하여 한 고조 유방(劉邦)의 고향 패현을 지나고 노나라와 공자의 고향이 있는 연주와 제령주를 거쳐 덕주 등지를 경유하여 산동지역을 떠난다. 계속하여 옛 발해군 지역을 거쳐 천진위에 도착한다. 과거 해운에 의존하던 남북간의 물류 문제를 영락제가 천진에서 운하를 건설하면서 해결했다는 사실을 안다. 북경 회동관(옥하관)에 도착하여 약 25일 동안 체류하면서 황제를 알현하고 북경을 떠나 산해관과 요동을 거쳐 1488년 6월 4일, 제주를 떠난 지 6개월 만에 압록강을 건너 의주에 도착한다.'

최부崔溥

명나라에 대한 생생한 기록

　　중국 학자들이 《표해록》을 '중국에 관한 이웃나라의 가장 친절한 묘사'로 격찬하는 이유는 기행문학으로서의 특성을 유감없이 발휘하고 있기 때문이다. 6개월 동안 장장 4000킬로미터의 대장정을 거치면서 기행문의 생명이라고 할 수 있는 생생한 리얼리티가 돋보인다.

　　최부는 명승지로 유명한 소흥, 항주, 소주 등 중국의 강남지역을 종주하면서 그곳 지리와 함께 각 지역의 옛 역사를 해박한 지식으로 적었다. 더욱이 중국 명나라 효종 통치 초년과 중국의 사회상황, 정치, 군사, 경제, 문화, 교통, 시정 풍경 등 다방면에 관해 기록한 것이 돋보인다. 또한 당시 정치 중 중요한 것으로 판단되는 명대의 해금(海禁)과 해안 방어 등을 상세히 기록해 최부가 국제정치에도 감각이 있음을 보여준다.

　　최부가 기록한 대운하에 대한 생생한 기록은 더 없이 중요한 자료로 인정된다. 최부는 넉 달 넘게 대운하를 종주하면서 수백 개의 역참을 지나는데 《표해록》은 이들 지명을 빠짐없이 기록하고 있다. 최부를 조선의 3대 천재로 거명하는 것은 그의 놀라운 기억력과 예리한 관찰력 때문이다. 해적 떼에게 모든 것을 빼앗기고 거의 포로 상태에서 북경으로 송환되는 상황에서 자신이 본 것을 기록한다는 것은 거의 불가능한 일이다. 그럼에도 불구하고 자신이 직접 겪지 않았으면 결코 적을 수 없는 내용들로 채워져 있는데 이는 그의 뛰어난 기억력 때문이다. 《표해록》를 직접 읽어보면 그의 기억력은 경이로움 그 자체이다.

대운하는 중국인들이 만리장성과 함께 자랑하는 문화유산으로 진시황제(B.C. 259~B.C. 210)가 천하를 통일하면서 착공하여 610년 수 양제 때 개통한 이후 중국 정치의 한 축 역할을 했다. 최부는 운하를 만들면서 쌓은 제방을 당(唐), 제(提), 언(堰), 패(壩) 등으로 구분하고 제방의 수문 즉 갑(閘)에 관해서도 상세히 서술하고 있다. 운하를 가로지르는 홍교(무지개다리), 석교(石橋), 목교(木橋), 지붕 덮은 다리 등 각종 다리에 관해서도 실감나게 묘사하고 있다. 그런가 하면 당시의 교통제도인 포(鋪), 참(站), 역(驛)에 관해서도 서로의 거리라든가 창고의 유무까지 기록할 정도로 자세하다. 집(集)이라는 시장이나 각종 사찰과 사묘, 심지어는 관우 묘의 풍경까지도 세세히 묘사하고 있다.

중국인보다 더 정확하게 묘사한 중국 풍경

《표해록》이 중국 3대 여행기로 꼽히는 것은 중국의 양자강 남쪽과 북쪽의 풍속에 대한 놀라운 비교로 당시 상황을 정확히 파악할 수 있도록 쓰여졌기 때문이다. 표류라는 최악의 상황을 거쳐 운하를 타고 북상하는 단편적인 여행이었음에도 중국 남북의 비교는 그야말로 세밀하다.

① 시장과 상점 : 양자강 이남의 모든 부, 성, 현, 위 소재지는 말할

최부崔溥

수 없이 웅장하고 화려하지만 진, 순검사, 천호소, 채, 역, 포, 마을, 파 등의 소재지 부근 3~4여리 간, 7~8리 간, 10여리 간, 20여리 간에 주택이 밀집되어 있고 상점들이 나란히 붙어 있어 왕래하는 길이 좁고, 높은 누각이 서로 마주 볼 정도로 외관 좋은 위치에 세워져 짜임새 있는 도시들이 고루 분포되어 있었다.

② 주택 : 강남은 대개 기와로 지붕을 얹었고 벽돌로 지었으며 돌 층계는 잘 다듬은 돌을 썼고 간혹 돌기둥을 세운 건물도 있어서 모두 웅장하고 화려했다. 그러나 강북은 소박한 초가집이 태반이었다.

③ 의관 : 강남사람들의 의복은 대개 넓고 큼지막하며 능라, 견, 초, 필단으로 만든 검은 바지에 속옷을 입은 사람이 많고 어떤 이들은 양모 모자나 검은 필단으로 만든 모자를 썼고 (…) 부녀들의 옷 입은 것은 대부분 좌임(左衽, 왼쪽 여밈)이었다. (…) 창주 이북 여자들의 옷섶은 좌임도 있었고 우임(右衽, 오른쪽 여밈)도 있었으며 통주 이후에는 거의 우임이었다. 산해관 동쪽 사람들은 사람됨이 거칠고 야비하며 의관도 남루했다. 해주, 요동 등의 사람들은 반은 중국 사람들이고 반은 조선 사람이었다. 석문령 이남에서 압록강까지는 모두 조선 사람이 이주하고 있어서 그들의 관상이며 언어 및 부녀의 차림새까지도 우리나라와 같았다.

④ 성정(性情) : 강남 사람들은 온화하고 순하며 어떤 이는 형제, 당형제(사촌), 재종형제(육촌)끼리 한 집에서 동거하고 있었다. 오강

승상 직사각형 가죽 조각의 두 끝에 네모진 다리를 대어 접고 펼 수 있어 휴대하기 편리하게 만들었다.

현 이북은 간혹 아버지와 자식이 별거하는 사람이 있었는데 남들이 모두 비난하고 있었다. 남녀노소 할 것 없이 모두 승상(繩床)이나 교의(交椅, 의자)에 걸터앉고 있었다. 강북은 인심이 사나웠으며 산동 지방에 이르면 사람들이 화목하지 못하고 다투는 소리가 끊이지 않았으며 어떤 지방은 살인강도 등이 많다고 했다. 산해관 동쪽 사람들은 성격과 행동에 오랑캐 풍이 있어 아주 사나웠다.

교의

⑤ 문화지식 : 강남 사람들은 독서를 업으로 삼고 있었으며 어린아이 및 뱃사공이나 선원이라 하더라도 거의 글자를 알고 있어서 필담을 나눠보면 누구든 산천, 옛 건물, 토지, 연혁 등을 잘 알아듣고 자세히 알려주곤 했다. 그와 반대로 강북은 배우지 않은 사람이 많기 때문에 물어보면 거의 '나는 글을 안 배워 무식하오' 라고 말했다.

⑥ 부녀 : 강남 부녀자들은 거의 문밖으로 나다니지 않았다. 즉 누각에 올라서서 주렴을 걷고 밖을 내다볼 뿐, 문밖에 나와서 일하는 여자도 없고 길에 다니는 여자도 없었다. 그러나 강북에서는 부녀자들이 밭농사를 하고 배의 노를 젓는 일에 모두 자연스럽게 종사하고

최부崔溥

있었다. 심지어 서주(徐州), 임청(臨淸) 같은 곳에서는 부녀자들이 화장품 행상을 하며 생활비를 벌고 있다고 하는데 그런 것을 부끄럽게 여기지 않았다.

⑦ 무기 : 강남의 무기는 창, 검, 모극(矛戟, 창), 갑옷, 투구, 방패 등인데 갑옷, 투구, 방패 등에는 용(勇)자를 새겨 넣었으며 활과 화살, 전쟁에 쓰이는 말[馬]은 없었다. 강북에서 비로소 활과 화살을 메고 있는 군인을 보았다. 총주 동쪽과 요동 등의 사람들은 거의 활 쏘고 말 달리는 일을 직업으로 하고 있는 듯했다.

⑧ 장식 : 강남 사람들은 치장을 좋아하여 남녀 할 것 없이 거울, 머리빗, 대나무칼, 칫솔 등 치장도구를 상자 속에 넣어 휴대하고 다닌다. 강북도 치장하는 것은 강남과 다를 바 없지만 치장도구를 가지고 다니는 사람을 보지 못했다.

⑨ 생업 : 강남 사람들은 농, 공, 상업에 힘쓰고 있는 데 반해 강북 사람들은 놀고먹는 이들이 많았다.

⑩ 이동 수단 : 강남 사람들은 육로로 다닐 때는 가마를 이용하고, 강북 사람들은 말 혹은 노새를 이용하고 있었다. 강남에서는 좋은 말을 본 적이 없으나 강북에는 용마(龍馬)들이 많았다.

⑪ 장례 제도 : 강남에서는 사람이 사망했을 때 명문거족에 속하

는 사람들 중에는 사당을 세우고 정문(旌門)을 세운 사람도 있고, 보통 사람들은 대개 관을 사용하나 매장하지 않고 물가에 버리거나 했다. 그래서 소흥부성 주변에는 백골이 무더기로 쌓여 있는 곳도 있었다. 강북의 양주(揚州) 같은 곳은 선산에 둥글게 봉분을 만들기도 했는데 어떤 곳은 강변, 밭두렁, 마을 안에 무덤을 만들고 있었다. 강남에서는 상을 당한 사람이나 스님들 중에는 고기는 먹어도 매운 것은 먹지 않으나 강북은 거의 매운 음식을 먹고 있었다.

최부의 기록에서 흥미로운 것은 손님 접대 방법에서 남북이 매우 다르다고 기록한 점이다. 그는 강남에서는 손님 접대가 비교적 간단하며 보통 한 접시의 돼지고기만을 준비한다고 서술했다. 그러나 북방에서는 손님 접대가 거창하여 돼지는 통째로, 술은 단지로 대접했다고 적었다. 이를 보면 남방인은 비교적 세심한 반면 북방인은 호방했다는 것을 알 수 있다. 《표해록》이 중요한 평가를 받는 것은 남북 민속의 특이성을 비교했을 뿐만 아니라 공통점도 서술했다는 점 때문이다.

'그들의 공통점은 귀신을 받들고 도교나 불교를 숭상하고 있는 점이다. 또한 그들은 말할 때 반드시 손을 흔드는 습관이 있고 화를 낼 때는 반드시 입을 찡그리고 게거품을 내면서 말을 한다. 음식이 정결치 못하고 서로 같은 그릇과 같은 상을 쓰고 있으며 젓가락도 제각기 일정한 것이 없이 돌려쓰고 있었다. 절구통은 모두 돌로 만들

었으며 맷돌을 가는 일은 노새나 소를 부린다. 술집은 모두 깃발을
세우고 행인들은 물건을 어깨에 메고 다니나 머리에 이지는 않는다.
거의가 상업에 힘쓰고 있었다. 비록 관직을 가진 신분이 높은 사람
이라 하더라도 소매 속에 저울을 넣고 다니며 하찮은 것에도 이해를
따지는 사람이 있다.'

　문헌의 가치는 우선 서술의 정밀성에 있는데《표해록》은 일기체로
매일매일 기록했으며 모든 기록마다 구체적인 시간, 명확한 장소, 실
제 인물이 기록되어 있다. 기록한 시간은 구체적인 시각까지 표기되
어 있을 정도이다.
　더욱이 최부는 자신이 적은 기록의 원전을 확실히 했다. 그는《표
해록》에서 자신이 몸소 겪고 목격한 것과 전해들은 것을 분명히 구
별했다. 자신이 들은 것에 대해서는 "이상은 누가 나에게 말해준 것
이다" 또는 "내가 듣기로는…" 등의 표현을 사용했다.

놀라운 기억력과 세밀한 기록

　《표해록》을 보면 최부의 천재적인 기억력과 예리한 관찰력에
다시 한번 놀란다. 그것은 그가《표해록》후기에 적은 다음과 같은
귀국기의 일부를 보아도 알 수 있다. 가히 인간의 경지가 아니다.

　'우두외양(牛頭外洋)에서 도저소(桃渚所)까지는 160여 리, 도저소에

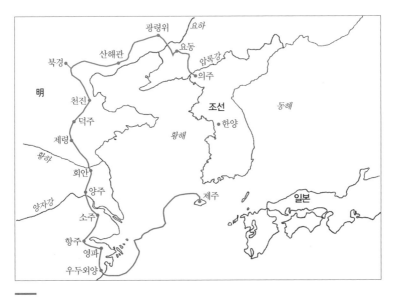

최부 일행의 이동 경로

　서 영해현(寧海縣)까지는 400여 리인데, 모두 연해 지방의 궁벽한 땅이므로 객관(客館)과 역사(驛舍)는 없었다. 월계순검사(越溪巡檢司)에 도착하니 비로소 포(鋪)가 있었고, 영해현에 도착하여 비로소 백교역(白嶠驛)을 볼 수 있었다.

　백교역에서 서점(西店), 연산(連山), 사명(四明), 거구(車廏), 요강(姚江), 조아(曹娥), 동관(東關), 봉래(蓬萊), 전청(錢淸), 서흥(西興)을 거쳐 항주부(杭州府)의 무림역(武林驛)에 이르렀는데, 도저소에서 이곳까지는 1500여 리다. 또 무림역에서 오산(吳山), 장안(長安), 조림(皁林), 서수(西水), 평망(平望), 송릉(松陵), 고소(姑蘇), 석산(錫山), 비릉(毗陵), 운양(雲陽)을 거쳐 진강부(鎭江府)의 경구역(京口驛)에 이르렀는데, 항주에서 이곳까지는 1000여 리다. 양자강을 지나서 양주부(揚州府)

의 광릉역(廣陵驛)에 이르렀는데, 여기서부터는 길이 수로와 육로로 나누어진다. 수로는 소백(邵伯), 우성(盂城), 계수(界首), 안평(安平), 회음(淮陰), 청구(淸口), 도원(桃源), 고성(古城), 종오(鍾吾), 직하(直河), 하비(下邳), 신안(新安), 방촌(房村), 팽성(彭城), 협구(夾溝), 사정(泗停), 사하(沙河), 노교(魯橋), 남성(南城), 개하(開河), 안산(安山), 형문(荊門), 숭무(崇武), 청양(淸陽), 청원(淸源), 도구(渡口), 갑마영(甲馬營), 양가장(梁家莊), 안덕(安德), 양점(良店), 연와(連窩), 신교(新橋), 전하(磚河), 건녕(乾寧), 유하(流河), 봉신(奉新), 양청(楊靑), 양촌(楊村), 하서(河西), 화합(和合)을 거쳐서 통주(通州) 노하수마역(潞河水馬驛)에 이르렀는데, 양주에서 이곳까지는 합계 3300여 리이다. 육로는, 대류(大柳), 지하(池河), 홍심(紅心), 호량(濠梁), 왕장(王莊), 고진(固鎭), 대점(大店), 수양(睢陽), 협기(夾浠), 도산(桃山), 황택(黃澤), 이국(利國), 등양(滕陽), 계하(界河), 수성(邾城), 창평(昌平), 신가(新嘉), 신교(新橋), 동원구현(東原舊縣), 동성(銅城), 임산(荏山), 어구(魚丘), 대평(大平), 안덕(安德), 동광(東光), 부성(阜城), 낙성(樂城), 영해(瀛海), 근성(鄚城), 귀의(歸義), 분수(汾水), 탁록(涿鹿)을 거쳐서 고절역(固節驛)에 이르렀는데, 양주에서 이곳까지는 2500여 리 길이다.

강에는 홍강(紅舡, 강 배)이 있고 육로에는 포마(鋪馬, 역마)가 있다. 무릇 왕래하는 사명(使命, 왕의 명을 받은 사신), 공헌(貢獻, 공물의 헌납), 상고(商賈, 상업)들은 모두 수로를 이용하는데, 만약 혹시 가뭄으로 인하여 갑하(閘河)의 물이 얕아서 배가 능히 통행할 수 없거나, 혹시 빨리 달려가서 급히 보고할 일이 있으면 육로를 이용한다.

생각해보니 양주부는 남경과 3개의 역(驛) 정도만큼 떨어진 거리로 가까웠고, 또 민(閩, 복건성)과 절(浙, 절강성) 이남 지방에서도 모두 이 부(府, 양주부)를 경유해 황도(皇都, 북경)에 도달하게 되니, 그런 까닭으로 역로(驛路)는 매우 컸다.

육로의 역(驛)은 거리가 60리 되기도 하고, 70~80리 되기도 했다. 그리고 수로의 역은 무림(武林)에서 오산(吳山)까지 30리, 노하(潞河)에서 회동관(會同館)까지 40리였는데, 모두 수로 중의 육로인 까닭에 거리가 가깝다. 그 외에는 60~70리, 혹은 80~90리, 혹은 100리가 넘기도 했으니, 거리가 매우 멀다. 포(鋪, 우편)의 거리 역시 10리, 혹은 20~30리가 되기도 하는데 양주 이후로는, 물가에는 또 6~7리, 혹은 10리마다 천(淺)을 설치하여 거리를 표시했다.

내가 거쳐 온 우두외양에서 도저소, 항주로 해서 북경의 회동관(會同館)에 이르렀으니, 대략 합계하면 6000여 리다. 회동관에서 노하(潞河), 하점(夏店), 공락(公樂), 어양(漁陽), 양번(陽樊), 영제(永濟), 의풍(義豊), 칠가령(七家嶺), 난하(灤河), 노봉구(蘆峯口), 유관(楡關), 천안(遷安), 고령(高嶺), 사하(沙河), 동관(東關), 조가장(曹家莊), 연산도(連山島), 행아(杏兒), 소릉하(小凌河), 십삼산(十三山), 여양(閭陽), 광녕(廣寧), 고평(高平), 사령(沙嶺), 우가장(牛家莊), 해주재성(海州在城), 안산(鞍山), 요양(遼陽) 등 역을 거쳐 요동성에 이르렀는데, 요양역은 곧 요동 재성역(在城驛)이다. 역은 거리가 30~40리 또는 50~60리였으니, 합계하면 1700여 리다.

산해관 안쪽에는 10리마다 연대(煙臺, 봉화대)를 설치하여 봉화(烽火)를 갖췄고, 산해관을 지난 후에도 또 5리 간격으로 작은 돈대(墩臺)를 설치, 푯말을 세워서 거리를 기록했다. 요동에서 두관(頭官), 첨

수(甜水), 통원보(通遠堡), 사리(斜里), 개주(開州), 탕참(湯站) 등 여러
참(站)을 거쳐 압록강까지는 또 300여 리가 된다.

산해관의 동쪽에는 또 기다란 원장(垣墻, 울타리)을 쌓고 보자(堡子,
보루)를 설치하여 야인(野人, 여진족)을 방비했다. 역체(驛遞)에는 모두
성이 있었는데 방어소(防禦所)와 같았다. 또 부(府), 주(州), 현(縣)을
설치하지 않고 위소(衛所)만 두었다. 비록 역체의 관원이라고 할지라
도 모두 군직(軍職)에서 이를 충당했다.

내가 다시 전해 듣기에 삼차하(三汊河)에서부터 또 한 길이 있는데
해주위(海州衛), 서목성(西木城), 수안성(繡岸城), 앵나하둔(鶯拿河屯),
뇌방(牢房), 임자둔(林子屯), 독탑리둔(獨塔里屯), 임강하둔(林江河屯),
포로호둔(蒲蘆葫屯)을 지나 압록강에 이르기까지 200여 리로 역시
중대로(中大路)다. 길 왼편에 옛 성터가 있었는데, 황폐해 안시리(安市
里)가 되었다. 전하는 말에 의하면 '고구려에서 당 나라 군사를 막았
던 곳'이라고 한다. 명나라 홍무(洪武) 연간에 또 기다란 원장을 쌓아
서 오랑캐를 방어했는데, 머리 쪽이 진(秦)나라 장성(長城, 만리장성)
에 잇닿아 동쪽으로 뻗어 나왔다.'

최부의 치밀한 기록이 놀랍지 않은가! 놀라운 기억력으로 자신의
경험을 적는 차원이 아니라 자신이 겪고 보았던 것이 조선의 국방에
도 도움이 될 수 있도록 중국의 방어막 등에 대해서 정확하게 서술
하고 있다. 당시 조선의 고위 관료들이 국방 등에는 관심을 보이지
않고 당리당략에 빠져 상대방을 헐뜯기에 앞장선 것에 비하면 당시
하급 공무원에 지나지 않던 최부가 나라의 국방까지 신경 썼다는

것은 관료로서의 자질을 엿볼 수 있는 대목이다.

중국 역사·지리에 대한 해박한 지식

《표해록》을 읽으면서 많은 사람들이 가장 놀라는 것은 최부의 기억력 때문이다. 소흥부에서 그를 심문하던 중국 관리가 최부의 해박한 지식과 지리 정보에 놀라 다음과 같이 묻는다.

문 : 그대가 쓴 사례의 시를 보니 이 지방의 산천을 어찌 그리도 상세히 아시오? 이 지방 사람에게 들어서 쓴 것이 아니오?
답 : 의지할 데도 없고 말도 통하지 않는데, 누구와 더불어 이야기를 하겠소? 나는 일찍이 중국 지도를 본 적이 있기에 이곳에 이르러 그 기억을 살려 기록했을 뿐이오.

최부의 《표해록》이 조선뿐만 아니라 일본, 중국에서도 많이 읽힌 것은 《표해록》에 기록되어 있는 해박한 정보 때문이다. 특히 그가 수많은 중국 관리들과 만나서 자신의 주장을 당당하게 펼칠 수 있었던 것도 그의 투철한 역사관에서 비롯되었다. 그가 숙지하고 있었던 역사지식은 놀랍기만 하다. 2월 4일 소흥부에 도착했을 때 그를 심문하던 관리가 조선인이라면 조선의 연혁은 물론 도읍, 산천, 인물, 풍속, 제사의식, 상제, 호구, 병제, 전부(田賦), 의관제도를 자세히 적어 내라고 명령했다. 그가 적은 내용은 다음과 같다.

'연혁과 도읍을 말하자면 시작은 단군으로 당요(唐堯)의 시대와 같았고 국호는 조선이며 도읍은 평양으로 대대로 천여 년 동안 다스렸소. 그 후 주(周) 무왕이 기자를 조선에 봉한 뒤 평양에 도읍을 정하고 팔조(八條)로써 백성을 교화했소. 지금 조선 사람이 예의로써 풍속을 이룬 것이 이때부터요. (…) 신라 박 씨가 처음으로 나라를 세웠고 고구려 고 씨와 백제 부여 씨가 서로 연이어 일어나니 옛 조선의 땅이 세 부분으로 나뉘게 되었소. (…) 산천으로 말하면 장백산이 동북에 있는데 일명 백두산이라고 하며 횡으로 천여 리나 뻗쳐 있고, 높이는 이백여 리나 되오. 그 산정에는 못이 있는데 둘레가 80여 리나 되며 동쪽으로 흘러 두만강이 되고 남쪽으로 흘러 압록강이 되오. 또 동북쪽으로 흘러 속평강이 되고, 서북쪽으로 흘러 송화강이 되오. 송화강 하류는 곧 혼동강이오.'

3월 15일 요동지역이 들어갔을 때는 중국 관리에게 명쾌하게 요동지역이 예전에 고구려 땅이었음을 지적한다.

'그대들의 땅은 고구려의 옛 도읍지다. 고구려는 지금 조선의 땅이니 땅의 연혁은 비록 시대에 따라 다르지만 그 실상은 한 나라와 같다.'

5월 23일 요동지역 요양(遼陽)에 이르렀을 때 계면(戒勉)이라는 승려에 대한 이야기에서는 고구려인에 대한 자부심이 남아 있다고 적었다. 계면은 조선인으로 조부 때부터 중국에서 살게 되었다고 했다.

'이 지방은 조선의 경계와 가까운 까닭에 이곳에 와서 거주하는 사람이 매우 많습니다. (…) 이 지방은 옛날 고구려의 도읍으로 중국에 빼앗겨 예속된 지 천 년이 되었습니다. 우리 고구려의 풍속이 아직도 남아 있어 고려사(高麗祠)를 세워 근본으로 삼고 제례(祭禮)를 올리는 것을 게을리 하지 않으니 근본을 잊지 않기 때문입니다.'

요동지역에는 조선 사람들이 많이 살고 있어 이곳에서 마치 평안도 사람들처럼 조선말을 잘 알아듣는다는 설명도 있다. 필자는 최부가 지적한 고려사를 찾기 위해 요양 지역을 직접 답사했으나 요양 지역의 엄청난 개발 여파로 고구려의 유적을 전혀 찾을 수 없었고 유명한 요양성의 유적도 발견하지 못했다.

최부는 상(商)나라의 고죽국(孤竹國)으로 불리는 난주를 거쳐 유명한 산해관을 지난다.

'산해관 동쪽에는 진동공관이 있는데 병부주사관 한 명이 군리를 거느리고 상주하면서 동서로 다니는 행인을 일일이 조사한 뒤 출입을 허락했다. (…) 산해관 동쪽 성문에서 나오니 문 위에는 동관루가 있고 문 밖에는 동관교가 해자에 걸쳐 있었다. 산해관 밖에는 망향대(望鄕臺)와 망부대(望夫臺)가 있는데 세상에 전해지기를 "진나라가 장성을 쌓을 때 맹강녀가 남편을 찾았던 곳"이라고 했다.'

최부崔溥

최부는 맹강녀의 전설에 대해서도 적어 중국 역사에 대한 해박한 지식을 보여주었다. 맹강녀 전설은 중국의 민간 4대 전설 중의 하나로 그 내용은 다음과 같다.

진시황 때 맹강녀(孟姜女)의 남편 범기량(范杞良)이 만리장성 축성(築城) 노역에 징용되었다. 오랫동안 편지 한 장 없던 어느 날, 맹강녀의 꿈에 남편이 만리장성에서 일하다 죽는 모습이 나타났다. 맹강녀는 두터운 옷을 입히려고 몇 달에 걸쳐 만리장성 현장에 도착했으나 남편은 이미 죽어 시신마저 찾을 길이 없었다. 당시 축성 노역을 하던 사람이 죽으면 시신을 성채 속에 묻어버리는 것이 관례였기 때문이다.

맹강녀가 성벽 앞에 옷을 바치고 며칠을 엎드려 대성통곡하자 열흘 만에 성채가 무너지고 그 안에서 남편의 유골이 나왔다. 맹강녀는 유골을 거두어 묻은 뒤 스스로 바다에 뛰어들어 자살했다. 그 후 바다 한가운데에 강녀의 무덤이 생겼는데 사람들이 이 바위 위에 오르면 장성을 바라볼 수도 있고 무덤도 바라볼 수 있었다.

만리장성이 시작되는 산해관 인근에 맹강녀묘, 맹강사당(孟姜祠堂), 맹강녀원(孟姜女苑)이 있다. 맹강녀원 내에는 '지아비를 위해 천리 길을 울며 장성에 도착하였다'는 전설을 비롯해 '밤새 겨울옷을 만들고', '만 여 장정의 장성축조', '망부석' 등 20개의 장면이 그려져 있다.

갑자사화 때 참변을 당하다

중국에서 돌아온 최부는 성종(재위 1469~1494)의 명에 따라 단 8일 동안 무려 5만 자 분량을 일기체로 썼는데 그것이 바로 《표해록》이다. 놀라운 기억력과 예리한 관찰력, 역사와 지리에 대한 풍부한 식견 없이는 결코 불가능한 작업이었다. 책 제목은 표해(漂海), 즉 바다에서의 표류를 기록한 것으로 되어 있지만 내용의 3분의 2가 중국 강남지대인 항주와 소주부터 북경까지 약 8800리를 135일간 종주하면서 직접 보고 들은 것을 기록한 것이다.

따라서 이 책은 중국에 관한 기록이기는 하지만 중국에 간 사신들이 쓴 각종 연행록(燕行錄, 약 407건)과 구별하기 위해 《표해록》이란 이름을 붙였다고 한다. 원래 이 책은 왕명에 의해 편찬된 것이므로 처음에는 정부에서 서문이나 발문 없이 동활자본으로 간행했다. 그러다가 최부의 외손자이자 조선시대 개인 일기로는 가장 방대한 규모를 자랑하는 《미암일기(국보 제400호)》의 저자이기도 한 유희춘(柳希春)이 1569년(선조 2)에 평안도 감찰사를 지내면서 목판본으로 간행했다.

《표해록》을 본 성종은 감탄하며 포 50필과 마필(馬匹)을 하사했다. 최부는 곧바로 고향인 나주로 내려가 부친상을 당한 지 반 년 만에 상(喪)을 치른다. 그런데 상중에 다시 모친상을 당하여 3년 상

표해록 동활자본 고려대 박물관 소장. 〈출처〉 고려대학교 도서관.

최부崔溥

을 또 치른다. 만 4년 동안 부모의 상을 마치자 성종은 최부를 불러 정5품 사헌부 지평(持平)으로 임명했다.

그러나 이때부터 최부의 인생이 꼬이기 시작한다. 임용된 지 한달 여가 지나도록 사간원에서 동의해주지 않았는데, 그 이유는 그가 중국에서 돌아와 상주(喪主)된 몸으로 견문기 즉《표해록》를 쓴 사실이 유교의 명분에 어긋나는 행위라며 반대했기 때문이다. 부친상이 끝나지 않았는데도 고향으로 내려가지 않고 왕명을 빙자해 책을 저술했다는 것이다. 중국에서 상주의 예를 다하고자 황제를 알현할 때도 상복을 벗을 수 없다고 꼿꼿하게 주장하던 최부였지만 고국에서는 예를 다하지 못한 사람으로 탄핵받은 것이다. 성리학은 당시 조선 선비들에게 '극한 상황'이라는 변수도 용납하지 않았다.

이에 대해 성종은 최부가《표해록》을 쓴 것은 자신이 명령한 일이므로 그에게 잘못이 없다고 두둔했다. 최부는 1년 후에 홍문관 교리로 교체 임명되었다가 3개월 후에는 홍문관부응교, 예문관응교로 전례 없는 파격적인 승진을 했다. 물론 이때도《표해록》저술이 문제가 되었으나 이번에는 성종이 아니라 육조와 홍문관 쪽에서 최부를 두둔했다. 특히 최부가 부모상을 치르면서 여묘(廬墓)살이를 4년이나 했다는 점을 강조했다. 이는 최부에 대한 성종의 신임이 깊었기에 가능한 일이었다.

그런데 1494년 연산군이 등극하면서 문제가 시작되었다. 연산군 초기에는 최부의 관직생활이 순탄했다. 충청도 지방에 큰 가뭄이 들자 연산군의 명을 받들어 그가 기행문에서 소개한 중국 수차의 제작 및 이용법을 제시하여 재난에 대처토록 건의하기도 했고, 1497년

(연산군 3)에는 성절사(聖節使, 중국 황제, 황후의 생일을 축하하기 위해 파견한 사신)의 질정관(質正官)으로 명나라에 다녀오기도 했다.

그러나 워낙 강직한 성품 탓에 연산군에게 간언하고 3정승의 실정을 비판하는 상소를 올려 조정의 눈 밖에 난다. 더욱이 1498년(연산군 4) 무오사화 때 김종직 문하인 김굉필, 박한주 등과 함께 붕당을 조직해 국정을 비난했다는 죄목으로 장(杖) 80대와 함경도 단천으로의 귀양에 처해졌다. 1504년(연산군 10) 갑자사화 때 처음에는 장 100대에 노예 신분으로 거제로 귀양가는 처벌이 내려졌으나 결국 참형으로 생을 마감한다. 최부는 처형장에서 한 마디의 말도 없이 담담히 최후를 맞았는데 사관은 그에 대해 다음과 같이 적었다.

'최부는 공렴정직하고 경사(經史)에 널리 통했으며, 문사(文詞)에 능했다. 간관(諫官, 사헌부나 사관원 소속으로 임금이나 관료의 잘못을 간하는 자리)이 되어서는 아는 것을 말하지 않는 것이 없었으며, 회피하는 일이 없었다.'

《표해록》은 소재나 서술 방법에서 다른 기행문을 압도한다. 중국 3대 기행문으로 꼽히는 다른 책을 보면, 일본의 엔닌은 불승으로서 주로 당나라의 불교 관련 내용만 언급했고, 이탈리아의 마르코 폴로는 중국에 17년간이나 머물면서도 만리장성이나 차문화, 젓가락에 대해서 한 마디 언급도 없을 정도로 부실해서 마르코 폴로가 정말 중국을 여행했는지 아직 결론이 나 있지 않은 상태이다.

이에 반해 최부의 기록 내용은 차원이 다르다. 중국어를 모르는

최부崔溥

조선의 하급관리인 최부가 이와 같이 날카롭게 적었다는 놀라운 일이다. 그가 경험하고 목격한 것을 사실 그대로 생생하게 기록하고 다양한 소재를 취할 수 있었던 것은 뛰어난 기억력과 관찰력, 문장력과 함께 철저한 기록정신이 있었기에 가능했다. 이러한 기록정신이 없었더라면 호송 길에 스쳐 지나간 현장을 그토록 세심하고 정확하게 그것도 단 8일 만에 5만여 자로 써낼 수는 없었을 것이다.

한편 최부는 강북의 대도시 양주를 지나면서 뱃사람으로부터 5년 전에 조선 사람 이섬(李暹)이 이곳에 표류해왔다는 사실을 전해 듣는다. 이섬은 정의현감으로 있던 시절 양주지역에 표착했는데 그때의 경험을 《행록》으로 보고한 적이 있다. 엄밀히 말하면 최부가 중국 표류견문기를 처음으로 남긴 조선 사람은 아닌 셈이다.

표류기를 과학으로 볼 수 있는가, 라는 질문을 하는 사람이 있는데 이에 대한 대답은 "그렇다"이다. 남극이나 북극을 탐험한 후 논문을 제출한 사람들을 기본적으로 과학자들로 인식하고 있다는 점을 감안하면 당연하다.

그런데 만일 최부가 갑자사화의 희생자가 되지 않았다면 어땠을까. 그 천재성으로 또 다른 과학사를 만들어내지 않았을까 생각하면 아쉬운 마음이 든다.

무오사화(1498년)

1498년(연산군 4) 김종직의 제자 김일손(金馹孫) 등 신진 사류가 유자광(柳子光) 중심의 훈구파(勳舊派)에게 화를 입은 사건.

세조가 왕위에 오른 뒤 중앙집권과 부국강병을 강조한 정치로 훈구대신들의 권세가 높아지고 재산을 모으면서 부정부패와 폐단이 잇따랐다. 성종 때 김종직(金宗直)을 중심으로 한 사림파가 새로운 정치세력으로 등장하며 사간원·사헌부 등의 언론·사관(史官)직을 차지하며 훈구대신의 비행을 규탄하고 연산군의 향락을 비판하며 왕권의 전제화에 반대했다. 그러자 유자광을 중심으로 한 훈구파의 반격이 시작되었고 대립이 표면화되었다.

1498년《성종실록》을 편찬할 당시 실록청(實錄廳) 당상관 이극돈은 김일손이 사초에 삽입한 김종직의 조의제문(弔義帝文)이 세조가 단종으로부터 왕위를 빼앗은 일을 비방한 것이라며 이를 문제삼아 사림파를 싫어하는 연산군에게 고하였다. 연산군은 김일손 등을 심문하고 이와 같은 죄악은 김종직이 선동한 것이라 하여, 이미 죽은 김종직의 관을 파헤쳐 그 시체의 목을 베었다. 이로 인해 많은 사림파가 희생되었다.

갑자사화(1504년)

1504년(연산군 10) 연산군의 생모 윤씨(尹氏)의 복위 문제에 얽혀서 일어난 사화.

성종 비(妃) 윤씨는 질투가 심하여 폐출(廢黜)되었다가 1480년 사약을 받았다. 그 배경에는 성종의 총애를 받던 엄숙의(嚴叔儀), 정숙의(鄭叔儀), 그리고 성종의 어머니 인수대비(仁粹大妃)가 합심하여 윤씨를 배척한 것도 하나의 이유였다. 한편 연산군은 사치와 낭비로 국고가 바닥이 나자 공신들의 재산의 일부를 몰수하려 하였는데, 이때 임사홍(任士洪)이 연산군을 사주하여 공신 배척의 음모를 꾸몄다. 임사홍은 폐비 윤씨의 죽음에 대해 연산군에게 밀고했고 연산군은 이 기회에 어머니 윤씨의 원한을 푸는 동시에 공신들을 탄압할 결심을 한 것이다.

이 사건은 표면상 연산군이 생모 윤씨에 대한 원한을 갚기 위해 벌인 살육으로 평가할 수도 있으나 그 이면에는 조정 대신들 사이에 보이지 않는 알력이 작용한 결과이다. 연산군의 극에 달한 향락을 제어하려는 신하들과 연산군을 이용해 자신의 세력을 키우려는 신하들로 나뉘게 되었고, 임사홍이 이러한 대립구도를 적절하게 이용하면서 연산군의 복수 심리를 교묘히 이용해 일으킨 사건이었다. 임사홍은 무오사화 때 당한 원한을 갚기 위해 연산군 비 신씨의 오빠인 궁중세력의 신수근(愼守勤)을 끌어들여 부중세력의 훈구파와 무오사화 때 남은 선비들을 제거하기 위해 옥사를 꾸몄던 것이다.

갑자사화는 이후 국정과 문화발전에 악영향을 끼쳤는데, 사형을 받았거나 부관참시를 당한 사람들 중에는 역사에 이름이 빛나는 대학자, 충신들이 많이 포함되어 있다. 갑자사화로 인해 성종 때 양성한 많은 선비가 수난을 당하여 유교적 왕도정치가 침체되는 결과를 가져왔다. 연산군의 폭정은 중종반정(中宗反正)으로 막을 내리게 되었다.

02장

차별의
벽을
뛰어넘다

허준, 1539(중종 34)~1615(광해군 7)
조선 중기의 의관. 자는 청원(淸源), 호는 구암(龜巖), 본관은 양천(陽川)이다. 30여 년 동안 왕실 병원인 내의원의 어의로 활약하는 한편 《동의보감(東醫寶鑑)》을 비롯한 8종의 의학서적을 집필하여 조선을 대표하는 의학자로 우뚝 섰다.

허준

許浚, 1539~1615

《동의보감》 저술, 유배에 처함

우리 민족의 의학은 일찍이 이웃 일본이나 중국에 적지 않은 영향을 주면서 발달했다. 백제에서 거의 해마다 일본에 의박사와 채약사(採藥師)를 파견한 것은 물론 중국 황실에 초빙된 적도 있었다.

고구려, 백제, 신라를 거쳐 고려시대의 의학은 삼국시대 의술과 의료제도를 계승했으며 조선 초기의 의료제도는 고려의 것을 그대로 답습했다. 그러나 태종에서 성종 때까지 개편과 정비를 거듭하여 고려시대보다 확충된 제도를 갖춘다. 고려 말~조선 전기에는 주로 금나라와 원나라를 통해 새로운 유학과 함께 새로운 의학도 수입되었다. 그리고 조선 건국 후 약 100여 년 동안에는 명나라로부터 새로운 의학이 도입되었다.

그런데 고려 말~조선 초에 도입된 금·원나라의 의학과 명나라 의학 간에는 약간의 차이가 나타나기 시작했다. 따라서 양예수(楊禮壽)

와 허준이 활동할 무렵인 16세기 중·후반은 양 학설 간의 혼란을 정리하고 새로운 학설을 정립할 필요성이 제기되던 시기였다. 이 일을 먼저 추진한 사람은 양예수였다. 양예수가 저술한 《의림촬요(醫林撮要)》는 당시 의학의 문제를 밝혀 주는 것은 물론 앞으로 진행되어야 할 방향을 정해주는 입문서라 볼 수 있다. 그러므로 당대의 석학인 양예수의 지도를 받은 허준은 새로 도입된 의학과 옛 의학 간에 발생한 의학상의 문제점을 숙지하고 있었다. 허준이 쓴 《동의보감》은 양예수의 문제를 이어받아 새로운 의학의 결과를 정리한 의서이다.

> **양예수(楊禮壽, ?~1597)**
> 조선 시대의 의관. 어의로서 명종의 신임을 받아 통정대부에 오르고 명종 임종까지 간호했다. 1596년 태의(太醫)로서 《동의보감》의 편집에 참여했다.

서자 출신, 왕의 주치의가 되다

《동의보감》은 한의학을 공부하는 사람들의 필독서이다. 저자 허준은 1539년(중종 34) 3월 5일 경기도 양천현 파릉리(현 서울시 강서구 등촌동)에서 아버지 허론(許碖)의 둘째 아들로 태어났는데 정실부인 손(孫)씨가 아닌 영광 김(金)씨의 소생이다. 《홍길동전》을 저술하여 당시의 부패한 세도정치와 양반계급을 통박하고 민권혁명사상을 고취한 허균, 당대의 여류 문필가이자 서화가인 허난설헌 등도 모두 양천(陽川) 허씨이다. 허준의 증조부는 영월군수를 지냈고, 조부는 무과에 등과하여 경상우수사를 지냈으며 아버지도 역시 무관으로 평안도 용천부사(龍川府使)를 역임했다.

그러나 서자 출신이라 제대로 양반 행세를 할 수 없게 되자(서자라는 기록은 없으나 당시에는 중인 계급이 진출하던 의원이 된 것으로 보아 추측할 뿐이다) 일찍이 고향을 떠나 경상도로 가서 신분을 감추고 과거를 준비했다. 1574년(선조 7)에 과거에 급제(유희춘의 추천의 의해 어의가 되었다는 설도 있다)하여 의관(醫官)으로 내의원(內醫院)에 들어갔고 1575년(선조 8)

허준 초상 서자 출신의 허준은 의관으로는 파격적으로 양평군 정1품 보국숭록대부 자리에까지 올랐다. 국립현대미술관 소장.

에는 이미 내의(內醫)로서 임금을 진찰하는 입진(入診)의 영예를 받았고, 1590년(선조 23)에는 왕자의 병을 고쳐 선조의 특별한 신임을 받으면서 의관으로는 파격적인 당상관직을 받았다.

1592년(선조 25) 임진왜란이 발발하여 의주까지 피난 가는 선조의 일행으로 처음부터 끝까지 왕을 시종하여 노쇠한 양예수를 대신해 실질적으로 내의원을 주도한 공로로 호성공신(扈聖功臣) 3등으로 기록되었다. 선조는 호성공신들을 기리도록 했고 3등으로 기록된 공신들에게는 반당(伴倘, 호위병) 4인, 노비 7구(口), 구사(丘史, 하인) 2명, 전지(田地, 밭) 60결, 은자(은화) 5냥, 내구마 1필을 하사했다. 1600년

허준許浚

양예수가 사망하자 허준은 명실상부한 수석 의관이 되었으며 1606년에는 양평군에 올라 정1품인 보국 승록대부가 되었다.

이와 같은 선조의 편애로 인한 파격적인 인사가 중신들에게 곱게 보일 리 없었다. 의업은 중인이나 서자 출신이 하는 직업인데 서자인 허준이 대신들과 계급을 나란히 하는 동반(東班)의 부군(府君)과 보국(輔國)의 당상관에 품계 되자 사간원과 사헌부에서는 왕에게 시정을 요청했다. 선조는 처음에 이들의 항의를 받아들이지 않았지만 계속되는 상소에 허준에게 내린 벼슬을 취소하지 않을 수 없었다. 물론 훗날 허준이 사망한 뒤 양평군 정일품 보국승록대부로 다시 추증되었다.

《동의보감》을 헌정하자 광해군은 허준의 노고를 위로하며 양천 허씨에 대해서만은 앞으로 영원히 적자와 서자의 차별을 두지 말라는 특명까지 내렸는데, 그 후 여러 대를 통하여 양천 허씨의 경우 적자와 서자 간 차별대우가 없다는 것이 사실로 전해지고 있다. 우여곡절은 있었지만 조선조 500년의 역사를 통해 정일품 자리에 오른 의료인은 허준뿐이다.

허준은 치료뿐만 아니라 저술에 있어서도 탁월했다. 내의원에서 근무한 지 7년째인 1581년(선조 14)에 《찬도방론맥결집성(纂圖方論脈訣集成)》 4권의 교정과 개편(改編)을 맡아 학의(學醫)로서의 첫 출발을 내디뎠다. 《찬도방론맥결집성》은 원래 중국의 고양생(高陽生)이 지은 《찬도맥결》을 원전으로 하는데 《찬도맥결》은 조선 초 으뜸가는 맥학서(脈學書)로 의과고시(과거시험)의 교재로도 채택된 의학서이다.

그러나 글자에 오자(誤字)가 많고 문맥이 매끄럽지 않아 배우는 사람들이 어려움이 많았다. 그러므로 허준이 왕명을 받아 여러 고전(古典)을 참고하여 엄밀하게 교정한 것으로 조선 말기까지 맥학의 기본 지식은 모두 여기에 바탕을 두고 있다.

또한 허준은 조선 초의 뛰어난 문장가인 임원준(任元濬)의 《창진집(瘡疹集)》을 한글로 증보개정했고, 《언해두창집요(諺解痘瘡集要)》, 《언해구급방(諺解救急方)》을 썼다. 《언해두창집요》은 두창(천연두)의 병리, 진단은 물론 질병의 진행 상태에 따른 치료법과 처방을 기록했고 예방과 면역의 방법을 제시했다. 한편 《언해구급방》은 1607년(선조 40)에 내의원에서 간행한 것으로 원래 세조 초에 편찬된 의서를 허준이 한글로 풀이하여 간행한 것이다. 중풍이나 파상풍 등 위급한 병의 발생과 해결, 사망하는 경우의 처치법, 여러 가지 부스럼과 외상에 대한 처치법, 중독과 해독 등 구급에 필요한 70여 항목이 들어 있다.

그 후 1608년(선조 41)에는 임진왜란 직전 노중례가 간행한 《태산요록》을 한글로 풀이하고 개정한 《언해태산집요(諺解胎産集要)》를 편찬해 부녀자들의 잉태에서부터 산전, 산후의 모든 산부인과적인 질병의 증세와 치료 방법 등을 기술했다.

《언해두창집요》, 《언해태산집요》, 《언해구급방》 3서는 모두 한글 풀이를 붙여 한문을 모르는 일반 백성이나 부녀자들까지도 쉽게 읽고 이해하게 했다. 그리고 당시 전국에 유행하던 천연두의 예방·치료와 부인들의 산부인과 질병 치료 및 산전·산후 지식 보급에 힘썼다. 이들 3권의 책은 허준 이후에도 오랫동안 읽혀 우리나라 의학계에 큰 공헌을 했다.

조선시대의 의료제도

백성들이 의료의 혜택을 고루 받기 위해서 가장 중요한 것은 의원(醫員)의 확보이다. 1396년(태조 2) 6학의 하나로 의학을 설치하여 양가(良家, 양반과 천민 사이의 중간 신분)의 자제에게 의학 교육을 시켰고, 1406년(태종 6) 10학을 설치하고 제조관을 두어 의학 교육을 강화했다. 1409년(태종 9)에 의정부의 건의로 '의약활인법'을 제정하였는데 이것은 의업 출신자를 전의감의 권지와 제생원·혜민국의 별좌로 삼아 의업에 정진토록 한 것이다.

세종은 유의(儒醫, 유학자로서 의학지식을 가지고 있으면서도 의술을 업으로 하지 않는 사람)를 삼의사에 겸직시켜 의학 교육과 의술을 겸하도록 했으며, 세조 때에는 80명의 의생 가운데 50명은 전의감에, 30명은 혜민서에 배치한 후 교육을 강화했다. 그러나 양반들이 의술을 천시하여 의학에 정진하는 사람들이 많지 않아

제조관(提調官)
기술 계통 일을 관장하던 관직.

전의감(典醫監)
조선시대 궁중에서 쓰는 의약의 공급과 임금이 하사하는 의약에 관한 일을 관장하던 관서.

권지(權知)
조선시대 과거 합격자로서 임용 대기중인 견습 관원.

제생원(濟生院)
조선시대의 의료기관으로 빈민, 행려의 치료와 미아(迷兒)의 보호를 맡았다.

혜민국(惠民局)
조선시대 때 의약과 서민을 구료(救療)하는 임무를 관장하였던 관서.

별좌(別坐)
조선시대 정·종 5품 관직.

큰 성과를 거두지는 못했다.

세종은 이에 실망하지 않고 의술을 보급하고 의원
의 자질을 높이는 한편 의원을 양성하기 위한 일환
으로 의서습독관(醫書習讀官) 제도를 두어 의서를
습독한 사람에게도 경서를 습독한 사람처럼 관직을
주었다. 이 제도는 의생과 유생 중에서 특별히 우수
한 자를 뽑아 습독관으로 삼고 의학을 교육하여 특
출한 자에게는 동반(東班)직을 주도록 한 것이다. 의
서습독법은 단종, 세조, 성종 대를 거치면서 활발히 시행되어 내의원
과 전의감에 관직을 증설하고 습독관 출신은 현직을 제수받더라도
내의원직을 겸할 수 있었다.

세조는 매달 초하룻날과 보름날에 친히 의원에게 의서를 강독시켰
으며 성종은 학업을 독려하기 위해 각사 제조(提調, 책임자)로 하여금
매달 성적이 나쁜 자는 직첩을 회수하고 해당 관사의 서리로 임명하
게 했다. 물론 성적이 향상되면 복귀토록 했다. 반면 유능한 자는 특
별 임용하거나 품계에 따라 부제조, 겸교수의 칭호를 주었고 특출한
자는 서얼을 막론하고 내의원에 들어오게 하는 등 의학 교육과 의술
보급에 많은 배려를 했다.

조선시대 의원들의 지위는 정3품, 부정, 첨정, 판관, 주부, 의학교수
(종6품), 직장, 봉사, 부봉사, 의학훈도(정9품), 참봉 등의 직위를 가졌
다. 또한 지방 관아에는 월령의, 심약 등의 의료직이 약초의 검사 및
조달과 의학생의 교육 등을 담당했다. 일반적으로 정3품 당상관 이
상을 어의(御醫)라 불렀으며 당하 의관을 내의(內醫)라 불렀다.

의원이 되려는 사람은 허가를 받아 혜민서(정원 30명), 전의감(정원 60명) 또는 각 지방의 관아(정원 8~16명)에 의학생으로 입학하여 소정의 교육을 받았다. 의학생 중에서 실력이 일정 수준에 도달한 자는 매년 2번 혜민서와 예조가 함께 시행하는 의사시험인 녹시(祿試)에 응시할 수 있었으며, 이 시험에 합격하면 구료(救療), 심약(審藥), 약방(藥房) 등의 의원으로 임명되었다.

고급 의관 등용시험으로 3년마다 의과시험이 있었는데 이 시험은 초시에 18명, 복시에 9명을 선발했다. 합격자 중에서 1등은 종8품, 2등은 정9품, 3등은 종9품을 수여했다.

김양수 박사는 '옛날 의사'들의 생활과 활동상을 분석했는데 당시 의원들 중에서도 왕의 진료를 직접 맡을 만큼 신임도가 높았지만 이들은 의외로 사회적 지위가 매우 불안정했고 임무는 고통스러웠다고 한다.

김 박사는 안산(安山) 이(李)씨 가문이 배출한 의관들의 활동과 생활에 대해 분석했는데 안산 이씨 집안은 1660년경부터 1900년대까지 8대 240여 년 동안 20여 명의 의관을 배출한 집안이다. '3대 이상 의원 집안의 약을 복용해야 한다'는 조선시대의 속설을 생각해 보면 상당한 의학 명문가였던 것이다.

이들의 의과 합격 평균 나이는 23.2세였고, 이들 중 3분의 1은 궁중의 의약을 맡은 관청인 내의원 소속 내의(內醫)가 됐는데 이들의 지위는 매우 불안정했다고 기록했다.

의관의 대부분은 6개월마다 교체되는 임시직인 체아(遞兒)였다. 의관들은 보조원들을 자기 돈으로 고용하고 훈련해야 했으며, 말을 구입하는 비용도 지불해야 했다. 19세기 저명한 어의(御醫)였던 이현양은 당시 세도가인 풍양 조씨가 18일 동안 금강산 유람을 떠날 때 수행 요청을 받고는 '분부대로 따라가서 노는 데 짐이나 되겠습니다'라며 응했다.

일반적으로 의관 집안은 대대로 부유했다고 여겨졌는데 안산 이씨 가문의 기록에 의하면 이들은 대대로 곤궁한 생활을 했다고 한다. 그럼에도 불구하고 이들은 당대 최고 수준의 지식인이었다. 안산 이씨를 비롯한 중인 가문은 시대에 따라서 의관과 역관(譯官, 통역관)을 지내며 외국어와 의학이라는 첨단 지식과 실력을 보유하고 있었고, 언제라도 최고 권력자인 국왕 곁에 접근해 소식을 전할 수 있는 신분이었다. 허준의 예가 바로 그랬다.

《동의보감》 등 광대한 의학서적을 보면 당대의 의학이 매우 발달했다는 것을 알 수 있다. 사극 드라마를 보면 궁중에서 발생하는 각종 질병 치료 등이 상세하게 묘사되는데 이는 기본적으로 왕과 관련이 있다. 이를 위해 경복궁 안에 내의원이라는 왕실 의료기관을 두었다. 내의원은 창덕궁 안에서도 왕의 침실 가까운 곳에 위치하는데 왕이나 왕실에 긴급한 사고가 생기면 재빨리 의사를 동원할 수 있도록 하기 위해서였다.

그런데 백성들이 질병에 걸렸을 때는 어떻게 하느냐, 하는 의문이 남는다. 그에 대해서는 내의원과 같은 역할의 혜민서를 두어, 도성 내의 사람(주로 양반들)이 이용하였는데 지금의 청계천 주변 즉 서울 한복판에 있었다.

한편 외곽에는 '활인서'로 불리는 민간 의료기관을 두었다. 남대문과 동대문 밖에 각각 '서활인서'와 '동활인서'를 두었는데, 그 성격은 지금의 국립중앙의료원과 같다. '활인원'이란 백성을 살린다는 뜻으로, 주로 기근이 들어 유이민들이 한양으로 들어오거나, 전염병이 유행할 때 환자들을 격리 수용하는 역할을 했다.

동양 최고의 의학서를 만들라

임진왜란으로 국토가 피폐해지고 백성들이 기아와 질병으로 생명을 잃는 경우가 속출하자 선조는 전란 후 수습책의 하나로 동양 최고의 의학서 편찬을 기획하고 내의원 내의들에게 그 뜻을 하명했다. 이에 유의 정작, 태의 양예수를 비롯해 허준, 김응탁, 이명원, 정예남 등이 내의원에 편찬국을 두고《동의보감》편찬에 착수한다. 선조는《동의보감》편찬 취지를 다음과 같이 밝혔다.

"요사이 중국에서 들어온 의학책은 대체로 내용도 충실하지 않거니와 너무 번잡하고 실용성이 적은 것이 많다. 사람의 질병이란 거의 음식과 거처와 바른 몸가짐을 잃어서 생기는 것이니, 일상 수양이 앞서고 약석(藥石, 약과 침)이 다음 가는 것을 삼되, 옛날의 여러 처방 가운데 번잡하여 실용성이 적은 것은 버리고 좋은 것만 모아서 의학의 바른 길을 찾고 정연하게 집성하라. 이리하여 궁벽한 시골과 후미진 거리에 의원과 약재가 없어서 요절하는 자들이 많은 것은 우리나라에 향약은 많이 생산되지만 사람들이 알지 못하기 때문이다. 나라에서 산출되는 약재를 하나하나 분류하여 어리석은 백성들도 의료에 대한 지식을 쉽게 익힐 수 있게 하라."

《동의도감》의 편찬 목적은 의사들이 환자의 증상에 따라 즉각적으로 참고 문헌을 찾아 치료에 임할 수 있는 실용서를 만드는 것이었다. 그러나 불행하게도 거대한 국가 프로젝트에 착수한 이듬해에 정유재란이 일어나 의학자들은 뿔뿔이 흩어지고 의서 편찬도 위기를 맞는다. 난이 끝난 후 선조는 의학자의 부족으로 의서 편찬에 지장을 초래하자 편집에 뛰어난 재능을 보인 허준에게 단독으로 새 의서 편찬을 완성하도록 명하면서 궁궐 안에 소장하고 있던 의학서적 500여 권을 내주었다.

허준이 저술에 몰두한 지 10여 년이 지나《동의보감》이 거의 완성되어갈 즈음, 강력한 후원자 선조가 사망했고 상황은 곧 반전되었다. 광해군이 즉위하자 허준을 시기하던 사람들이 선조의 죽음이 허준의 탓이라고 모함을 한 것이다. 약의 경중(輕重)을 가리지 않고 태만하게 투약해서 왕의 병을 고치지 못했다는 이유로 허준은 1608년 3월부터 이듬해인 11월까지 거제도로 유배를 가게 된다. 이 유배는 허준 개인으로서는 불명예였지만 한의학계로서는 오히려 다행스러운 일이었다. 허준이 유배지에서《동의보감》을 편찬하는 데 혼신의 힘을 다할 수 있었기 때문이다.

《동의보감》은 원래 유의 정작, 태의 양예수 등을 책임자로 편찬에 착수한 것인데 여기에서 유의(儒醫)라는 말이 특이하다. 원래 한의학 자체의 이론은 무병장수를 추구하면서 수련을 하는 도가(道家)에서 나온 것이다. 섭생(攝生), 도인(導引), 양생(養生) 같은 말은 도가적 의학에서 나온 사상이다. 그들 가운데 특히 의학에 뛰어난 유학자들

허준許浚

을 유의라 불렀다. 조선 전기부터 의학 이론을 수입하고 정리하는 일은 대체로 관직에 있는 의학자나 의학에 정통한 이들 유의의 몫이었다.

허준 역시 도가로부터 큰 영향을 받았는데 우선 양예수의 스승이었던 장한웅이 도가에 도통한 사람이다. 장한웅은 동대문 밖에 기거하면서 병자들을 치료했고 도가적인 도술로 사람들의 입에 오르내린 기인으로 그도 유의로 불렸다. 허준의 경우도 유의의 전통을 이어받아 《동의보감》에서 유의의 입장을 따라 기본 체계를 잡았다. 《동의보감》 첫 장이 양생론으로 시작되고 있다는 점에서도 드러난다. 이는 허준의 《동의보감》이 조선 전기까지의 의학 이론을 두루 섭렵했다는 것을 의미한다.

조선 왕조의 힘, 유형(流刑)

조선의 의료인 중에서 허준만큼 명예를 한몸에 받은 사람도 없다. 어쨌든 최고 높은 관직인 정1품에 올랐기 때문이다. 그런데 선조의 죽음 탓으로 거제로 유배를 간 것은 당대 의료인에 대한 비상식적인 인식 때문에 생겨난 일이다. 전문 의료인들은 환자의 생명을 다루기 때문에 환자에게 유고가 생길 경우 가혹하게 죄와 책임을 추궁 당하기 십상이다. 특히 왕의 건강을 책임지던 어의인 경우는 더욱 그러했다.

세종 때 《향약집성방》과 《의방유취》를 편찬한 노중례는 세종 27

년에 정3품인 첨지중추원사에까지 올랐으나 왕후와 수양대군의 질병을 잘못 다스렸다고 탄핵되어 전의권지 및 전의감영사로 강등되기도 했다. 그 후로도 동궁의 병을 잘못 치료했다는 이유로 세종이 세상을 떠난 해까지 탄핵이 계속되었지만 다행히도 동궁의 병이 호전되자 처벌 논의는 사라진다.

효종이 종기로 사망한 경우도 의료진에게 책임을 물은 대표적인 예이다. 1659년(효종 10)에 효종의 얼굴에 작은 종기가 생기더니 눈을 뜰 수 없게 되었다. 의원들은 나쁜 기운에 눈에 모였으므로 마땅히 침을 놓아서 독기를 빼야 한다고 침을 놓았다. 그러나 며칠 후 효종이 사망했고, 이때 왕을 간호했던 신가규, 유후성 등 6명을 하옥시키고 이 중 3명을 사형시키도록 주청했다. 효종을 뒤이은 현종이 신가규만 사형시키도록 허락했다는 것을 볼 때 의료인들이 항상 불안을 겪었다는 것을 알 수 있다.

선조를 30년 이상 가까이 모시던 허준조차 선조가 사망하자 사헌부가 그의 죄를 묻도록 광해군에게 주청한 것도 같은 맥락이다. 조선시대 의료인들로서는 억울하기 짝이 없겠지만 의학에 종사한 사람들 대부분은 자신이 원해서 전문 의료인이 된 것이 아니었다. 당시의 여건상 의료나 의원의 사회적 지위가 낮았기 때문에 특별한 경우가 아니면 의학에 종사하려고 하지 않았다.

양반들이 효를 위해 의술 배우는 것을 당연하게 생각하면서도 진짜 의료인들을 천시했다는 것은 아이러니한 일이다. 결국 자신들이 천시하는 일에 종사하는 사람들에게 보이는 태도가 고울 리가 없다. 이 같은 열악한 상황에서, 게다가 유배라는 상황에서 허준은《동의보감》과 같은 획기적인 의서를 만든 것이다. 학자들은 허준이 유배를 가지 않았다면 《동의보감》이 탄생하지 않았거나 저술되었더라도 상당히 늦었을 것이라고 말한다. 허준이 유배를 가지 않았다면 저술할 시간이 없을 정도로 바쁜 사람이었기 때문이다.

조선시대에 유배형에 처해진 사람은 약 2만 명으로 추정하는데 그 죄목도 다양하다. 이 책에서 다루고 있는 인물들 상당 부분이 유배에 처해졌고 그 기간을 이용해 상당한 학문적 성과를 쌓았다.

조선시대에 가장 중요한 정책 중 하나였던 유배에 대해 간략하게 설명한다.

유형은 사람이 범죄를 범한 경우 차마 죽이지는 못하고 먼 곳으로 보내서 죽을 때까지 돌아오지 못하게 하는 형벌 제도로, 삼국시대부터 시작하여 조선에 이르기까지 중죄인을 처벌하기 위해 운용되었다.

유형은 '유(流)', '배(配)', '적(謫)', '찬(竄)', '방(放)', '사(徙)' 등의 다양한 용어를 사용한다. 유(流)는 유형을 뜻하는 말 중 가장 많이 쓰이고 있다. 배(配)는 도형(徒刑, 노역에 처하는 형벌)과 유형에 모두 쓰이고 있으며, 적(謫)은 귀양 보낸다는 뜻으로 사용되었다. 찬(竄)은 형을 집행할 때 직첩(職牒, 벼슬 임명장)을 회수한다는 것을 말한다. 방(放)은 내쫓아서 안치(安置, 거주지 제한)한다는 의미를 가지고 있으며, 사(徙)는 '옮긴다'는 뜻으로 용어 자체의 의미는 조금씩 차이가 있으나 유형을 뜻한다는 점에서 공통점을 가진다.

《경국대전》에 의하면 유형을 거리에 따라 유(流) 2000리, 유 2500리, 유 3000리 등 3등급으로 분류하고 있다. 이는 죄의 경중에 따라 거리에 차등을 둔 것이다. 이런 분류는 조선 후기에 좀 더 다양화된 형태로 나타난다. 앞서 언급한 것 외에 '천사(遷徙)', '충군(充軍)', '정배(定配)', '위노(爲奴)' 등으로 세분화된다. 천사는 죄인을 고향으로부터 천리 밖으로 강제 이주시키는 형벌이다. 충군은 부역의 일종으로 군역(軍役)을 뜻한다. 정배는 특정 장소를 정하여 죄인을 유배시키는 것으로, 거리에 따라 '원거리 정배[遠地定配]', '극지 변경으로의 정배[極邊定配]', '먼 변경으로의 정배[邊遠定配]'로 나누며, 또 섬에 정배하는 것을 '절도정배(絶島定配)', 사형을 감하여 정배하는 것을 '감사정배(減死定配)'로 구분하고 있다. 위노(爲奴)는 관의 노비로 삼는 것을 말한다.

죄의 경중과 집행방법에 따라 부처(付處), 안치(安置) 등으로 구분하기도 한다. 부처는 가벼운 죄를 지은 사람을 비교적 가까운 지역에 유배시키는 것을 말하며, 안치는 무거운 죄를 지은 사람에게 부과하는 것으로, 유배지 내에서도 한 장소를 지정해 그 안에서만 거주하도록 제한하는 것이다. 안치 중에서도 가장 가혹한 형벌은 위리안치(圍籬安置)인데, 한 장소를 지정하여 가시로 집을 폐쇄하여 죄인을 가두는 것이다. 대표적인 것이 단종을 영월에 위리안치시킨 것이다. 일반적으로 부처는 하급관리에게 부과하고 안치는 왕족이나 고관, 현직에 있는 자에게 적용했지만 구분이 명확했던 것은 아니다.

정약용은 신분에 따라 유배를 4등급으로 분류했는데 첫째는 공경대부를 안치하는 형태의 귀양, 둘째는 죄인의 친족을 연좌시켜 보내는 귀양, 셋째는 탐관오리를 법에 따라 도류(徒流, 도형과 유형을 이르는 말. 도형은 죄인을 곤장과 징역으로, 유형은 귀향을 보내던 형벌을 말한다)시키는 것이고 넷째는 천류, 잡범을 귀양 보내는 것이라고 적었다.

그러나 국토가 좁은 우리나라에서는 거리를 기준으로 하는 유배가 많은 모순점을 갖고 있었다. 한마디로 유 3000리는 서울을 기준으로 할 경우 한반도의 거리로는 간단한 일이 아니다. 그러므로 주로 한 지역을 지명해 유배하는 형태가 대부분이었다. 이후 1896년 유형제도가 바뀌어 형기제(刑期制)로 바뀐다. 즉 거리를 기본으로 해서 운영되던 형태가 유배 기간을 기준으로 변화되었는데, 기존의 유 3000리는 종신형, 유 2500리는 15년, 유 2000리는 10년형에 해당되었다.

조선시대 유배지로 이용된 곳은 총 408곳인데 경상도가 81곳으로 가장 많았고, 전라도가 74곳, 충청도 70곳으로 나타났다. 가장 적은 지역으로는 강원도로 23곳에 불과했다. 유배지들은 주로 해안지방과 외딴섬, 북쪽 변방에 집중되어 있었다.

의료인의 보물 《동의보감》

1610년(광해군 2)에 《동의보감》 전 25권 25책이 완성되었다. 거의 허준 혼자 힘으로 완성한 것이다. 허준의 《동의보감》을 보고 광해군은 탄복하여 다음과 같이 말했다.

"양평군(陽平君) 허준은 일찍이 선조(先朝) 때 의방(醫方)을 찬집(撰集)하라는 명을 특별히 받들고 몇 년 동안 자료를 수집하였는데,

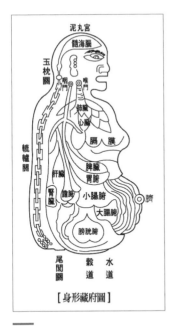

[身形藏府圖]

泥丸宮
髓海腦
玉枕關
喉門
咽門
肺臟
心臟
膈肉膜
脾臟
胃腑
膵輪關
肝臟
腎臟
小腸腑
大腸腑
臍
膀胱腑
尾閭關
穀道 水道

신형장부도 신형장부도는《동의보감》첫페이지에 나오는데 하늘을 상징하는 머리, 땅을 나타내는 몸, 이 둘을 인체의 척추가 연결하여 하늘과 땅의 선천적 기운과 인체의 후천적 기운을 소통, 순화시킨다고 보았다.

심지어는 유배되어 옮겨 다니고 유리(流離)하는 가운데서도 그 일을 쉬지 않고 하여 이제 비로소 책으로 엮어 올렸다. 이어 생각건대, 선왕께서 찬집하라고 명하신 책이 과인이 계승한 뒤에 완성을 보게 되었으니, 내가 비감한 마음을 금치 못하겠다. 허준에게 숙마(熟馬) 1필을 직접 주어 그 공에 보답하고, 이 방서(方書)를 내의원으로 하여금 국(局)을 설치해 속히 인출(印出, 인쇄)케 한 다음 중외에 널리 배포토록 하라.”

광해군은 곧 내의원에 특별히《동의보감》을 간행할 기구를 설치하고 간행을 독려하여 1613년(광해군 5)에 인쇄가 완료되었다. 이처럼 인쇄 기간이 오래 소요된 것은 책 수가 많아 인쇄하는 데 많은 시간이 필요했을 뿐만 아니라, 세세한 주석이 많고 꼼꼼한 교정이 필요했기 때문이다.

《동의보감》의 장점 중 하나는 편찬의 당초 목적대로 의사들이 아주 쉽게 처방을 찾을 수 있도록 편집했다는 점이다. 예를 들어 ‘탕액편’에 나오는 약품명에 일일이 한글로 우리 이름을 기입했으며 예로부터 전해지는 처방에 대해서는 출전을 밝혀 다음 연구자에게 참고 자료가 되도록 했다. 인용된 중국의 의학서도 83종이나 된다.

그러므로《동의보감》의 많은 부분이 중국 의서에서 옮겨온 내용으

허준許浚

로 이루어졌다. 하지만 기존 의서를 단순히 인용만 한 것이 아니었다.

허준은 의학 경전의 전통을 충분히 이해하고 이것을 바탕으로 기존의 잘못된 부분까지를 바로잡겠다는 의도하에 자신의 생각과 경험을 바탕으로 여러 의서에서 취사선택을 했다.

《동의보감》의 또 다른 특징은 실증의 자연학에 머물지 않고 자연과 인간을 분류하고 이론화하는 철학으로 승화시켰다는 점이다. 바로 동양의 전통적인 자연관, 즉 하늘과 땅과 인간의 우주론을 인간의 몸속에 상징화한 것이다. 이상적인 인간 형상을 설명하는 것이 간단치 않다는 것을 잘 인식한 허준은 이례적으로 《동의보감》의 첫머리를 그림으로 시작했다. 이른바 신형장부도(身形臟腑圖)이다.

신형장부도에서 허준은 하늘을 상징하는 머리, 땅을 나타내는 몸, 이 둘을 인체의 척추가 연결하여 하늘과 땅의 선천적 기운과 인체의 후천적 기운을 소통, 순화시킨다고 적었다. 특히 정기가 모이는 장소인 신(腎)과 머리(泥)의 연결은 바로 정기(精氣)가 가득한 남자의 신체를 표현한다고 생각했다. 이러한 인간론에 입각하여 그는 남자의 신체를 중심으로 다룬 〈내경편〉을 작성했고 이어서 산부인과와 소아과의 질병을 다루는 〈잡병편〉, 〈탕액편〉과 〈침구편〉으로 이어지는 새로운 형태의 의서 모델을 제시했다.

이러한 목표를 위해 허준은 당시 동북아시아라는 '세계'의 의학 지식을 모두 수집 정리하는 한편 이를 전통적인 자연철학 위에 접목시킴으로써 가장 체계적인 조선 의학의 전통을 만들었다.

동양의 베스트셀러

《동의보감》이라는 책명도 허준이 직접 지었을 것으로 추정한다. '동의'란 '조선의 의학'을 뜻하므로 우리에게 맞는 우리의 의학을 만들었다는 것을 천명한 것이다. 한의학의 역사를 볼 때 이 점이 허준이 이룩한 가장 큰 공헌으로 그는 평소에도 "우리나라는 예로부터 동방에 위치하여 의약학을 훌륭하게 발전시켰다. 그러므로 우리나라 의사들을 '동의(東醫)'라고 부를 수 있을 것"이라고 우리의 약재에 대한 자부심을 보였다. 그것은 우리나라가 중국 문화와는 다른 독자적인 문화권을 이루었으며, 또한 우리의 의학도 이런 풍토 속에서 길러져야 한다는 것을 의미한다.

《동의보감》에 대한 학술적·의학사적인 특징에 대해 의학사를 연구하는 허정은 다음과 같이 적었다. 우선 학술적인 특징을 보면《동의보감》이 왜 그렇게 중요하게 인정되고 있는지를 알 수 있다.

《동의보감》《동의보감》은 국내에서뿐만 아니라 중국과 일본에서도 가장 중요한 의학서였다. 국립중앙도서관 소장. 〈출처〉 국가기록원.

① 기존의 한국, 중국 의서의 정수만을 취사선택한 실용적인 임상 의서이다.《의방유취》처럼 모든 항목을 열거한 것이 아니라 임상적 효용에 따라 가치 있는 것만을 가려 적었고 아울러 탕약의 양까지도 실정에 맞게 언급하고 있다.

② 정신수양과 조섭수양(調攝修

허준許浚

養, 생활을 바르게 하고 몸을 관리하는 것)이 약을 먹는 것보다 우선되고 있다. 허준은 의학의 근본을 정신 치료에 두었으며 양생(養生)과 예방의학이야말로 치료의학에 선행한다는 진보적인 생각을 했다는 것이 특징적이다.

③ 도교의 영향이 짙다.

④ 모든 항목에는 출전이 정확하게 밝혀져 있어 자신의 견해와 혼동이 없도록 했다.

⑤ 향약(鄕藥)이 장려되었다. 중국 의서에 등장하는 많은 약재들이 국내에서 산출되는지 여부를 알기 힘든 것이 많고 설령 산출된다 해도 실제 처방하는 데에는 많은 애로점들이 있다는 것을 감안한 것이다. 또한 모든 향약명을 한글로 표시했다.

《동의보감》의 의학사적 의의를 살펴보자.

첫째, 당시의 의학을 통합했다는 점이다. 그때까지는 《향약집성방》으로 종합된 향약과 중국으로부터 계속 들어온 의학들이 혼용되고 있었는데 허준의 《동의보감》의 출현으로 이 같은 상황이 간단히 해결된 것이다. 중국에서조차 허준처럼 의학을 통합하여 정리하지 못하고 있었기 때문에 그 후 허준의 《동의보감》은 중국에서도 널리 읽히게 된다.

두 번째는 《동의보감》이 후대 의술에 끼친 막대한 영향이다. 《동의보감》은 25권이나 될 정도로 방대한 데다 의료인과 같은 전문인들이 볼 수 있는 서적이므로 처음에는 쉽게 보급되지 못했다. 그러나 17~18세기를 통해 《동의보감》의 진가가 알려지면서 전국적으로 확산되었고 18세기 후반에는 《상례비요(喪禮備要)》, 《삼운성휘(三韻聲彙)》, 《경국대전(經國大典)》과 더불어 지식인의 4대 필수 서적의 하나로 꼽혔다. 또한 이후에 나온 수많은 국내 의학서적들이 《동의보감》을 원전으로 하여 저술되었는데 이는 《동의보감》으로 인하여 국내 의학에서 일종의 표준화가 이루어졌다고 볼 수 있을 정도로 중요한 의미를 갖고 있다.

세 번째는 《동의보감》의 실용적인 활용이다. 조선 후기의 수많은 사설 약국과 의원들, 일반 사대부들 대부분이 《동의보감》에 기초하여 처방했다. 특히 18세기 후반 조선의 의약 시장은 매우 활성화되어 대부분의 사람들이 민간 의약업자들로부터 진료와 의약품을 공급받을 수 있게 되었는데 이때 처방의 교과서가 바로 《동의보감》이었다. 이에 따라 《동의보감》의 처방 가운데 자주 사용되는 것만 뽑아놓은 축약본이 발간되거나 한 분야를 전문화시킨 의서들이 많이 나오게 되었다.

의약 분야에서 《동의보감》에 대한 이러한 의존은 《동의보감》 편찬 때 활용되었던 다양한 중국본 의서들이 대부분 사라지는 결과를 초래했다. 《동의보감》 이외의 의서가 별로 필요 없게 되었기 때문이다. 이것은 《동의보감》이 조선 의학의 수준과 의료 환경을 한 차원 높은 단계로 끌어올린 반면에 후일 의학의 발전을 저해했다는 아이러니를 낳는다. 《동의보감》에 대한 의존과 비중이 점점 커지면서 도리어 다른 의학 이론과 의서의 발달에 장애가 되었기 때문이다.

네 번째 의의는 세계 의학사에 끼친 영향력이다. 《동의보감》은 국내에서뿐만 아니라 중국과 일본에서도 가장 중요한 의서였다. 청나

허준許浚

라 때 《동의보감》을 번역한 《능어(凌漁)》 서문에는 다음과 같이 기록되어 있다.

 '책의 이름이 '보감(寶鑑)'이었던 것은 이 책이 마치 거울에 비추어 보듯이 환자에 대해 환하게 알 수 있게 해주기 때문이다. 중국에서 의학서적이 수없이 많이 나왔으나 대부분 치료 효과가 있기도 하고 전혀 없기도 했다. 그러나 《동의보감》은 지금까지 발간된 의학 책들의 부족한 점을 보완하고 누구나 건강을 유지할 수 있도록 만들어주므로 이를 보급하는 것은 천하의 보물을 나누어 갖는 것이다.'

 중국에서는 1763년에 처음으로 간행되었는데 그 뒤로 대략 10년에 한 번씩 출간되었고 20세기에 들어와서도 상해와 대만에서 여러 번 발행되는 등 약 30여 차례 출간되었다. 한국인의 저서로서 《동의보감》처럼 외국인들에게 널리 읽혀진 책은 아직까지 없다.
 1780년 연암 박지원은 자신의 중국 견문기인 《열하일기》에 다음과 같이 적었다.

 '우리나라 서적으로 중국에 들어가 출판한 것이 매우 드무나 홀로 《동의보감》 25권이 널리 유행하고 있다. 그 판본이 아주 중요하다. 내 집에는 이 책이 없어 우환이 있을 때는 번번이 이웃 사방으로 빌렸는데, 금번에 이 책을 보고 꼭 사고 싶었으나 은 5냥을 변통하기 어려워 하염없이 돌아온다.'

《동의보감》이 출간된 후 활용도가 널리 알려지자 중국 사신이 조선에 와서 반드시 갖고 돌아가야 할 특산품 목록에 올랐다. 그러므로 1763년에 중국판 초간본이 나왔는데 박지원이 중국에서 본 것이 그것이다.

이와 같이 《동의보감》이 인기를 끈 이유에 대해서는 1743년 왕여준(王與准)의 글에 잘 나타나 있다.

'나는 글을 배우기 시작해서부터 의학서적을 즐겨 읽었는데, 유감스럽게도 의학의 전반적인 내용을 깨우치지 못했다. 그런데 허준 선생이 편집한 《동의보감》을 얻었다. 그 책의 약물성미(藥物性味)를 보면 상세한 병세와 병증에 따라 달리 처방했고 또 그 이치를 밝혀 그야말로 의서의 대작이었다.'

일본의 미나모토는 일본판 발문에서 '백성을 보호하는 단경(丹經)이요, 의술인의 비급(秘笈)'이라고 적었을 정도로 《동의보감》의 학술적 가치를 높이 평가했다. 《동의보감》은 1724년 일본에서 처음으로 간행되어 에도시대 의술인들의 필독서로 널리 유포되었으며 1799년에도 다시 간행되었다.

신동원 박사는 《동의보감》이 '동아시아 의학'이란 큰 산을 올라가는 지도에 비유할 수 있다고 했다. 즉 허준의 작업은 산의 모든 길을 표시하여 산에서 험한 일을 당하지 않도록 한 것이다. 허준은 여러 선배들이 앞서 얻은 내용을 바탕으로 자신이 얻은 경험과 정보를 종합해 아무도 가지 않은 전인미답의 새 지도를 그렸다. 그는 갈 길과

가지 말아야 할 길을 정했고 기존의 잘못된 길을 바로잡았으며 몰랐던 길을 새로 내고, 샛길과 큰길을 잇는 작업을 수행했다. 특히 허준은 동양이 과거부터 갖고 내려온 의학의 역사와 과정 전부를 대상으로 삼아 방대하고도 정밀한 지도를 만들어냈다. 한마디로 의학의 표준을 세운 것으로 중국과 일본에서 《동의보감》을 발간한 이유를 알게 해 주는 대목이다.

《동의보감》 들여다보기

허준의 《동의보감》을 모르는 한국인은 거의 없을 것이다. 《동의보감》은 동양에서 가장 널리 알려진 의학서로 절대적인 권위를 인정받음으로써 허준을 '과학기술인 명예의 전당'에 오르게 했다.

그런데 사실 허준이 이처럼 대단한 인물로 부각되기 시작된 것은 매스컴과 관련이 깊다. 《소설 동의보감》이 발간되고 그 후 허준의 일대기를 다룬 TV 드라마가 여러 번 방영되면서 급기야 한국인의 표상으로까지 올라간다.

학자들은 허준과 《동의보감》이 유명세를 타는 것이 문제가 되는 것은 아니지만 드라마에 극적 효과를 넣기 위해 삽입한 과장된 내용이 사실로 인식되는 점, 특히 《동의보감》에 인용되어 있기 때문에 어떤 약이 특효 있다고 선전하는 것은 경계해야 한다고 지적한다.

《동의보감》은 약 400년 전의 의학 수준을 보여준다. 그러므로 《동의보감》에 실려 있는 내용이 모두 맞을 까닭이 없으며 허준이 현대

의학을 뛰어넘는 의학자일 수도 없다. 허준은 4세기 전의 훌륭한 의학자일 뿐이며《동의보감》은 4세기 전의 의학을 잘 정리해 준 유용한 의학서라는 것이다.

《동의보감》에 실려 있는 내용 중에서 현대 과학으로는 전혀 이해가 되지 않는 몇 가지를 추려보면 다음과 같다.

• 목을 매고 죽은 사람을 구하는 방법

스스로 목을 매고 죽은 사람이 아침부터 저녁까지 매달렸을 때는 몸이 차가와도 반드시 살릴 수 있고, 저녁부터 아침까지 매달렸을 때는 치료하기 어렵다. 명치가 약간 따뜻하면 하루가 지나도 살릴 수 있다. 천천히 안아서 내린 후에 줄을 풀어야지 줄을 끊으면 안 된다. 환자를 이불 속에 눕히고 급히 가슴을 눌러 안정시킨 후에 목구멍을 바로 잡는다. 한 사람은 손바닥으로 숨이 통하지 않게 입과 코를 덮어 숨이 급해지면 곧 살아난다.

• 물에 빠져 죽은 사람 살리는 법

물에 빠져 죽은 사람은 하룻밤이 지나도 살릴 수 있다. 급히 건져내어 먼저 칼로 쳐서 입을 열고 젓가락 한 개를 물려 물이 나오게 한 후, 옷을 벗기고 배꼽에 200~300방 뜸을 뜨고 두 사람에게 붓대롱으로 양쪽 귀를 불게 한다. 또, 조각(쥐엄나무 열매) 가루를 천에 싸서 항문에 넣으면 곧 물이 나오고 살아난다. 아궁이 속의 뜨거운 재 1~2섬에 머리와 얼굴만 나오게 하고 몸을 묻으면 물이 칠규(사람의 얼굴에 있는 7개의 구멍)로 나오면서 살아난다. 또 죽은 사람을 거

허준許浚

꾸로 업는 방법이 있다. 죽은 사람을 업고 가서 물을 토하게 하면 곧 살아난다.

•아들 낳는 법

① 월경 후 1, 3, 5일에 교합하면 남자가 태어나고, 2, 4, 6일에 교합하면 여자아이가 태어나지만 이 시간을 지나면 잉태하지 못한다. 특히 자시(子時)가 지나서 교합하면 좋다.

② 태아가 생겨날 때 혈해가 깨끗해지기 시작한 1, 2, 3일째면 정(精)이 혈(血)을 이겨 남자아이가 되고 4, 5, 6일째이면 혈맥이 이미 왕성하여 정(精)이 혈(血)을 이기지 못해 여자아이가 된다.

③ 자식을 얻고 싶은 사람은 부인의 월경이 끝나고 1, 3, 5일째 되는 날에 길일을 선택하면 된다. 봄은 갑을일(甲乙日)에, 여름은 병정일(丙丁日), 가을은 경신일(庚申日), 겨울은 임계일(壬癸日)에 기가 생겨나는 시간인 자정 후에 사정을 하면 모두 아들이고 반드시 장수한다. 2, 4, 6일째 되는 날에 사정하면 반드시 딸이 된다. 6일이 지난 후에는 사정을 하지 않는 것이 좋다.

•부부가 교합해서는 안 되는 날

일진으로 병(丙)이나 정(丁)일, 매월 상현일, 하현일, 보름, 그믐, 초하루는 교합일로 좋지 않다. 비가 많이 내리거나 바람이 많이 불거나 안개가 많이 끼었을 때, 혹한이나 혹서, 천둥번개가 칠 때, 일식·월식·무지개·지진이 있는 날은 피해야 한다. (…) 또한 해·달·별·불빛 아래서나, 사당·절·우물·부엌·변소 옆에서나 무덤이나 시체가 있는 관 옆에서 성교하면 안 된다. 법도에 맞게 성교하면 복과 덕이 있고 아주 지혜로우며 착한 아이가 태 속에 내려올 것이다.

•임신한 아이의 성별 감별법

① 부인이 임신한 것을 다른 사람이 만져보아 엎어놓은 잔과 같으면 남아이고, 팔꿈치나 목처럼 울퉁불퉁하게 튀어나오면 여아이다.

② 부인이 임신하여 왼쪽 젖가슴에 멍울이 있으면 남아이고 오른쪽 젖가슴에 멍울이 있으면 여아이다.

③ 임신부를 부를 때 왼쪽으로 머리를 돌리면 남자아이, 오른쪽으로 머리를 돌리면 여자아이다. 대개 남자는 왼쪽에 태가 있으므로 왼쪽을 보호하기 위해 본능적으로 그렇게 몸을 트는 것이다.

•아들이 되는 비법

① 임신 3개월을 '시태(始胎)'라고 하는데 혈맥이 아직 흐르지 않고 형태를 본떠 변해가는 시기이다. 아직 남녀가 정해지지 않았기 때문에 약의 복용이나 방술로 남아로 바꿀 수 있다.

② 임신이 된 것을 알면 도끼를 임신부 모르게 침상에 둔다. 믿지 못한다면 닭이 알을 품을 때 도끼를 닭장 아래에 매달아 보라. 그러면 닭장의 모든 닭이 수컷이 된다.

③ 활시위 1개를 붉은 주머니에 싸서 임신부의 왼팔에 차고 있게 한다. 또는 활시위로 허리를 묶고 3개월 후에 푼다.

④ 원추리 일명 의남(宜男)을 임신부가 차고 있게 한다.

⑤ 수탉의 긴 꼬리털 3가닥을 임신부 모르게 침상 아래에 둔다.

허준許浚

⑥ 남편의 머리칼과 손톱, 발톱을 잘라 임신부 모르게 잠자리 밑에 깔아 놓는다.

이상과 같은 비법으로 정말로 아들을 낳을 수 있는지는 독자가 판단할 일이다.

마지막까지 의원의 사명을 다하다

허준은 양반들의 당쟁, 모략과 질시 속에서 파란만장한 생을 살면서도 거의 혼자 힘으로 《동의보감》을 완성했다. 다시 조정으로 돌아왔을 때 그의 나이는 70세가 넘었다.

허준은 《동의보감》이 완성된 후에도 저술을 게을리하지 않았다. 허준이 살았던 16세기 후반~17세기 전반기는 일본과 두 차례의 전쟁을 치렀으며 또 생태학적 환경도 악화되어 있었다. 정유재란(1597)으로 여름철 전쟁이 계속되었고 모기로 인한 학질 등의 열병이 광범위하게 퍼졌다. 또 17세기 초반에는 수해와 냉해가 번갈아 발생하는 이상기후 현상이 나타나기 시작하여 성홍열이나 인플루엔자 같은 겨울철 역병이 만연하였다. 겨울철 역병의 경우에는 여름철

허준의 묘 파주시에 있는 허준의 묘는 경기도 기념물 128호로 지정되었다. 〈출처〉 파주시청.

전염병보다 더 치명적이었다. 임진왜란의 후유증 치료가 시급했던 조정에서는 이에 대한 대비책을 강구하게 되었고, 이러한 역병에 대비하여 허준이 저술한 의서가 《신찬벽온방》과 《벽온신방》이다.

《신찬벽온방》은 1612~1613년간(광해군 4~5)에 전국적으로 유행했던 전염병을 막기 위해 왕명을 받아 저술한 것으로 1613년 내의원에서 간행했다. 《벽온신방》은 1613년 성홍열이 크게 유행하자 역시 왕명을 받아 새로이 편찬한 것이다. 이들 책에서 허준은 전염병의 원인을 설명하면서 '귀신 소행'설을 부정하고 순전히 자연의학적 합리성으로 접근했다. 당시에는 동양에서는 물론 서양에서도 전염병의 개별 진단이 정립되지 않았다는 점을 감안할 때 전염병에 관한 책으로서는 그 유례가 없다. 이들 책은 추후에 《동의보감》에 포함되어 일관된 체계 속에서 정리된다.

허준이 조선 의학계의 으뜸이 될 수 있었던 것은 그의 학문이 의원들에게 고급 지식을 제공하는 데 그치지 않았다는 점이다. 애를 낳거나 산모를 관리하는 일, 의원이 없거나 의원을 부를 틈이 없을 때 벌어지는 온갖 구급 상황에 대한 처치, 응급 상황에 대비하기 위한 가정상비약의 마련 등 전문적인 의학지식을 갖추지 못한 일반 백성들을 위한 지침을 만들어 널리 보급했다. 또 의학을 처음 배우는 생도들이 의학의 핵심인 진맥을 제대로 배울 수 있도록 올바른 진맥 교범을 낸 것도 그의 업적이다.

그는 조선 사회에 만연했던 두창(천연두), 성홍열, 티푸스 등의 전염병을 이겨내려는 의학적 노력의 중심에 있었다. 특히 두창의 경우에는 민간의 강한 금기에 도전하는 집념을 보이기도 했다. 그가 조선

의학을 재정리하고 새로운 전통을 세워 조선 의학을 중국 의학에 뒤지지 않는 반열에 올려놓았다는 점도 큰 공헌이라고 볼 수 있다.

　허준은 조선시대 의료인으로 최고의 부귀를 누린 사람이다. 서얼로 당상관까지 올라갔다는 사실만으로도 더욱 그러하다. 허준을 과학자로 거명하는 것은 이론의 여지가 없지만 허준을 '과학의 순교자'라고 분류하는 것이 적절한가, 하는 지적이 제기될 수 있다. 이 점은 생각하기 나름이다. 허준이 당상관까지 오른 것은 사실이지만 선조(1552~1608)의 죽음에 책임지고 유배를 당했다는 것은 그가 의관이 아니었다면 적용되지 않을 차별 대우임이 분명하다. 한마디로 과학자가 아니었다면 유배는 가지 않았으리라는 뜻이다.

　허준은 마지막까지 의원으로서 사명을 다했다. 평안도에 역병이 유행하자 혼자 몸으로 현지로 가서 환자들을 치료했고, 자신도 도중에 병을 얻어 1615년(광해군 7)에 77세의 나이로 그곳에서 생을 마쳤다. 그의 묘는 경기도 파주시 구암로에 있으며 경기도 기념물 제128호로 지정되었다.

당상관과 당하관

조선시대 조정회의 때 당상(堂上)의 의자에 앉는 권한을 기준으로 하여 앉을 수 있는 계급의 관원을 당상관, 앉을 수 없는 계급의 관원을 당하관이라고 했다.

• 당상관

조선시대 조정회의 때 당상(堂上)의 의자에 앉을 수 있는 계급의 관원.

동반(문관)은 정3품의 통정대부(通政大夫) 이상, 서반(무관)은 절충장군(折衝將軍) 이상, 종친은 명선대부(明善大夫) 이상, 의빈(儀賓, 부마)은 봉순대부(奉順大夫) 이상의 품계를 가진 사람이다. 드물게 의관(醫官), 역관(譯官) 등 기술관, 또는 환관 등에게도 간혹 제수하였으나 이는 특별한 케이스이며 대부분 양반이 독점했다.

고려시대는 국정을 결정할 때 2품 이상만 참여할 수 있었지만 조선시대는 정3품 당상관까지 확대했다. 즉, 조선시대의 당상관은 국정을 입안, 집행하는 최고급 관료집단이라고 할 수 있다. 당상관은 경(京)·외(外)의 양반 관료를 천거할 수 있는 인사권, 소속 관료의 고과 점수를 매길 수 있는 포폄권(褒貶權), 군사를 지휘할 수 있는 군사권 등의 중요한 권한을 독점했다.

또한 근무일수에 따라 진급하는 순자법(循資法)의 구애받지 않고 공덕과 능력에 따라 품계를 올릴 수 있었다. 그리고 퇴직 후 봉조하

(奉朝賀, 퇴임 후에 내린 벼슬)가 되어 녹봉을 받을 수 있었으며, 중요 국정에 참여해 자문하거나 각종 의식 행사에 참여할 수 있었다. 이 밖에도 당상관은 의복 착용이나 가마 이용에서도 당하관과 구별되었다.

이러한 특권을 가진 당상관이 되는 길은 쉽지 않았다. 국왕의 특별 교지가 있으면 당상관이 될 수 있었다. 그렇지 않으면 많은 문무 관직 중에서 오직 정3품 당하관직인 승문원정(承文院正), 봉상시정(奉常寺正), 통례원좌우통례(通禮院左右通禮), 훈련원정(訓鍊院正)의 네 자리를 거친 사람만이 당상관이 될 수 있었다. 이처럼 당상관이 될 수 있는 길을 제한한 것은 당상관 수를 줄여 권위를 떨어뜨리지 않게 하기 위해서였다. 그러나 시간이 지나갈수록 당상관의 수는 점점 늘어 1439년(세종 21) 그 수가 100여 명에 이르렀다. 특히 세조 때 당상관의 수가 급격히 증가했다.

당상관 가운데서도 2품 이상은 더욱 큰 특권을 누렸다. 퇴직한 뒤 기로소(耆老所, 연로한 고위 문신들의 예우를 위해 만든 기구)에 들어갈 수 있는 권한, 3대를 추증(追贈, 죽은 뒤 관위를 올려주는 것)할 수 있는 권한, 사후에 시호를 받을 수 있는 권한, 신도비(神道碑)를 세울 수 있는 권한 등이 그것이다.

• 당하관

조선시대 조정회의 때 당상(堂上)의 의자에 앉을 수 없는 계급의 관원.

　동반(東班)은 정3품의 통훈대부(通訓大夫) 이하, 서반은 어모장군 (禦侮將軍) 이하, 종친은 창선대부(彰善大夫) 이하, 의빈(儀賓)은 정순 대부(正順大夫) 이하의 품계를 가진 사람이다.

　당하관에는 양반은 물론 기술관, 양반의 서얼 등도 종사할 수 있 었다. 15세기 후반부터 양반들은 기술관을 제도적으로 차별하여 기 술직을 이들에게 전가시키고, 이들의 품계를 당하관에 한정시켰다. 당하관은 당상관과 달리 근무일수에 따라 승진하는 순자법(循資法) 의 적용을 받았는데, 참하관(參下官)은 매 직급마다 근무일수가 450 일, 참상관(參上官)은 900일이 되어야만 승진할 수 있었다.

　뿐만 아니라 의복착용이나 가마의 이용에 있어서 당상관과 구별되 었으며, 이들은 친족 등과는 같은 관청에 근무할 수 없는 상피(相避) 의 규제를 받았다.

　또한, 포폄(褒貶)의 성적이 나쁘거나 범죄에 의해 파직된 경우 2년 이 경과한 뒤라야 다시 임용될 수 있었다. 당하관의 최고 위계인 문 관의 통훈대부와 무관의 어모장군의 자리를 다른 말로 계궁(階窮, 당상관으로 올라가기 직전의 계급)이라고도 하였다.

03장

조선
최초로
해부에
도전하다

전유형

全有亨, 1566~1624

의병활동·의술에 능함, 이괄의 난으로 참형

인간이 자신들의 몸속을 들여다보기 시작한 것은 언제부터였을까?

서양에서는 기원전 3세기 헬레니즘시대의 알렉산드리아에서부터 인체 해부가 시작되었다고 알려져 있다. 당시에 이미 몇몇 의사들은 내장기관을 포함해 뇌와 신경계통에 이르기까지 상당한 해부학적 지식을 가지고 있었고, 고대 의학을 집대성한 갈레노스(Claudios Galenos)도 이러한 해부학적 지식에 바탕해 인체에 관한 종합적인 이론체계를 수립할 수 있었다.

현대 과학을 실질적으로 이끈 서양의 기

갈레노스 갈레노스(Claudios Galenos, 129?~199?)는 로마제국시대의 그리스 출신 의학자이자 철학자로, 서양의학 역사에서 해부학과 생리학, 진단법, 치료법에 이르기까지 의학의 모든 분야에 걸쳐 1000년 이상 오랫동안 큰 영향을 끼쳤다.

준으로 볼 때 윌리엄 하비(William Harvey, 1576~1657)가 혈액의 순환을 처음으로 발견한 사건을 의학 혁명의 시발점으로 삼는다. 그는 〈심장과 피의 운동에 대하여〉라는 논문을 발표하여 피가 심장에서 온몸으로 뿜어져 나갔다가 다시 심장으로 돌아온다는 사실을 처음으로 주장했다.

당시에는 피가 간에서 새어나와 어떤 알려지지 않은 힘에 의해 몸속을 이동한다고 믿었다. 그러나 하비는 양의 목 동맥을 잘라서 피가 솟구치는 모습을 보고 피가 간에서 '새어나오는' 것이 아니라는 것을 알았다. 그는 동물과 인간의 몸에서 한시도 쉬지 않는 근육, 즉 심장이 이 역할을 담당하는 것도 발견했다.

하비는 죽은 사람의 심장을 해부해서 하나의 심장에 약 $75ml$(작은 컵 한잔 분량)의 피가 담길 수 있다는 것을 확인했다. 심장은 수축할 때마다 $70ml$의 피를 몸으로 밀어내보내며 1분에 보통 70~80번 박동한다. 이를 단순 계산법으로 적용하면 1분에 5리터의 피를 내보내며 1시간에는 300리터가 넘는 피를 내보낸다는 놀라운 결과를 얻을 수 있다. 이 수치는 성인 남자 몸무게의 2~3배에 해당하는 양으로 인간의 몸이 이렇게 많은 피를 매일 생산한다는 것은 상상할 수 없는 일이다. 이 사실을 근거로 하비는 피가 연속적으로 순환한다는 결론을 내렸다.

그는 동물의 심장이 광산에서 사용하던 펌프와 같다고 생각했다. 인체란 펌프로 생명을 이어가야 하는 일종의 기계 장치라는 뜻이다. 기계가 고장 나면 고장 난 부분만 고치면 된다. 보다 철저한 치료 지식을 얻기 위해서는 죽은 사람을 해부하고 장기를 관찰하여 어느 부분이 고장 났는지를 파악하는 것이 환자를 치료하는 최선의 방법이라고 보았다.

서양의 현대 의학은 바로 이런 전제하에서 크게 발달했다. 간단히 말해서 각종 질병은 인체를 정확히 파악한 후 과학이 만들어내는 인공적인 화학 약품을 사용하면 치료가 된다고 생각한 것이다. 질병의 원인을 국소적인 것으로 생각했으므로 치료제도 질병 부분에만 적합한 것을 찾는 데 주력했다. 그 결과 한 가지 질병을 치료하는 과정에서 엉뚱하게 다른 질병에 걸릴 위험성이 항상 있었다.

반면 전통 한의학은 인간을 기계로 보지 않고 인간이 본래 갖고 있는 기(氣)를 중요시하여 기가 빠진 사람은 비록 살아 있다 해도 죽은 사람으로 취급했다. 특히 죽은 사람은 기가 빠진 사람이므로 기가 빠진 사람의 육체는 기가 충만한 사람들과는 기본적으로 다르다고 생각했다. 한마디로 장기도 죽은 사람의 것과 살아 있는 사람의 것이 다르다고 보았다. 동양의학의 시각으로 볼 때 죽은 사람을 절개하고 해부하여 장기를 들여다본들 그곳에서 얻는 지식은 아무런 소용이 없었다.

동양의학은 서양처럼 자연을 극복하고 이겨내는 것에 가치를 두기보다 자연에 동화되고 순응하는 것을 중요시했다. 냇물이 흘러 강물이 되고 강물이 흘러서 바다로 가듯이 우리 인체도 입으로 들어온 음식물이 소화기관을 거치고 다시 장을 거쳐 항문으로 배출되는 순차적인 과정이 잘 이루어지면 아무 문제도 생기지 않는다고 여겼다. 더구나 경험을 중요시하여 시행착오를 거치면서 발전한 것이 한의학으로, 조화를 제일로 중요시했다. 인간의 몸을 우주의 축소판으로

전유형全有亨

보고 음양의 편차가 없이 균등할 때 건강하다고 보았다. 즉, 부족하지도 넘치지도 않는 조화를 이룰 때 인체가 건강할 수 있다고 믿었던 것이다.

여기에서 동양의학과 서양의학 중 무엇이 더 우월한가를 비교하는 것은 의미가 없다. 양약이 탁월한 효과를 보는 분야는 양약을 사용하고 한약이 효과를 얻을 수 있는 분야는 한약을 사용하는 것이 바람직하다. 그런 면에서 한의학을 가까이 두고 있는 한국 사람은 행복하다고 할 수 있다.

해부를 시행한 의병장 전유형

동양 사상에서는 사체를 절개하고 해부하여 장기를 들여다본들 거기서 얻은 지식이 무슨 소용이냐는 것이 기본적인 생각이다. 죽은 사람에 대한 지식은 살아 있는 사람의 육체에 적용하거나 이용할 수 없는, 그야말로 죽은 지식이라는 뜻이다. 물론 인체를 다루는 의원이 인체에 대해 좀 더 알고 싶은 충동까지 막을 수는 없는 일이다. 서울대 규장각 김호 박사는 동양의 의학자들 가운데도 실제로 해부를 해본 사람들이 있을 것으로 추정하지만 동양에서의 해부는 그야말로 일시적인 호기심 차원에 그쳤을 것이라고 했다.

그런데 조선시대에 매우 놀라운 기록이 있다. 남인 실학자 성호 이익(李瀷, 1681~1763)은 해부학과 함께 서양의학에도 어느 정도 관심을 가졌는데 그는 조선인이 해부를 했다는 내용을 《성호사설》에 적었다.

　'송나라 휘종 황제 시절 사천에서 사형수를 저잣거리에서 죽였는
데 군수 이이간이 의원과 화원을 보내 배를 갈라 그림을 그리게 하
여 사람의 장부를 소상히 알게 되었으니 의가(醫家)에 도움이 많았
다. 또한 송나라 인종 시절에 두기가 광남의 도둑 구희빈을 잡아 배
를 가르고 창자를 분해하여 낱낱이 그림을 그렸는데 지금까지 전해
져오는 오장도(五臟圖)가 바로 그것이다. (…) 우리나라에서는 참판
전유형이 평소 의술에 밝았고 의서까지 저술하여 후세 사람들에게
길이 혜택을 주었으니 그 활인(活人)한 공적이 얼마나 큰지 모른다.
그러나 갑자년 이괄의 난에 참형을 당했으니 잘못이 없는데도 화를
면치 못했다. 사람들은 그가 "임진왜란 때 길거리에서 세 사람의 시
체를 해부해본 후부터 의술에 더욱 정통해졌지만 그가 제명에 살지
못하고 죽은 것은 이로 말미암아 재앙을 입은 것이다"라고 하였다.'

　전유형은 조선시대에 최초로 해부한 사람이다. 그런데 그는 의원이
아닌 전형적인 문신 유생으로 임진왜란 때는 왜군에 대항하여 싸운
의병장이기도 하다. 말하자면 문신이자 의학자이다. 자는 숙가(叔嘉),
호는 학송(鶴松), 본관은 평강(平康), 시호는 의민(義敏)이다.
　전유형은 괴산의 유생으로 임진왜란이 일어나자 1592년 조헌(趙
憲)과 함께 의병을 일으켰고 이듬해 왜군을 방어하기 위한 책략 10
여 조를 올려 선조의 칭찬을 받았으며, 재주를 인정받아 군자감(軍
資監) 참봉에 임명되었으나 부친상을 당해 사임했다. 이때 다시 민심

　　　　　　　　　　　　　　　　　전유형全有亨

수습 방안 등을 상소해 유성룡(柳成龍)으로부터도 주목받아 1594년(선조 27) 특별히 청안현감에 임명되었으며 충청도 조방장을 겸해 왜적의 격퇴에 노력했다.

군자감(軍資監)
조선시대 군수품의 출납을 맡아보던 관아. 1392년(태조 원년)에 고려의 군자시를 고쳐 설치하였다가 1894년(고종 31)에 없앴다.

조방장(助防將)
우두머리 장수를 도와 적의 침입을 방어하는 역할을 한다. 주로 관할 지역 내에서 무재(武才)를 갖춘 수령이 이 임무를 맡는다.

그런데 전유형에 관한 임진왜란 때 흥미로운 이야기가 전해진다. 충청도 청원 지역으로 진격하던 왜군이 초정리 근처 숯고개에 이르러 커다란 궤짝을 발견했다. 보물단지로 생각하고 궤짝을 부쉈더니 그 안에서 수천 마리의 벌들이 쏟아져 나왔다. 혼비백산해서 도망가던 중 다시 궤짝을 만났는데 이번에는 속지 않겠다며 열어보지도 않은 채 불을 질렀다. 그런데 이게 웬일인가. 통 안에 가득한 화약이 그만 폭발해 상당수가 사상당했다.

다시 도주하던 왜병들이 얼마를 가니 또 다시 궤짝이 보였다. 궤짝을 열 수도 없고 그렇다고 불태울 수도 없으므로 마을 사람을 잡아다 무엇이 들었는지 묻자 말이 통하지 않아 모른다는 시늉뿐이어서 고을 사또가 누구인지 물었다. 마을 사람이 학송(鶴松) 전유형(全有亨)이라고 적자 왜병들은 걸음아 날 살려라 도망쳤다. 조선에 쳐들어 올 때 '우송이패(遇松而敗)' 즉 '소나무를 만나면 패한다'는 말을 들었으므로 당시 현감 전유형의 호가 학송(鶴松)인 것을 듣고 그대로 도주했다는 것이다.

1594년 청원·증평 지역 현감이었던 전유형이 임진왜란이 나자 조헌과 함께 의병을 일으키고 이듬해 왜군 방어책 10여 조 등을 올리는 등 국방에 힘썼다는 것이 알려져 이 같은 전설이 충청도 일대에 유행한 것으로 보인다.

임진왜란이 종결된 후 1603년에는 붕당 타파, 세자 보호 등을 포함한 시사(時事)에 관한 15조목의 상소를 올려 조정에 파문을 일으키기도 했다. 1605년(선조 38)에 문과 정시에 장원급제하여 감찰로 발탁되었으나 전란 중에 부모의 상을 의례에 맞게 치르지 못했다는 사간원의 탄핵으로 파직되었다.

광해군이 즉위하면서 다시 등용되어 함흥판관 등의 외직을 거쳐 분병조참의, 광주목사(廣州牧使), 형조참판 등을 지냈으며, 이이첨(李爾瞻)과 세력을 다투던 임취정(任就正)과 결탁해 이이첨을 탄핵하는 소를 올리기도 하였다. 인조반정 이후 명나라에서 양곡 10만석을 요청하자 특차사(特差使)로 명나라에 들어가 모문룡(毛文龍)에게 군량을 계속 대기 어려운 이유를 설명하고 협상했으며, 평안도를 지날 때 창성, 의주 등 성의 방비 상태를 아울러 살피고 돌아왔다.

이유림 옥사(李有林獄事)

1623년 인조반정을 반대하여 황현(黃玹)이 주모자가 되어 인성군 이공(仁城君 李珙)을 추대하려는 역모사건이 일어났다. 이때 이유림이 거느린 병사 2000여 명과 문희현(文希賢), 황현의 병사 100여 명을 불러모아, 인성군을 새 임금으로 추대한다는 말을 이시언(李時言)이 이귀(李貴)와 한준겸(韓浚謙)에게 누설함으로써 이에 연루되어 체포되고, 국문을 당하고 결국 처형당했다.

1623년(인조 1) 동지중추부사 때 이유림 옥사(李有林獄事)가 일어나자, 그를 석방해 벼슬을 주어서 그로 하여금 당류(黨類, 같은 무리)를 고변(告變, 반역을 고발함)하게 하자고 청했다가 조정을 멸시했다는 사헌부의 탄핵을 받아 파면당했다. 그런데 이듬해 이괄(李适)의 난이 일어나자 반란군과 내응했다는 무고를 받아 정상적인 절차도 없이 성철(成哲) 등 37인과 함께 참형을 당했다.

해부 없는 치료

　　조선 최초의 해부학자인 전유형이 양반의 신분으로 직접 해부를 했다는 것은 놀라운 일이다. 전유형의 해부는 파격적이고 그 자체로 의학의 본질에 접근한 것이지만 역사상에서 그의 시도는 하나의 해프닝이었다. 당시로서는 상상을 초월하는 해부 사건이 크게 부각되지 않은 것은 전유형이 억울하게 참형을 당했기 때문이기도 하지만 조선인들이 해부에 대해 전혀 관심이 없었기 때문으로도 볼 수 있다. 이후로 조선에 제2, 제3의 전유형이 나타나지 않은 이유를 생각해보면 해부 경험이 치료에 별다른 이익을 주지 못했다고 볼 수 있다. 현대의 관점으로 보면 의아하겠지만 충분한 근거는 있다. 가장 큰 근거는 수술하지 않고 치료하는 절대적인 무기, 즉 침술 등 비수술적인 치료법이다.

　발목을 삐어 정형외과에 가면 깁스를 하고 몇 달을 지내야 한다. 그런데 침술 의료원에 가면 부상당한 지 2~3일 후에 오라고 해서 오른쪽 부상에는 왼쪽에, 왼쪽 부상에는 오른쪽에 좀 더 많은 침을 놓는데 몇 군데에서 까만 피가 나오면 치료되었다고 말한다. 깁스하고 몇 달 동안 걸리는 치료가 몇 번의 침술로 완치되는 것에 서양 의사들은 놀라움을 금치 못한다.

　또한 침술이 통증을 완화시키거나 마취제 역할을 한다는 사실은 예로부터 입증된 사실이다. 환자에게 단지 10여 개의 침만 꽂아 놓고, 고통스러운 수술이나 치과 치료를 했던 사실들이 발견되는데 그동안 서양에서 마취제가 발견되기 전까지 수술의 공포를 생각하면 그야말로 획기적인 일이다. 일부 서양 의사들은 '암시 효과'일 거라고도 했지만 똑같은 침술 마취 방법을 사용한 동물들에게도 아무 문제 없이 외과 수술을 행하는 것을 보고는 의심의 여지가 없었다.

동양에서는 약 2500년 전부터 건강이란 서로 대립되는 두 힘, 즉 음과 양이 조화를 이룬 상태로 정의했는데 생명의 힘인 기(氣)는 음과 양의 상호 작용으로 생겨난다고 보았다. 기는 경락(經絡)이라고 하는 14개의 주요 통로를 따라 몸 전체로 흘러가는데 몸의 어느 부분에서 기가 너무 과도하게 넘치거나 부족하게 되면 질병이 생기는데, 이는 몸이 조화를 잃었기 때문이라고 보았다. 침술의 역할은 흐트러진 균형을 바로잡아 주는 것이다. 즉, 적절한 경락을 통해 기의 흐름을 다시 제대로 흐르게 해주는데 이것은 몸 전체에 퍼져 있는 2천여 개의 경혈(經穴) 중 한 군데 또는 여러 군데에 침을 꽂음으로써 이루어진다.

서양 의학자들은 현대과학으로 침술을 연구한 결과 충분한 효과가 있음을 증명하기도 했다. 동양 의술의 중심인 침술을 비롯해 동양 의학만의 생명력을 갖고 있기에 해부라는 개념이 도입되지 않았다고 해서 탓할 일은 못 된다. 단순 비교할 일이 아니라는 뜻이다.

조선의 CSI

조선시대에 국한해 설명한다면 조선의 의학 수준이 상당했다는 것을 검시(檢屍) 방법만 봐도 알 수 있다. 사람 사는 곳은 매한가지여서 조선시대에도 살인사건이 다반사로 일어났다. 그런데 범인의 머리가 뛰어나다면 즉 거짓말의 천재라면 진위를 가리는 것이 간단치가 않다. 특히 독극물을 사용했을 경우 해부를 하지 않고 범인을 잡는다는 것이 쉽지 않다.

그런데 조선시대의 범인 검거율은 90퍼센트가 넘었다고 한다. 범인 검거율은 기본적으로 당대의 과학 수준과 비례하는데 이렇게 검거율이 높다는 것은 부검을 하지 않고도 자살, 타살은 물론 범인을 가릴 수 있는 기준이 있었다는 뜻이다. 한마디로 시신 상태만 보고도 사망 정황을 거의 정확하게 파악하여 수사에 활용했다는 뜻이다. 조

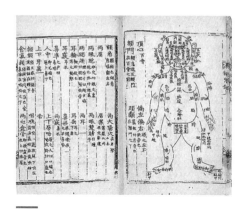

《신주무원록》 조선의 수사 교과서인 《신주무원록》은 범죄 상황에 맞게 다양한 약재와 보조도구를 사용하는 과학적인 판별법을 자세히 소개하고 있다.

'CSI, 과학수사대'의 한 장면 국내에서도 인기리에 방영되었던 'CSI, 과학수사대'에는 실내에서 불을 끄고 분무기로 무언가를 뿌리는 장면이 나온다. 현대 수사에서 혈흔 확보의 공식처럼 돼 있는 이 장면에 등장하는 용액은 질소화합물인 루미놀과 과산화수소수의 혼합액이다.

선시대의 기록에 나와 있는 수사 방법을 보자.

조사관 및 검시관은 아전들을 대동하고 시체가 놓인 장소에 도착하면 우선 시체를 중심으로 사방의 규격과 시체가 놓인 방향 등을 세밀하게 그림으로 묘사하고(요즘 범죄현장의 사진을 찍는 것과 같다) 집

중적으로 관찰한다. 먼저 겉으로 드러난 안색이나 상흔 등에 주목하면서 시체의 옷을 벗기고 상태를 꼼꼼하게 기록하였는데, 이 기록은 조선시대 사람들의 복장 형태를 알 수 있을 정도로 매우 자세하게 정리되어 있다. 시체의 옷을 모두 벗기고 알몸이 된 시신의 76군데를 살펴 그림으로 나타낸 시형도(屍型圖)를 그려 그것을 시장(屍帳, 수사기록)과 함께 검안 기록에 덧붙이거나 별도로 묶어서 보고했다.

조선시대 과학수사 방법은 주로 겉으로 드러나는 시체의 색깔 및 상흔, 형태를 관찰하는 것에 주목했다. 즉 검시의 핵심은 시체의 안색을 관찰하는 기술이라고 할 수 있다. 시체에 드러난 색깔의 종류에 따라 사인(死因)을 다르게 파악했기 때문에 색에 매우 민감했다. 폭행 등으로 인해 생기는 붉은색을 적색에서부터 적자색(赤紫色), 적흑색(赤黑色), 담홍적(淡紅赤), 미적(微赤), 미적황색(微赤黃色), 청적색(靑赤色) 등 여러 단계로 분류해 놓았다. 또한 얼어죽은 경우에는 흰색을 띠고, 독살인 경우 푸른색, 병사(病死)인 경우 황색과 연관된다고 쓰여 있다.

한편 흑색도 자암색, 흑암색, 흑어색 등으로 다양하게 표현되었는데, 모두 시체가 오래되어 부패한 정도를 나타나는 색으로 파악되었다. 이렇듯 검게 변한 시체의 색깔로 사망 시간이 얼마나 경과되었으며, 어느 정도 부패가 진행되었는지를 파악했다. 시간의 경과에 따른 시반(屍斑, 사람이 죽은 후에 피부에 생기는 반점)의 변화를 정확히 안다면 거꾸로 사망 후 경과 시간을 계산하여 사망 일자를 과학적으로 추정할 수도 있었기 때문이다.

또한 시체가 부패하는 과정도 중요하게 생각했는데, 시체가 부패

하는 첫 번째 단계로 얼굴부터 배, 겨드랑이, 가슴 부위의 살빛이 약간 누렇게 혹은 퍼렇게 변한다고 보았다. 다음 단계는 코와 귀에서 악취 나는 물이 많이 흘러나오고 배가 팽창하며 구더기가 나오며, 세 번째 단계는 두 발이 빠져나가는 과정으로 결론지었다. 시체가 썩어가는 과정에 있어 계절에 따라 약간의 차이가 있다는 점도 놓치지 않았다.

가령 기후가 온화한 봄, 가을의 2~3일은 여름의 1일과 비슷하고, 8~9일이 여름의 3~4일에 비슷하다고 보았다. 물론 매우 추울 때는 5일이 지나야 아주 더울 때의 1일과 같으며 추울 때 15일이 더울 때의 3~5일과 같다고 생각했다. 뿐만 아니라 모든 사체가 시간과 부패 사이에 일관된 상관성을 갖는 것은 아니었다. 즉 비만한 사람과 마른 사람, 그리고 병약한 사람의 경우 부패 속도가 각각 다르다고 보았다. 즉 살찌고 젊은 사람은 쉽게 부패하나, 마르고 늙은 사람은 쉽게 상하지 않는다고 설명했으며, 또 기후에도 남과 북의 차이가 있고 또 산중과 그렇지 않은 지역의 차이도 신중하게 고려했다.

조선시대 법의학 수준을 보면 상흔의 은폐·조작을 찾아내는 방법도 발달했음을 알 수 있다. 가령 물건으로 구타, 살해한 경우 틀림없이 상흔이 푸르거나 붉게 나타나지만, 갯버들나무 껍질을 상처 부위에 덮어 두면 상처 안쪽이 짓무르고 상하여 검은색이 되므로 구타 흔적을 위조할 수 있었다. 이에 대해 조선시대 수사 교과서로 볼 수 있는 《신주무원록》은 반드시 손으로 만져 보아 부어올랐거나 단단하지 않으면 은폐·조작의 흔적으로 보아야 한다고 지적했다.

그밖에도 칼로 살해한 후 불에 타 죽은 것으로 위장한 경우, 범인이 검시인들을 사주하여 시체의 상처에 초를 발라 상흔을 지운 경우, 물에 빠져 죽은 경우, 끓는 물에 데어 죽은 경우, 얼어 죽은 경우 등 각 상황에 맞게 다양한 약재와 보조도구를 사용하는 과학적인 판별법이 자세히 소개되어 있다.

시체가 외부에 노출되어 시일이 오래 경과되었다면 시반이 잘 드러나지 않는 경우가 많은데, 이 경우에 활용한 것이 법물(法物)이다. 법물은 조선시대 합법적으로 검시에 활용된 보조도구 및 수단들로, 관척(官尺, 상처 크기와 거리 등을 측정하는 데 사용)과 순도 100%의 은비녀가 법물의 가장 대표적인 예이다. 이 외에도 식초(醋), 소금, 매실 과육, 지게미(糟), 천초(川椒, 초피), 창출(蒼朮, 당삽주 뿌리), 조각(쥐엄나무의 열매를 말린 한약재), 파의 흰 부분 등이 사용되었다.

그 가운데 지게미, 식초, 파, 매실 과육 등은 시체의 검시 과정에 사용되었고, 창출, 조각 등은 시체가 놓인 곳의 악취를 제거하는 데 활용되었다. 특히 은비녀는 주로 독극물 검사에 사용되는데, 조선시대 흔히 쓰던 '비상'은 유황이나 비소 등 독을 가진 성분으로 은과 반응하여 검은 막을 형성하는데 이러한 과학적 원리를 이용, 은비녀를 시신의 구강과 식도에 넣은 뒤 색깔의 변화를 살펴보아 독살 여부를 밝혀냈다.

검시관들은 이런 긴요한 법물을 검시에 임박해서야 이웃이나 피고의 집에서 얻어다 사용하기도 했는데, 시장이나 공장에서 동(銅)을 섞어 만든 가짜 은비녀들이 많아 정확한 판단이 어렵다고 적었다. 따라서 백성의 원망과 억울함을 없애려면 관(官)의 관리하에 품질 좋은 은으로 은비녀를 만들어 밀봉하여 보관했다가 검시 전용으로 사용해야 했다.

흥미로운 것은 범행 흉기를 찾는 일을 조금이라도 지체하면 간교한 용의자나 용의자 가족들이 은폐하고 조작하여 검시관들을 속이려 할 때 어떻게 대처하는가 하는 것이다. 국내에서도 방영되어 높은 인기를 누리고 있는 미드 'CSI, 과학수사대'에는 사건 현장에서 혈흔을 찾아내기 위해 범죄 현장이 실내인 경우 불을 끄고 분무기로 무언가를 뿌리는 장면이 자주 나온다. 현대 수사에서 혈흔 확보의 공식처럼 돼 있는 이 장면에 등장하는 용액은 질소화합물인 루미놀(Luminol)과 과산화수소수의 혼합액이다.

혈흔을 찾고자 하는 곳에 이 혼합액을 뿌리면 과산화수소수가 혈흔의 혈색소와 만나 산소가 떨어져 나가고 이 산소가 루미놀을 산화시킴으로써 아무리 작은 혈흔이라도 파란 형광빛을 낸다. 그 빛은 마치 반딧불이가 내는 빛과 비슷한데, 범인이 은폐하려는 범행 현장에서 혈흔을 적발하는 데 혁혁한 공을 세운다.

그런데 시간이 많이 지나 살인 도구인 흉도(凶刀)를 판별하기 어려우면 모름지기 숯불로 빨갛게 달구어 초(醋)로 씻으면 피의 흔적이 보인다는 기록이 있다. 이 내용은 정말 과학적이다. 서강대 화학과 이덕환 교수는 "오래된 피에 남아 있던 철 이온은 소량이라도 티오시안산과 반응하면 붉은색이 드러난다"며 "고초액에는 티오시안산이 들어 있었을 것"이라고 말했다. 이것은 한 방울도 채 안 되는 혈흔을 탐지할 수 있는 현대의 루미놀 기법에 못지않은 과학적인 수사 기법인 셈이다.

KBS-TV '역사스페셜' 팀은 '조선 CSI, 누가 황씨 부인을 죽였나'

에서 한국과학기술연구원 이강봉 박사팀과 함께 이 부분을 집중적으로 검증했다. 이 박사는 수사록에 적혀 있는 고초액 즉 초산만 사용하여 일주일 동안이나 계속 실험했음에도 혈액 흔적을 발견하는 데 실패했다고 말했다. 그러나 많은 실험을 거쳐 고초액에 티오시안나트륨을 혼합시켰더니 철과 반응하여 혈액 흔적이 나타남을 확인했다. 조선시대 수사록에는 단순하게 고초액이라고만 적었지만 고초액에 철과 반응하는 성분을 넣었다는 것은 당시 수사관들이 수많은 실험을 거쳐 이러한 사실을 알고 있었다는 것을 의미한다. 조선시대 과학 수사가 높은 수준이었음을 보여준다.

현대 과학은 동양의 침술 등 동양의학으로 많은 효과를 보고 있다고는 하지만 모든 질병 특히 심각한 질병의 경우 동양의학만을 고집할 것은 아니라고 말한다. 간단하게 말해 협심증이나 암과 같은 질병에 동양의학만을 고집하지 말라는 설명이다. 여하튼 과거의 동양의학자들이 서양의학의 인체 해부를 반대했다는 것도 어느 정도 이해되는 일이다. 한마디로 사망자의 시신만 보고 사망 원인을 파악할 수 있다는 것은 당시 기준으로 시신을 해부할 필요가 없었다는 반증이기도 하다.

동양과 서양의 의학을 놓고 어느 의학이 더 효과적이냐고 단정할 수는 없지만 서양의학에서 해부로부터 얻은 성과로 많은 질병이 퇴치되고 있다는 점은 사실이다. 한마디로 동양의학에 해부로 인한 정보가 접목되었다면 보다 효과적인 의술이 도입되지 않았을까 하는 생각이 든다.

전유형全有亨

허준을 대신해 의원들을 교육하다

　　동양에서 해부나 수술을 하지 않았다면 사고를 당한 사람들을 어떻게 처치했을까? 이에 대한 답은 옛날에도 몸에 칼을 대는 전통이 전혀 없었던 것은 아니다. 동양에서도 외과수술이라 할 수 있는 몇몇 분야가 존재한다. 종기 치료법, 신체 기형부위 수술, 자상(刺傷, 칼 등에 찔린 상처) 등에 대한 수술 등이다.

　　옛날 난치병 가운데 하나로 발배(發背)라는 것이 있는데 '등에 난 종기'를 말한다. 기록에 따르면 신라 45대 신무왕, 후백제의 견훤, 고려의 예종과 신종이 이 병으로 사망했고 조선시대의 문종도 종기로 사망했다. 그런데 조선시대에 획기적인 종기 치료법이 발견되는데 외과수술로 종기를 제거하는 것이다. 명종 때 임언국이 지은《치종지남(治腫指南)》에는 예리한 수술 도구를 사용해 종기를 째고 여러 가지 약을 써서 뿌리를 제거하는 방법이 적혀 있다. 현대 의학에서는 간단한 것으로 보이지만 당시로서는 중국이나 일본에서도 볼 수 없는 획기적인 방법이었다.

　　고대일수록 전쟁은 물론 일반 싸움으로 칼이나 창 등으로 다치는 경우가 흔한데 그 중에는 내장이 밖으로 튀어나오는 경우도 종종 생긴다. 조선의《한약구급방》에는 밖으로 튀어나온 내장을 안으로 넣고 봉합하는 방법이 실려 있다. 허준의《동의보감》에는 보다 실용적인 내용이 적혀 있다.

　　'쇠붙이에 상해 끊어진 장의 양끝이 다 보일 때는 봉합하여 고칠

수 있다. 그 방법은 다음과 같다. 끊어진 장의 양끝이 다 보이면 빨리 바늘과 실로 꿰맨 다음 닭 벼슬의 피를 발라서 기운이 새지 않게 하고 빨리 뱃속으로 밀어 넣어준다.'

바늘과 실을 써서 꿰매는 방법은 오늘날 현대 의학에서 말하는 봉합술과 같다. 전쟁에서 생긴 부상자들을 위해 어떤 식으로든 외과적인 방법이 사용되었을 것은 당연한 일로 보인다. 이런 면을 감안해볼 때 전유형의 참형이 더욱 아쉽게 느껴지는 것이다. 전유형이 문신임에도 불구하고 의술에 탁월한 조예가 있다는 것은 광해군과 왕비의 병을 고치는 데 참여했다는 것으로도 알 수 있다. 조선시대의 천형이라고도 할 수 있는 천연두를 치료하는 데 그의 처방전이 널리 활용되었다. 허준이 너무 늙어 내의원들을 가르칠 수 없게 되자 조정에서 전유형을 초빙해 의원들의 교육을 전담시켰다고 한다.

그러나 전유형에 대한 기록이나 그의 문집 어디에도 그가 해부를 했다는 공식적인 기록은 없다. 전유형이 어떤 연유로 시신을 해부했는지는 정확히 알려지지 않았지만 동양의학에 해박한 그가 단순한 호기심에서 해부를 했다고는 생각하지 않는다. 그가 당대의 고위 관리임을 감안할 때 조선에서 시신 해부를 금기시했다는 것을 몰랐을 리도 없다. 결국 전유형이 우리나라 최초로 해부했다는 것은 동양의

전유형全有亨

학에 조예가 깊은 의료인으로서 의학 정보를 얻으려는 탐구력 때문일 것이다. 57살이라는 이른 나이에 참형을 당해 그가 갖고 있던 지식마저 사라졌다고 볼 수 있는데, 그가 해부를 했다고 알려진 것 외에 의학에 관련한 기록이 거의 없다는 점에서 더욱 아쉽다. 한마디로 동양의학에 해부로 얻은 인체의 정보를 접목시켰다면 동양의학사에 큰 업적을 내었을 것이라는 생각이다. 적어도 참형만은 면했다면 어땠을까 하는 생각이 든다.

전유형은 참형당한 지 4년 후 복권되어 이조판서에 추증되고, 1742년(영조 18) 충북 괴산군 칠성면 송도리 화암서원(花巖書院)에 배향되었다. 그의 묘는 충북 괴산군 소수면 소암리에 있고 저서로는 《학송집》이 전한다.

이괄(李适)의 난(亂) – 이괄을 위한 변명

1624년(인조 2) 1월~1624년 2월 15일, 이괄이 일으킨 난.

광해군 때 제주목사, 함경도 북병사(北兵使) 등을 지낸 이괄(1587~1624)은 인조반정(1623)에서 큰 공을 세웠음에도 2등 공신에 책봉되고, 2달 후 후금(後金)이 침입할 우려가 있다 하여 도원수(都元帥) 장만(張晩)의 추천으로 평안병사(平安兵使) 겸 부원수(副元帥)로 임명되어 관서(關西) 지방으로 파견되었다. 지금까지의 정설은 이괄이 2등 공신에 책봉되고 더군다나 외지로 발령이 나서 그에 불만을 품고 반란을 일으켰다는 것이었다.

그러나 이러한 해석은 당시의 북방 정세를 보아 미흡한 점이 많다. 당시는 강성한 후금이 언제 침략해올지 모를 정도로 긴박한 때라 북방 경비는 국가적으로 가장 중대한 임무였다. 최전방의 군대를 직접 지휘하는 부원수직은 전략에 밝고 통솔력이 있는 이괄에게 적임이었던 것이다. 이괄 역시 새 임무의 중요성을 알고 평안도 영변에 출진한 뒤에 군사훈련, 성책(城柵) 보수, 진(鎭)의 경비 강화 등 부원수로서의 직책에 충실하였다. 그러므로 인사 조치에 대한 불만이 반란의 직접적인 원인이라고 하기 어렵다.

인조반정 이후 반정을 주도해 정권을 장악한 공신들은 반대 세력의 경계가 심해 반역음모 혐의로 잡히는 자가 적지 않았다. 이괄도 그 피해자 중 하나였다. 1624년 1월에 문회(文晦), 허통(許通), 이우(李佑) 등은 이괄과 그의 아들 이전, 한명련(韓明璉), 정충신(鄭忠信),

기자헌(奇自獻), 현집(玄楫), 이시언(李時言) 등이 역모를 꾀한다고 고변했고 그들에 대한 문초가 이루어졌다.

그러나 엄중한 조사 끝에 무고임이 밝혀졌음에도 공서파(功西派)의 영수인 이귀 등은 이괄을 잡아다 문초할 것을 주장했다. 인조는 이를 승인하지 않았으나 그 대신 이괄의 아들인 이전(李旃)을 한양으로 압송해 오도록 하였다. 1월 24일 이괄은 아들이 모반죄로 죽게 되면 자신도 온전할 수 없다고 판단하고 외아들 이전을 압송하러 온 금부도사 고덕률(高德律), 선전관 김지수(金芝秀) 등을 죽이고 반란을 일으키게 된 것이다. 말하자면 사전 계획에 의한 반란이라기보다 우발적인 반란이었다는 뜻이다.

이괄은 모반 혐의로 한양으로 압송 중이던 구성부사(龜城府使) 한명련을 구해내어 가담시키고 임진왜란 당시 투항한 왜병 100여 명을 앞세워, 병력 1만여 명을 이끌고 평안도, 황해도를 점령하고 한양을 향해 진격했다.

2월 4일 조정에서는 이괄의 아내와 동생 돈(遯)을 처형했다. 그러나 2월 8일 이괄의 군대가 예성강을 건너 남하하고 있다는 소식이 들려오자 인조는 명나라에 파병을 요청하고 공주로 피난하였다. 2월 11일 한양에 입성한 이괄은 경복궁 옛터에 주둔하고 선조의 아들 흥안군(興安君) 이제(李瑅)를 왕으로 추대했다. 지방에서 반란을 일으켜 한양까지 입성한 것은 우리 역사상 처음이었다.

그 즈음 도원수 장만(張晩)이 이끄는 토벌군이 안령(鞍嶺)에서 이괄 군과 전투를 벌였고 크게 패한 이괄은 한밤중에 패잔병들을 이끌고 광희문(光熙門)을 통해 경기도 이천 방면으로 퇴각했다. 그리고 2월 14일 경안역(慶安驛) 부근에서 부하 장수인 이수백(李守白), 기익헌(奇益獻)의 배반으로 이괄과 한명련은 살해되었다. 이틀 후 이괄에 의해 왕으로 추대된 흥안군 이제도 처형되었다. 공주로 피난을 갔던 인조는 2월 18일에 한양으로 돌아왔으며, 그 뒤로도 이괄의 난에 동조했던 세력들에 대한 대대적인 처벌이 이루어졌다.

반군에 의해 한양이 점령된 이괄의 난은 조선 사회에 큰 충격을 주었고 오랫동안 민심이 안정되지 못했다. 이후 수도 방위의 중요성이 강조되면서 관서 지방의 방어 체제가 크게 약화되었는데 이는 정묘호란과 병자호란 때에 조선이 후금(後金)의 침입에 제대로 대응하지 못한 요인이 되기도 하였다. 한명련의 아들 한윤(韓潤)은 후금에 투항한 강홍립(姜弘立)의 휘하로 들어갔다가 정묘호란 때에 후금의 군대와 함께 남하하기도 하였다.

04장

생태학적 관찰로
국토의 비전을
제시하다

이중환, 1690년(숙종 16)~1756년(영조 32)

조선 후기의 실학자. 본관은 여주(驪州). 이익(李瀷)의 문인으로 실사구시 학풍의 영향을 많이 받았다. 30대 후반에 유배된 후 67세로 세상을 떠날 때까지 약 30년간 전국을 떠돌며 보고 느낀 것을 《택리지》에 담았다. 《택리지》의 정확한 저술 연대는 기록되어 있지 않으나, 저자 서문에 '여름날에 아무 할 일이 없어 팔괘정에 올라 더위를 식히면서 우연히 노숙하였다'고 쓰고 신미년(1751년)이라고 기록한 것으로 보아 61세 무렵에 정리한 것으로 보인다.

이중환

李重煥, 1690~1756

《택리지》 저술, 유배와 방랑으로 점철된 삶

　　조선 후기 실학 열풍이 고조될 때 본격적인 인문지리서로 당대의
베스트셀러가 된 《택리지》를 저술한 이중환(李重煥, 1690~1756)의
삶은 파란만장 그 자체였다. 명문가에서 태어나 집안 좋은 처가를 두
었고 당대의 지성답게 24세에 과거에 급제해 평탄하게 관직에 입신
했다. 문제는 그 무렵이 노론(老論)과 소론(少論)의 당파싸움이 극에
달했던 때였다는 점이다.

　　잘나가던 이중환의 집안은 남인 중에서 소론인데 노론과의 혈투
에서 밀려 가문이 기울기 시작한다. 이중환은 30대 중반부터 관직의
꿈을 접고 유배를 가기도 하고 30여 년간 전국을 떠돌면서 자신의
실학적 이상을 《택리지》에 담았다. 후손들로서는 유배 등 정치적 폭
풍이 아니었다면 《택리지》라는 귀한 유산을 얻지 못했겠지만 이중
환 당사자에게는 고통스런 나날이었을 것이다.

이중환의 호는 청담(淸潭) 또는 청화산인(靑華山人), 본관은 여주(驪州)이다.

이중환의 집안은 대대로 관직생활을 한 명문가로, 정치성향은 북인에서 전향한 남인에 속한다. 이중환의 5대조 이상의(李尙毅, 1560~1624)는 광해군 대에 북인으로 활약했고 직제학, 이조판서를 역임했다. 할아버지 이영(李泳)은 1657년(효종 8)에 진사시에 합격하여 예산현감과 이조참판을, 아버지 이진휴(李震休, 1675~1710)는 1682년(숙종 6) 문과에 급제하여 도승지, 안동부사, 예조참판, 충청도 관찰사 등을 역임했다. 이진휴는 남인 관료 집안의 딸인 함양 오씨 오상주(吳相冑)의 딸과 혼인해 1690년에 이중환을 낳았다.

이중환은 대사헌을 지낸 목임일(睦林一, 1646~?)의 딸과 혼인하여 2남 2녀를 두었고, 후처로 문화 류씨를 맞이하여 딸 1명을 두었다. 이중환은 대표적인 남인 집안인 사천 목씨와 혼맥을 맺은 것으로 인해 훗날 당쟁에 휘말리는 계기가 된다. 또한 이중환은 성호 이익(李瀷, 1681~1763)의 재종손(再從孫, 사촌형제의 손자)이면서, 나이 차이가 9살밖에 나지 않아 성호의 학풍에 상당한 영향을 받았을 것으로 짐작된다. 이익은 이중환의 시문(詩文)을 높이 평가해《택리지》의 서문과 발문(跋文), 그리고 이중환의 묘갈명까지 써 줄 정도로 두 사람의 관계는 각별했다. 이익 또한 같은 남인인 목천건(睦天健)의 딸을 후처로 맞아 사천 목씨 집안과 혼맥을 맺었다.

이중환은 당시로서는 최상의 금수저로 성장해 24세 되던 해(1713년)에 증광별시(增廣別試)에 급제하면서 1717년 김천도찰방(金泉道察訪)이 되었고, 주서(注書), 전적(典籍) 등을 거쳐 1722년 병조좌랑에까지 오르는 등 순탄한 관직생활을 이어갔다. 그러나 병조정랑으로 있던 1723년(경종 3) 노론이 집권하면서 남인인 목호룡(睦虎龍)의 고변서(告變書, 고발장)가 발단이 되어 일어난 '신임사화(辛壬士禍)'에 휘말려 체포되었다. 장인인 목임일이 이 사건에 깊이 연루되었기 때문이다.

숙종 말년에서 경종에 이르는 기간은 당쟁이 가장 치열한 때였다. 특히 숙종이 사약을 내린 장희빈 소생의 경종을 후계자로 삼자 조정은 크게 양분되었다. 노론측은 장희빈 소생인 세자의 지위를 박탈하려고 했고, 반면 소론측은 세자를 옹립해야 한다는 입장을 고수하고 있었다. 그런데 숙종 말기 노론이 국정을 장악하고 있어 세자인 경종의 위치는 항상 불안했다.

숙종이 죽자 상황은 반전되었다. 경종이 즉위하자 소론이 권력의 핵심으로 떠오르기 시작한 것이다. 그러나 노론의 저항도 만만치 않았다. 노론측은 경종의 후사가 없음을 빌미로 경종의 이복동생인 연잉군(延礽君, 훗날의 영조)을 왕세제(王世弟, 국왕의 동생으로 왕위 계승자)로 봉하고 경종 이후의 정국에 대비하고 있었다. 이는 당사자인 경종이나 정권을 다시 장악하려는 소론으로서는 좌시할 수 없는 상황이었다. 바로 이러한 때인 1722년(경종 2), 노론측 김창집 등이 경종을 시해하려 한다는 목호룡의 고발장이 접수된 것이다. 이 사건으로 인해 노론의 김창집(金昌集), 이이명(李頤命), 이건명(李健命), 조태채(趙泰采)가 처형되고 노론의 자제들 170여 명이 처벌되는 임인옥사(壬寅獄事)가 일어났고 소론이 정권을 장악하게 되었다.

하지만 1723년(경종 3)에 목호룡의 고변이 무고였음이 판명나면서 정국은 다시 노론의 주도하에 들어간다. 소론에 대한 노론의 정치 보복 과정에서 이중환은 목호룡의 고변사건에 깊이 가담한 혐의를 받으며 정치 인생 최대의 위기를 맞았다. 다행히 이때는 혐의가 입증되지 않아 곧 석방되었으나, 노론의 지지를 받은 영조가 즉위하면서 상황은 반전되었다. 임인옥사의 재조사 과정에서 김일경과 목호룡은 대역죄로 처형당했고, 이중환은 처남 목천임(睦天任)과 함께 수사망에 올랐다. 특히 남인 집안으로 노론 세력을 맹렬하게 비판하다가 처형을 당한 이잠(李潛, 이익의 형)의 재종손이라는 점까지 불리하게 작용했다.

이중환은 36세 때인 1725년(영조 1)에 4차례에 걸쳐 고문을 당했고 이후 영조의 명에 의해 6차례의 고문을 당했다. 모진 고문을 받으면서도 이중환은 자신의 혐의를 완강히 부인했다. 노론 측에서도 결정적인 증거를 제시하지 못하여 사형은 면했지만 1726년 외딴섬으로 유배를 간다. 그가 유배를 간 섬이 어디인지는 기록이 없다.

1727년(영조 3) 정미환국(丁未換局)으로 소론이 집권하면서 이중환은 유배에서 풀려나지만 다시 사헌부의 탄핵을 받아 또다시 유배에 처해지고 처남은 처형을 당한다. 그때가 이중환의 나이 38세가 되던 해로 그 이후로 이중환의 행적은 공식 기록에 나타나지 않고, 언제 유배생활에서 풀려났는지도 알려져 있지 않다.

정미환국(丁未換局)
1727년(영조 3) 정쟁의 폐단을 없애기 위해 당색이 온건한 인물로 인사를 개편한 정국.

조선시대의 베스트셀러

　　이중환의 생애는 누가 보더라도 비극적이다. 그는 자신의 불행을 혼란한 시대 탓으로 돌릴 수도 있었다. 요즈음 네티즌의 지적은 날카롭다. 네티즌 '히피칸'은 당시의 상황을 이렇게 적었다.

　'이중환은 나이 38세(1727년)에 끈 떨어진 연이 되었다. 노론정권이 들어서면서 남인은 완전히 찬밥 신세가 되었는데, 이중환이 그 남인계보에 속해 있었다. 고금을 막론하고 끈 떨어진 사람이 시도할 만한 일이 주유천하(周遊天下) 아니던가. 이중환은 집도 절도 없이 떠돌아다니면서 마음 편하게 살 만한 곳을 물색했다. 환갑 무렵 그 물색의 결과물을 책으로 내놓았는데 그것이 바로《택리지》이다.《택리지》는《정감록》과 함께 조선 후기에 가장 많이 필사된 베스트셀러였다고 한다. 현장에서 건져 올린 생생한 정보가 많이 담겨 있었기 때문이다. 장사하는 사람은《택리지》를 보고 각 지역의 특산물이 무엇이고 물류의 흐름이 어떻게 돌아가는지를 파악할 수 있었고, 풍수를 연구하는 사람은 전국의 지세와 명당을 자세히 알 수 있었으며, 산수유람가에게는 여행 가이드북이 되었다.'

　이중환은 어느 누구도 인정해주지 않는 상황에도 좌절하지 않고《택리지》를 통해 자신의 나라와 자기의 현실에 대해 허심탄회하면서도 예지에 가득 찬 충고를 하고 있다. 그가 다른 문헌에서는 찾아보기 힘든 생태학적 관찰을 기록으로 남겼다는 것은 자신과 같은 처지

　　　　　　　　　　　　　　　　　　　　　이중환李重煥

의 불운한 사대부를 위한 가거지(可居地, 살 만한 땅)만을 찾으려는 목표가 아니라 미래를 향한 국토와 국가관을 제시했다고 볼 수 있다.

《택리지》가 완성되자 여러 학자들이 서문과 발문을 썼고 다양한 분야에서 활용되었다. 특히 이중환이 살던 조선 후기는 사회·경제적으로 안정된 시기여서 사대부 학자들 사

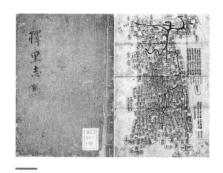

《택리지》 조선 후기의 대표적 지리서로, 이중환이 전국을 답사한 지식과 경험을 바탕으로 서술했다. 우리나라의 산천과 그곳에 살았던 인물들의 역사, 그리고 당대 사람들의 정서까지 담아내고자 했다.

이에 금강산 등 산천 여행의 붐이 일어나고 있었다.

국토 여행을 즐기던 시대 상황과 맞물리면서 《택리지》는 당대의 베스트셀러가 된다. 지금도 마찬가지이지만 당시에도 전국의 산수와 풍물, 인심을 기록한 인문지리서는 여행자의 필수품이었을 것이다. 그러나 《택리지》가 후대에까지 폭넓게 읽힐 수 있었던 근본 요인은 일반 백성들 누구나 우리나라 방방곡곡의 사정을 쉽고 흥미롭게 파악할 수 있게 서술되었기 때문이다.

《택리지》는 관청 주도로 편찬한 《동국여지승람》의 백과사전식 나열에서 탈피하여 생활권, 지역권을 중심으로 한 새로운 시각으로 우리 국토를 정리한 저술이라는 점에서 차별화된다.

사실 《택리지》 이전에도 실학파 학자들에 의한 지리적 내용의 서술이 없었던 것은 아니다. 이수광의 《지봉유설》과 유형원의 《반계수록》에도 서양의 과학적 지리학의 특징이 나타나며, 이익의 《성호사설》에서는 지구론, 지진론, 조석론 등 자연지리적 해설도 포함하고

있다. 그러나 이들 모두 단편적인 서술에 그친 데 비해 이중환의《택리지》는 전라도와 평안도를 제외한 전국을 실제로 답사하며 직접 확인하고 검증하는 실증적 태도에 입각해 저술했고, 저술 곳곳에 관련 인물의 역사적 사실을 수록하여 보다 입체적으로 지역 상황을 이해할 수 있게 한 점 등이 큰 특징이다.

《택리지》는 워낙 방대한 지식이 포함되어 있으므로 그 가치와 의의를 간단하게 규정하는 것은 쉽지 않지만 정리해서 말하자면《택리지》의 가치는 다음과 같이 설명된다.

① 과거의 백과사전식 지리지의 나열에서 탈피했다.
② 실학을 중요시하여 실생활에 적용할 수 있는 지리 지식 전달에 목적을 두었다.
③ 자연 지리적 현상에 대하여 과학적으로 관찰하고 나름대로 해석하였다.
④ 수운(水運)의 이용과 상업의 육성을 강조했다.
⑤ 현대 지리학의 주요 개념이 소개되었다.

이중환은 서문에서 다음과 같이 적었다.

'내가 황산강 가에 있으면서 여름날에 아무 할 일이 없었다. 팔괘정에 올라 더위를 식히면서 우연히 논술한 바가 있다. 이것은 우리나라의 산천, 인물, 풍속, 정치, 교화의 연혁, 치란득실(治亂得失)의 잘하고 나쁜 것을 가지고 차례를 엮어 기록한 것이다. 옛말에 "예악(禮樂)

이 어찌 옥백(玉帛, 옥과 비단)과 종고(鐘鼓, 종과 북. 음악)만을 말한 것이랴"는 것이 있다. 이 말은 예악의 진정한 뜻을 모르고 의식적인 치중을 한탄한 것이다. 이것은 살 만한 곳을 택하려 하나 살 만한 곳이 없음을 한탄한 것이다. 그러므로 이 글을 넓게 보려는 사람은 문자 밖에서 참뜻을 구하는 것이 옳을 것이다.'

《택리지》가 일반인들에게 널리 읽혀진 또 다른 이유는 저자가 관직을 떠나 30여 년간 불운한 생활 속에서도 자신이 직접 경험하고 느낀 것 등을 바탕으로 '살 만한 곳'을 논리적으로 서술해 당시 사람은 물론 후대인들에게도 큰 공감을 얻었기 때문이다.

한반도 어디에서 사는 게 좋을까

《택리지》의 제목은 공자의 논어 〈이인〉 편 '군자는 살 만한 곳을 찾아 거한다'는 의미의 '가거지(可居地)' 즉 '살 만한 곳을 찾는다'는 뜻에서 따온 것이다. 전문 지리학자도 아닌 학자 관료인 이중환이 관직의 꿈을 접은 후 국토 지리에 관한 책을 쓴다는 것은 간단한 일이 아니었을 것이다. 집념과 목표를 갖고 30여 년이나 버틴 탓에 과학사에 남을 불후의 걸작 《택리지》를 완성했다. 그러나 이중환이 온전히 기쁜 마음으로만 《택리지》를 저술하지 않은 것이 사실이다. 그는 〈총론〉에서 자신의 처지를 다음과 같이 적었다.

'아아. 사대부가 때를 만나지 못하면 갈 곳은 산림뿐이다. 이것은 예나 지금이나 마찬가지인데 지금은 그렇지도 못하다. (…) 조정에 나아가 벼슬하고자 하면 칼, 톱, 솥, 가마 따위로 서로 정적을 죽이려는 당쟁이 시끄럽게 그치지 않고, 초야에 물러나 살고자 하면 만첩 푸른 산과 천겹 푸른 물이 없는 것은 아니지만 쉽게 가지도 못한다. (…) 전일에 사대부가 자신을 농·공·상보다 높게 여겼던 것을, 지금에 와서는 참으로 농·공·상보다 못하다는 말인가. 물(物)이 극에 달하면 되돌아오는 것인데 진실로 이치가 그런 것이다. 그러므로 한 번 사대부라는 명칭을 얻으면 갈 곳이 없다. 그렇다고 사대부의 신분을 버리고 농·공·상이 되면 안전해지고 이름을 얻을 수 있는 것도 아니다.'

이 발문으로 보아 이중환이 자신의 뜻을 마음대로 펼칠 수 없는 생활을 했던 것이 분명하다. 주변에서 일어난 불행이 없었다면 순탄한 관직 생활에 고위관료로서 생을 마감했을 것이지만 현실은 그를 당파싸움의 혼란으로 몰아넣어 결국 이상을 펼치지도 못하고 좌절하게 만들었다.

그러나 이중환은 자신의 불운한 환경을 탓하지 않고 전화위복의 계기로 삼았다. 전국을 누비며 산수(山水)와 생리(生利), 인심을 관찰하여 《택리지》라는 불후의 명저를 남겼다. 조선시대에 이중환처럼 박해당한 사람은 많았지만 이중환처럼 나름대로 자신의 분야를 개척한 사람은 몇 명 되지 않는다(그 대표적인 인물이 정약용이다).

이중환이 자신의 처지를 비관하지 않고 새로운 일에 전념할 수 있였던 것은 이익의 실사구시 학풍에 큰 영향을 받았기 때문이다. 조선 후기 집권층인 노론이 주자성리학만을 고집하면서 민생에는 별 도움이 되지 않는 명분론에 빠져 있던 당시, 실학의 중요성을 강조하고 학파를 형성한 이익의 학문은 실학자로서 안목을 키워가는 데 큰 역할을 했다고 볼 수 있다.

《택리지》는 어떤 내용인가?

《택리지》는 〈사민총론〉, 〈팔도총론〉, 〈복거총론〉, 〈총론〉의 네 부분으로 구성되어 있는데 각 부분을 좀 더 자세히 설명해 본다.

사민총론

조선의 신분이 사농공상(士農工商)으로 나뉘게 된 원인과 내력, 그리고 사대부의 사명과 역할을 논하고, 사대부가 예(禮)를 지킬 수 있는 거주지 선택의 의의를 강조하고 있다.

책의 구성상 〈사민총론〉을 가장 먼저 논한 것은 저자의 유학자적 성향을 반영한다고 볼 수 있다. 그는 조선이 사대부가 주도하는 사회임을 강조하면서 자신이 세력을 잃게 된 정치적 입장을 정당화하면서 사대부가 살 만한 곳을 어디에서 찾을 수 있는지를 다음과 같이 논했다.

'옛날에는 사대부가 따로 없고 모두 민(民)이었다. 그런데 민은 네 가지로 분류된다. 사(士)로서 어질고 덕이 있으면 임금이 벼슬을 주었고 벼슬을 못 한 자는 농·공·상이 되었다. (…) 사대부는 농공상의 일을 할 수 있어도 농공상을 본업으로 하던 자는 사대부의 일을 하지 못한다. 그러므로 부득이 사대부를 중히 여기는데 이것이 후세의 자연스러운 추세이다. (…) 그러므로 사대부는 귀함도 천함도 뜻대로이고 높게 됨과 낮게 됨도 마음대로 하여 의연한 모습으로 세상을 깔본다 할지라도 누가 감히 가로막겠는가. 그런즉 천하에 지극히 좋은 것이 사대부라는 이름이다. 사대부라는 이름이 없어지지 않는 것은 옛 성인의 법을 준수하기 때문이다. 그러므로 농공상을 막론하고 사대부의 행실을 한결같이 닦는 것이 마땅하다. 하지만 이것은 예(禮)로써 하지 않으면 안 되고, 예는 부유하지 않으면 갖춰지지 않는다. (…) 사대부는 살 만한 곳을 만든다. 그러나 세상의 형편에 따라 이로움과 불리함이 있고 지역에 좋고 나쁨이 있으며 인사(人事)에도 벼슬길에 나아감과 물러나는 시기가 다르다.'

이중환은 사대부와 농공상 사이에 차이점이 있는가? 라는 질문에 나름대로 진단을 한다. 원래 이들 간에 차이점은 없었으나 후세에 와서 사대부가 농공상의 일은 할 수 있어도 농공상이 사대부의 일을 하지는 못하게 되어 어쩔 수 없이 사대부를 중히 여기게 되었다고 말한다. 물론 보통의 사대부와는 다르게 원래는 사대부가 농공상과 별 차이가 없다고 기술하면서도 한편으로는 사대부의 역할과 사명이 결코 작은 것은 아니라고 설명했다.

팔도총론

〈팔도총론〉을 〈사민총론〉 다음에 편성한 것은 국토가 우리 민족의 신성한 삶의 터전이자 생활에 필요한 자원의 공급원으로 인적자원 다음으로 중요하다는 생각을 드러내고 있다. 특히 중국 중심이나 왕도(王都) 중심에서 탈피하고, 지역을 도별로 구분하고 있으나 도내 몇 개의 군현을 합쳐 같은 지역으로 다루거나 필요에 따라서는 도 경계를 넘어 하천유역을 단위로 지역적 특성을 설명했다는 점에서 독창적이다.

이중환은 조선의 지리적 위치에 대해 다음과 같이 적었다.

'중국 서쪽의 영산 곤륜산 한 줄기가 대사막 남쪽으로 뻗어서 동쪽의 의무려산(중국 요령성 북진현에 있는 산)이 되었고 여기에서 줄기가 끊어져 요동 벌판이 되었다. 이 줄기가 벌판을 지나 다시 백두산이 되었는데 《산해경》에서 말하는 불함산(不咸山)이 바로 이곳이다. 산의 정기가 북쪽으로 천 리를 달려 두 강을 사이에 끼었고, 남쪽으로 향하여 영고탑(寧古塔, 중국 흑룡강성 영안현성의

《산해경》
중국에서 가장 오래된 지리서.

불함산
중국 문헌에 최초로 기록된 백두산의 이름.

청나라 때 지명)을 만들었으며 뒤쪽으로 뻗은 한 줄기는 조선 산맥의 머리가 되었다. (…) 조선의 지세는 동쪽과 남쪽, 서쪽이 모두 바다요, 북쪽만 여진과 요동으로 통한다. 산이 많고 평야가 적으며 백성은 유순하고 근면하나 기개가 약하다.'

팔도의 서술 순서는 평안도, 함경도, 황해도, 강원도, 경상도, 전라

도, 충청도, 경기도 순이다. 지리적인 내용만 나열한 것이 아니라 그 지역의 옛 역사적인 사건들에 자신의 의견을 덧붙여 적었는데 그 분량이 지리서 내용만큼이나 많고 또한 상세했다. 삼국(고구려, 백제, 신라)의 생성과 멸망, 고려가 세워지기까지의 역사적인 사건들도 적었다. 그러한 역사적인 사건들을 삽입한 것은 역사가 그 지방의 특색과 밀접하게 인과관계를 형성하여 그 지방 나름대로의 인심, 특색, 풍습을 낳게 된다고 생각했기 때문이다.

이중환이 고대사에 해박한 지식을 갖고 있었다는 것은 단군과 평양에 대한 설명으로도 알 수 있다.

'옛날 요임금 때 신인(神人)이 평안도 개천현 묘향산 박달나무 밑 석굴에서 태어났다. 이름을 단군이라고 했는데 후에 구이(九夷)의 군장이 되었으나 연대와 후손에 대해서는 알려진 것이 없어 기록할 수 없다.'

'평양은 감사가 주재하는 곳으로 패수 위에 있다. 기자(箕子)가 도읍하였던 곳이며 기자가 다스렸던 연고로 구이(九夷) 중에서 풍속이 가장 개명(開明)했다.'

〈팔도총론〉은 조선의 지리 지방 편에 해당하며 팔도의 위치와 연혁, 자연환경, 산업, 취락, 풍속 등을 다루고 있다. 특히 이중환은 전반적으로 자연환경 중심으로 서술하면서도 각 도의 주요 지역에 연고가 있는 인물들을 반드시 기록했다. 《택리지》를 인문지리서라고

　　　　　　　　　　　　　　　　이중환李重煥

말하는 것도 이처럼 산수와 인물, 사건을 통합하는 방식을 취하고 있기 때문인데 전라도에 대해서 이중환은 상당히 차별적인 서술을 하고 있다.

'전라도는 땅이 기름지고 서남쪽은 바다에 임해 있어 생선, 소금, 벼, 솜, 모시, 닥, 대나무, 귤, 유자 등이 생산된다. 풍속이 노래와 계집을 좋아하고 사치를 즐기며 사람이 경박하고 간사하여 문학을 대단치 않게 여긴다. 그러므로 과거에 올라 훌륭하게 된 사람의 수가 경상도에 미치지 못한 것은 대개 문학에 힘써 자신을 이름나게 하는 사람이 적기 때문이다. (…) 어진 사람이 그 지역에 살면서 부유한 업을 밑받침으로 예의와 문행(文行)을 가르친다면 살지 못할 지역은 아니다. 또한 산천이 기이하고 훌륭한 곳이 많은데, 고려에서 조선에 이르도록 크게 드러난 적이 없었으니, 한 번쯤은 모였던 정기가 나타날 것이다. 그러나 지금은 지역이 멀고 풍속이 더러워 살 만한 곳이 못 된다.'

〈복거총론〉에서도 전라도에 대한 평가는 그다지 호의적이지 않다.

'전라도에는 국조 중엽 이후로 큰 벼슬을 지낸 사람이 드물어 인재를 능히 배양하지 못하였으므로 인물이 적다. (…) 이것은 기대승, 이황 이외에는 선생장자(先生長子)로서 선비들을 지도 훈계할 만한 사람이 없었던 까닭이며 인심이 더욱 효박(淆薄)하여 높은 도(道)에 미치지 못하기 때문이다.'

그러나 이중환은 자신이 전라도와 평안도는 직접 방문하지 않고 문헌이나 간접적으로 정보를 습득하여 기술했다고 〈복거총론〉 산수편에서 적었다. 일반적으로 그가 방문하지 않은 지역은 평판이 안 좋았기 때문이라는 설이 있지만 여하튼 이중환이 전라도에 다소 선입견이 있었던 것으로 보인다.

복거총론

〈복거총론〉은 〈팔도총론〉과 함께 택리지의 핵심 부분이라고 할 수 있다. 이중환은 30년을 떠돌아다닌 후 《택리지》를 저술했는데 그처럼 오랫동안 방랑한 이유는 책 제목이 말해주듯 사대부가 진정으로 살 만한 곳(可居地)을 찾아 헤매었기 때문이다. 즉 몰락한 사대부로서 유토피아를 찾고자 한 것이다.

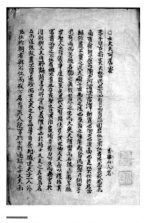

《택리지》 필사본 이중환은 가거지의 조건에 대해 "무릇 살 터를 잡는 데는 첫째 지리(地理)가 좋아야 하고, 다음 생리(生利, 그 땅에서 생산되는 이익)가 좋아야 하며, 다음으로는 인심(人心)이 좋아야 하고, 또 다음은 아름다운 산수(山水)가 있어야 한다. 이 네 가지에서 하나라도 모자라면 살기 좋은 땅이 아니다"라고 했다. 〈출처〉 열화당 책 박물관.

간단히 말해 《택리지》는 주거지 선정 기준을 제시하고, 이를 기준으로 전국을 '살기에 적당한 곳(可居適地)'과 '살기에 부적당한 곳(可居不適地)'으로 구분하여 설명한 입지 선정론이다. 그런데 이중환이 입지론을 펼치게 된 이유는 당시의 시대상황을 반영한 것이라 볼 수 있다.

서구에서의 입지론이 공업을 중심으로 이론 체계가 정립된 반면 《택리지》는 촌락의 입지 이론이다. 이는 당시 사대부의 의식 구조, 특히 몰락한 사대부들의 이데올로기를 이해하면 《택리

이중환李重煥

지》의 저술 의도를 알 수 있다.

권력에서 소외된 남인이라 할지라도 영남의 사대부들은 동족 촌락과 주변 토지를 기반으로 사회·경제적으로 독자적인 세력권을 형성하고 있었다. 이에 비해 같은 남인이면서도 실학자 대부분은 한양 인근 출신들로, 이들은 토지를 배경으로 한 근거지를 확보할 수 없었다. 따라서 이들은 낙향하여 자신들의 영역을 형성할 수 있는 동족 촌락의 입지에 관심을 기울이게 되었다. 《택리지》의 사실상 본론이라고 할 수 있는 〈복거총론〉의 복거(卜居)란 바로 사대부들이 자신들의 거주 이념에 적합한 곳을 찾아 새로운 집을 꾸리는 것이다. 이중환이 가장 공을 들인 이유이다.

이중환이 제시한 주거지 선정의 기준 즉 살기 좋은 곳의 핵심은 지리(地理), 생리(生利), 인심(人心), 산수(山水) 등 4가지이다. 자연지리적 환경에 해당하는 지리, 지역경제 기반으로서의 생리, 풍속과 공동체 의식 등 사회적 일원으로서의 인심, 그리고 인간과 자연과의 심리적 조화를 강조한 휴양공간으로서의 산수가 중요하다는 것을 제시했다. 이중환의 글로 읽어본다.

'어찌하여 지리를 논하는가. 먼저 수구(水口, 물이 들어오고 나가는 곳)를 보고, 형세를 본다. 다음에 산의 모양을 보고, 흙의 빛깔과 조산(朝山, 풍수지리에서 혈자리 앞에 있는 크고 높은 산)과 조수(朝水, 껴안듯이 흘러들어오는 물)를 본다. 무릇 수구가 엉성하고 넓기만 한 곳에는 비록 좋은 밭과 이랑, 집이 천 칸으로 넓다 하더라도 다음 세대까지 내려가지 못하고 저절로 흩어져 없어진다. 그러므로 집터를 잡으려면 반드시 수구가 꼭 닫힌 듯하고, 그 안에 들이 펼쳐진 곳을 눈여겨보아서 구할 것이다.

어찌하여 생리(生利)를 논하는 것인가. 사람이 세상에 태어나면 바람과 이슬을 음식 대신으로 삼지 못하고 깃(羽)과 털(毛)로서 몸을 가리지 못하였다. 그러므로 사람은 자연히 입고 먹는 일에 종사하지 않을 수 없다. 위로는 조상과 부모를 공양하고, 아래로는 처자와 노비를 길러야 하니, 재리(財利)에 주의를 두지 않을 수가 없다.

어찌하여 인심을 논하는가. 공자는 "마을 인심이 착한 곳이 있다. 착한 곳을 가려서 살지 아니하면 어찌 지혜롭다 하겠는가" 하시었다. 또 옛적에 맹자의 어머님이 세 번이나 집을 옮긴 것도 아들의 교육을 위한 것이다. 올바른 풍속을 가리지 아니하면 자신에게 해로울 뿐 아니라 자손들도 반드시 나쁜 물이 들어서 그르치게 될 근심이 있다. 그러므로 살 터를 잡음에 있어서 그 지방의 풍속을 살펴보아야 한다.

어찌하여 산수를 논하는 것인가. 산수는 정신을 즐겁게 하고 감정을 화창하게 한다. 사람이 사는 곳에 산수가 없으면 사람이 촌스러워진다. 그러나 산수가 좋은 곳은 생리가 박한 곳이 많다. 사람이 자라처럼 모래 속에 살지 못하고, 지렁이처럼 흙을 먹지 못하는데, 한갓 산수만 취한다면 삶을 영위할 수 없다. 그러므로 기름진 땅과 넓은 들에 지세가 아름다운 곳을 가려 집을 짓고 사는 것이 좋다.

그리고 십리 밖, 혹은 반나절 거리쯤 되는 곳에 경치가 아름다운 산수가 있어, 매번 생각날 때마다 그곳에 가서 시름을 풀고, 혹은 유숙(留宿)한 다음 돌아올 수 있는 곳을 장만해 두는 것이 좋다. 이것

이중환李重煥

이야말로 자손 대대로 이어갈 만한 방법이다.'

〈복거총론〉을 통해 다루고 있는 내용은 드러내지 않게 어떤 전제 사항을 설정해둔 상황에서 설명하고 있다. 즉 '산수'에서, 명산(名山) 과 명찰(名刹)이 들어선 곳 그리고 한양의 삼각산 등의 수려한 산, 강을 따라 석벽과 반석이 많은 절경의 곳들을 예로 들었는데, 이러한 곳들은 '한때 구경할 만한 경치가 있어 다만 절이나 도관(道觀)자리로서는 합당하겠지만 영구히 대를 이어 살 곳으로 만들기에는 좋지 못함이 필연이다' 라고 전제한 후, '야읍(野邑)으로는, 영(嶺, 산봉우리)에서 멀지 않은 강가 마을과 영(嶺)에서 떨어진 들판에 자리잡은 마을'로 분류했다.

'야읍이라도 시냇물과 산, 강과 산의 경치가 있어서, 혹 넓으면서 명랑하고, 혹 깨끗하면서 아늑하며, 혹 산이 높지 않아도 수려하고, 혹 물이 크지 않으면서 맑으며, 기암괴석이 있어 음침하거나 험악한 모습이 전혀 없는, 이런 곳이라야 영묘한 기운이 모인 곳이다. 이러한 곳은 읍(邑)이 있으면 유명한 성(城)이 되고, 시골에 있으면 이름난 마을이 된다.'

그는 강가 마을과 물에 면한 마을에 대해서도 언급했다.
강가의 마을은 일반적으로 농사의 이익을 겸한 곳이 드물고 강과 산의 경치만 있을 뿐, 의식(衣食)을 얻는 이로움은 적다고 했다. 평양 외성, 춘천 우두촌, 여주읍 등은 들판이 펼쳐져 있어 훌륭하다고 했

하회마을 전경 이중환은 산봉우리에서 멀리 떨어지지 않은 냇물을 낀 마을을 살 만한 곳으로 꼽았는데 그 중에도 하회를 가장 훌륭한 곳으로 꼽았다. 〈출처〉 문화재청.

고, 부여에서 은진이나 임 피까지의 물가 마을 그리고 한양의 여러 강마을 등을 제외한 기타의 곳은 경치의 훌륭함에 비해 좁고 궁벽하거나 너무 먼 곳에 위치한 단점들을 지닌다고 하여 전반적으로 부정적인 견해를 보인다.

물에 면한 마을로 바닷가는 바람이 많아서 낯빛이 검기 쉽고 여러 병이 많으며, 강은 산골에서 나와서 유유하고 한가한 모양이 없이 거꾸로 말려들고 급하게 쏟아지는 형세여서 강에 임한 정자는 지세의 변동이 많아 흉하고 스러짐이 일정하지 않음에 비해, 냇가의 마을은 평온한 아름다움과 시원스러운 운치가 있고 관개와 농사에 이로움이 있다는 것이다. 그러므로 산봉우리에서 멀리 떨어지지 않은 냇물을 낀 마을로 도산, 하회, 임하천, 청송, 영천(영주) 등을 꼽고, 산봉우리를 떠나 들판에 내려앉은 마을로 공주 갑천, 청주 작천, 선산 감천, 구례 구만 등을 살 만한 곳으로 꼽았다. 또한 도산, 하회 등 제일로 삼은 마을을 비롯해 황강(경상남도 합천 지역의 강) 상류는 사대부가 살 만한 곳으로 꼽았고, 산봉우리를 떠난 들판의 네 곳(갑천, 작천, 감천, 구례)에 대해서는 지세나 생리는 도산이나 하회보다 좋으나 산봉우리와 거리가 멀어서 난리를 피하기에 좋지 않으므로 결국은 하회 도산 등이 가장 훌륭

이중환李重煥

한 곳이라고 언급했다.

《택리지》의 핵심은 머물러 오랫동안 살 만한 땅에 대한 관찰이므로 〈복거총론〉의 '산수'에 거론된 곳들은 '지리', '생리', '인심'에 관계된 평가기준도 함께 살펴보아야 비로소 의미를 이해할 수 있다. 이들 각 사항을 요약해 보면 다음과 같다. '지리'는 일반적으로 '풍수'와 관련지어 설명하고 있다.

그는 '지리'의 중요한 여섯 가지, 즉 수구(水口), 들, 산, 흙빛, 물길, 그리고 조산·조수(朝山朝水) 등을 땅의 이치를 해석하는 수단으로 설명했다. 수구는 닫힌 듯하고 그 안에 들판이 펼쳐지며 모래흙으로 굳고 촘촘한 땅, 수려하고 단정하며 청명하고 아담한 모습의 주산, 그리고 특히 산에는 물이 있어야 하는데 이는 마치 물과 짝을 이룸으로써 생성의 묘를 지님과 같고, 물 너머의 물(朝水)과 산 너머의 산(朝山)으로써 조산조수의 단정하고 맑은 모습의 산, 그리고 길고 멀게 흘러드는 물 등으로 표준을 삼고 있다.

'생리(生利)'와 '인심'은 〈복거총론〉에서 핵심이라고 볼 수 있는데 '인심'에 대해서는 어쩔 수 없이 당쟁에 관여할 수밖에 없었던 사대부로서의 체험을 바탕으로 쓰인 반면 '생리'에 관해서는 대부분의 사대부들이 거의 관심을 두지 않았던 당시 조선의 경제, 지리에 관한 서술이다. 특히 조선시대에 이 방면에 관한 저술이 거의 없기 때문에 '생리' 부분은 후학들의 많은 관심을 끌었다.

'생리'는 사례(四禮, 관혼상제의 4가지 예)를 갖추기 위한 요인으로, '지리'가 더 이상 추상적 대상이 아닌 6가지 요소로써 이루어진 실체, 즉 땅과 물로부터 취할 수 있는 이로움(利)의 요건이 된다. 즉 생리는 지리와 함께 자연조건에 관한 서로 보완 역할을 한다. 그러므로 생리는 땅이 기름진 곳을 으뜸으로 하여, 배와 수레와 사람과 물자가 모여드는 곳 그리고 물자를 서로 바꿀 수 있는 곳이 중요하다고 설명했다.

그러나 이중환이 생리에서 논한 여러 가지 사항들이 결코 부(富)를 취하기 위한 수단으로써 파악하려 했던 것이 아니라는 지적도 있다. 즉 생리로써 생기는 이득을 사대부로서 갖추어야 할 예(禮)의 이행을 위한 기본요건으로 적시했는데 이는 실제의 경제활동을 위한 것과는 다소 거리가 있다는 설명이다.

'인심'의 경우 '지리'와 '생리'의 내용과 같은 흐름 즉 각 지방의 특징적인 성격이나 풍속 등에 관한 것을 기초로 살펴야 하지만 실제로는 다소 사회비평의 논조로 되어 있다. 즉 인심은 마을 인심이 좋아야 한다는 택리(擇里)의 조건에 근거해 서술되고 있지만, 사대부 계층에서의 여러 문제 즉 붕당론, 탕평론과 그 폐단, 관료체제 등 이중환의 정치관을 심각하게 거론하고 현실적으로 택리할 만한 곳은 나라 안 어디에도 없다고 결론 내린다. 관직에서 물러난 후 그는 전국 각지를 돌아다니면서 많은 것을 새로이 경험하고 나서 깨달았다. 그리하여 자신만이 당쟁의 피해자가 아니라 실은 나라 전체가 당쟁으로 말미암아 찌들어 있다는 것을 발견했다. 이중환이 발견한 당대의 상황이 어떤지 그의 말을 인용한다.

'무릇 사대부가 사는 곳 치고 인심이 무너지지 않은 곳이 없다. 당파를 만들어서 일 없는 사람들을 불러들이고 그들의 권세와 이권을

이중환李重煥

추구하면서 어려운 백성들을 침해한다. 자신의 행실은 잘 닦으려 하지 않으면서 남이 자기를 논하는 것을 싫어하고 한 지역 패권을 잡기 좋아한다. 그러므로 당색(黨色)이 다른 사람과는 한 곳에서 살지 못한다. 동리와 골목에서는 서로 헐뜯기를 일삼으니 그 속마음을 헤아리기 어렵다.'

그는 당쟁의 폐해가 전국 구석구석까지 깊이 미쳐 있다는 것을 파악하자 대체 당쟁이 어떻게 발생하여 그 지경까지 이르게 되었는지를 밝히고자 했다. 그는 큰 죄를 범한 사람이라도 다른 당파의 탄핵을 받으면 시비곡직을 따지지도 않고 떼거리로 그 사람이 옳다고 변호하여 죄를 범한 사람이 죄가 없는 사람이 된다고 적었다. 반면에 아무리 행실이 바르고 큰 덕을 쌓은 사람이라도 자기 당파가 아니면 그 사람의 약점만 파헤친다는 것이다.

특히 당쟁이 처음에는 아주 사소한 것에서 발생했으나 그 자손들이 자기 조상의 당론을 이어가며 고수하여 왔기 때문에 지난 200년 동안에 굳을 대로 굳어져서 깰 수 없을 지경이 되었다고 한탄했다. 역사학자 정두희 박사는 이중환의 이런 지적이야말로 탁월한 당쟁사를 적은 것으로 볼 수 있다며 그를 뛰어난 역사가로 평가했다.

이중환이 개괄하고 있는 팔도의 인심 내용은 다음과 같다.

'우리나라 팔도 중에서 평안도가 가장 인심이 순후하며 다음은 경상도로서 풍속이 진실하다. 함경도는 지역이 오랑캐 땅과 잇닿아 있으므로 백성의 성질이 모두 굳세고 사나우며 황해도는 산수가 험한 까닭에 백성이 사납고 모질다. 강원도는 산골 백성이어서 많이 어리석고 전라도는 오로지 간사함을 숭상하여 나쁜 데 쉽게 움직인다. 경기도의 도성 밖 들판 고을은 백성의 재물이 보잘것없고 충청도는 오로지 세도와 재리(財利)만 쫓는데 이것이 팔도 인심의 대략이다.'

이중환은 기름진 땅으로 전라도의 남원·구례와 경상도의 성주·진주를 으뜸으로 꼽았다. 그리고 특산물로서 상리(商利)를 독점할 수 있는 것으로 진안의 담배, 전주의 생강, 임천과 한산의 모시, 안동과 예안의 왕골을 들었다. 또한 이중환이 살기 좋은 곳이라고 추천한 지역은 영남 예안(안동)의 도산과 안동의 하회, 청송과 죽계, 덕유산 인근, 화령과 추풍령 순이다.

총론

〈총론〉에서는 당시의 사회·정치적 혼란상을 비판함과 동시에 택리지 저술의 의의를 밝히고 있다. 고대에서 시작해 신라, 고려를 통하여 이 땅에 사대부 가문이 출현한 배경을 서술했다. 사대부들이 조선시대에 이르러 번성하게 되었는데 당쟁이 일어나게 됨으로써 진정 뜻있는 사대부들이 오히려 살아가기 어렵게 되었다고 한탄했다.

또한 조선 사람의 성씨에 대해 그 내력을 소개하며 성씨의 존귀의 차이는 허망하다는 말과 함께 그 자신이 양반임에도 사민평등 사상을 설파하고 있다.

이중환은 사농공상의 구분이란 단지 직업상의 차이일 뿐이라면서 사민평등의 사상을 제시하는데, 만인이 평등한 사회라는 서양의 유토피아 사상과 유사하다. 서로 헐뜯고 물고 다투는 사대부의 현실을 말하면서 도리어 사대부가 농·공·상을 부러워하게 된다며, 사람이 짐승이 아닌 이상 다른 사람을 만날 수밖에 없고 더불어 살아갈 수밖에 없는데, 남들과 접하게 되면 친하고 싫어하는 것이 생기고, 친하고 싫어하는 데서 좋고 미워함이 생기게 되고, 이리도 저리도 못 가는 처지가 되어 결국 갈 곳이 없다며 은연중에 소외된 사대부 자신의 씁쓸한 처지를 내비치고 있다.

이러한 배경에서 그는 복거의 조건 가운데에서도 생리를 강조하여 토지 비옥도의 지역적 차이와 더불어 상업, 교통 중심지에 대해서도 관심을 기울였다. 이중환은 이상향의 절대적 조건만을 좇기보다는 다양한 삶의 방식에 따라 다양한 가거지가 존재할 수 있다는 인식에 도달한 것이다.

말하자면 이중환은 당대 사람들의 흥미를 자극할 수 있는 풍수지리학적인 요소에 의존하면서도 과학적인 입장을 견지하며 생활에 유용한 생태학적 관찰을 한 후 사대부가 살기 좋은 곳, 유토피아 이상향을 찾고자 했다.

그러나 결론적으로 말하면 그는 찾지 못했다. 이중환이 자신의 한계를 인정하고 자신의 처지를 한탄하는 모습은 한편으로는 안타깝지만 그가 남긴 교훈이야말로 '유토피아는 없다'는 것을 설명한 것으로도 볼 수 있다. 그러나 이상향의 조건에 꼭 부합되는 장소가 존재하지 않는다 할지라도 그 조건들 가운데 일부가 갖춰진 곳을 선정하여 인간 스스로 노력하면 살기 좋은 곳이 될 수 있다는 낙관론을 갖게 하는 것이 《택리지》의 미덕이다.

살 만한 땅은 사람이 만든다

《택리지》 이전의 지리책들은 각 군현별로 연혁, 성씨, 풍속, 형승(形勝, 지세나 풍경이 뛰어남), 산천, 토산(土産), 역원(驛院), 능묘 등으로 나누어 백과사전식으로 서술했다. 그러나 《택리지》는 지리적 사실의 나열이 아니라 전국을 실제로 답사하여 얻은 지식과 경험을 바탕으로 설명, 서술하고 있다. 또 지역이나 산물에 대한 단순한 서술에 그치지 않고 사대부가 살 만한 이상향을 찾는 것에 초점을 맞춘 데 큰 의의가 있다.

《택리지》의 구성에서 특징적인 것은 지역 구분 방식이다. 이중환은 각 지방의 개성과 성향을 중요시하여 크게는 도별 행정구역을 따르면서도 행정구역 중심의 사고에서 탈피하여 생활권 중심의 동질 지역 개념을 제시했다.

서구 유토피아 사상의 경우, 서양의 지리관을 반영하여 이상향을 기하학적 도형 위에 설계된 평면 공간으로 인식하는 경향이 강하다. 이에 비해 이중환의 가거지는 우리 국토를 지형의 기복이 있고 기후가 다른 자연 지역 위에 존재하는 역사적 공간으로 보고 있다. 이중환은 각 지방이 지닌 개성과 특질을 중요시하였으므로 결코 모든 지방을 하나의 획일적인 틀에 맞추려 하지 않았다.

이중환이 대체로 풍수적 사고에 기초하여 《택리지》를 썼다고는 하나 인위적인 환경파괴와 이로 인한 지형변화 과정에 대한 관찰을 통해 자연 재해의 원인을 분석, 파악하는 등 과학적 접목을 꾀한 것이야말로 당시 사대부로서 뛰어난 안목이다.

이중환李重煥

그는 전국적인 인구 증가에 따른 경지 확장과 이로 인한 산지의 황폐화에 주목하여, 삼림 파괴로 인해 발생하는 토양 침식이 하천에 미치는 영향을 관찰했다. 황폐한 임야에서는 토양 침식이 왕성하게 일어나고, 이 토양은 강을 타고 하류로 운반되어 강바닥에 퇴적되기 때문에 강의 수심이 얕아지게 된다고 보았다. 이로 인해 한강 하구에서 마포, 용산에 이르는 수로가 토사로 매몰되어 수심이 얕아지고 결국은 조수(潮水)가 미치지 못해 선박의 통행에 막대한 지장을 초래하고 있음을 지적했다. 놀라운 과학적 통찰이다.

《택리지》는 좋은 집안에서 태어난 이중환이 30대까지 순탄하게 성장하다가 갑자기 당파 싸움의 핵심으로 지목되어 큰 좌절과 고통을 당하면서 67세로 사망할 때까지 야인으로 30여 년간 전국을 방랑하면서 느낀 것을 담은 것이다. 《택리지》를 저술한 정확한 연대는 기록되어 있지 않으나 저자 자신이 쓴 서문과 말미에 신미년(1751년)이라고 기록한 것으로 보아 그가 61세 되던 해인 1751년에 정리한 것으로 추정한다.

《택리지》는 조선 후기의 베스트셀러로 수많은 필사본이 나왔는데 《팔역지》《팔역가거지》《동국산수록》《진유승람》《동국총화록》《형가승람》《동국지리해지》등 여러 별칭을 갖고 있다. 이처럼 같은 책이면서도 다른 이름을 가지게 된 것은 필사한 사람이 각자 자신의 관점에서 책 제목을 붙였기 때문이다.

《팔역가거지》는 세력을 잃은 양반이 낙향하면서 살기 좋은 곳을 선택한다는 뜻이며, 《진유승람》은 시인 묵객이 좋은 산수를 찾는다는 뜻이고, 《동국총화록》은 장사하는 사람들이 각 지방의 물산과 교통을 알 수 있다는 뜻이며《형가승람》은 풍수지리에 맞는 장소를 찾을 수 있다는 의미로 붙인 것이다.

《택리지》는 조선의 대표적인 과학서로서 당대 지식인들의 필독서였다. 그러나 이중환이 당쟁으로 피해를 보지 않았다면 책도 세상에 나오지 못했을 것이다. 이중환이 과학의 순교자가 되기 위해 전국을 방랑한 것은 아니지만 결과적으로 불운이 그를 조선의 가장 중요한 과학자 중 한 명으로 남게 한 것이다.

구한말 조선을 침략하려는 일본이 가장 중요한 책으로 꼽은 것이《택리지》와 김정호의《대동여지도》였다. 그들은《택리지》를 통해 한국의 지리를 파악하여 조선 병합의 기초자료로 활용했다. 그러므로 일본은 일찍이 1881년에《택리지》를 번역 출판했다. 같은 맥락에서 청나라도 1884년에 일역본을 한문으로 중역 출판했다.

이중환李重煥

이중환이 연루된 신임사화(辛壬士禍)

1721년(경종 1)~1722년 왕위 정통성 문제와 관련해 소론이 노론을 숙청한 사건.

숙종 말년에 소론은 장희빈 소생의 세자인 균(昀, 훗날의 경종)을 지지하고, 노론은 연잉군(延礽君, 훗날의 영조)을 지지하면서 소론과 노론의 치열한 대립이 시작되었다. 그러나 숙종의 뒤를 이은 경종이 후사가 없고 병약해 노론측 4대신(영의정 김창집, 좌의정 이건명, 영중추부사 이이명, 판중추부사 조태채)은 하루 속히 왕위 계승자를 정할 것을 주장했다.

주장이 관철되어 1721년 8월 연잉군을 왕세제(王世弟)로 책봉하게 되었고, 그러자 소론측은 시기상조라며 부당함을 상소했으나 소용이 없었다.

한편 노론측에서는 왕세제를 정한 지 두 달 뒤 왕세제의 대리청정을 요구했다. 이에 경종은 세제의 대리청정을 명했다가 취소하기를 반복했고, 그에 따라 노론과 소론 간의 대립도 갈수록 첨예화되었다.

이 무렵 경종이 소론에 대한 비호를 드러내자 소론의 과격파인 김일경(金一鏡)을 필두로 한 7인이 노론 4대신을 겨냥해 '왕권 교체를 기도한 역모'라고 공격하는 상소를 올렸다. 이 상소로 인해 노론의 권력 기반은 무너지고, 정권이 소론으로 교체되었다. 노론 4대신은 파직되어 김창집은 거제도에, 이이명은 남해에, 조태채는 진도에, 이건명은 나로도에 각각 유배되었다. 그 밖에 여러 노론들도 삭탈관직되거나 유배되었다.

이로써 소론파에서 영의정, 좌의정, 우의정 자리를 차지하며 소론 정권의 기반을 굳혔다.

1722년(경종 2) 3월, 소론파 강경론자들이 노론파의 과격한 처단을 요구하는 목소리가 커질 무렵 목호룡(睦虎龍)의 고변 사건이 터졌다. 그 내용은 숙종 말년 노론측에서 당시 세자였던 경종을 해치려고 모의했다는 것인데, 뒤늦게 드러난 것이다. 목호룡은 남인 서얼로서 정치적 야심을 품고 노론에 접근했으나 세력 판도가 변하자 소론측에 유리한 고변을 하게 된 것이다. 이 음모의 관련자들은 대부분 노론 4대신의 자식과 조카, 그들의 추종자들이었다.

이 고변으로 8개월에 걸쳐 국문이 진행되었고 관련자들이 처형되는 대옥사(임인옥사)가 일어났다. 이때 노론 4대신도 연루되어 사사되었다. 이때 정법(正法)으로 처리된 자가 20여 명이고 장형(杖刑)으로 죽은 자가 30여 명, 그 밖에 그들의 가족으로 체포되어 교살된 자가 13명, 유배된 자가 114명, 스스로 목숨을 끊은 부녀자가 9명으로, 연루된 인원이 총 173명에 달하였다.

그러나 경종이 재위 4년 만에 죽고 세제인 영조가 즉위하자, 임인옥사에 대한 책임을 물어 김일경과 목호룡은 처단되었고 임인옥사 사건은 번복되었다. 이때 이중환도 유배를 가게 된다.

말하자면 신임사화는 노론과 소론 간에 각각 '경종 보호'와 '영조 추대'라는 대의명분을 내세워 대결한 옥사이지만 결과적으로 당인

(黨人)들이 정권을 획득해 권세를 누리고자 국왕을 선택하고, 음모로써 반대당을 축출해 자당(自黨)의 세력 기반을 확보하자는 데 그 목적이 있었다.

영조 자신이 신임사화의 참상을 몸소 겪어 탕평책을 편 계기가 되었으나 당쟁은 근절되지 못한 채 점차 노론의 기반이 확고해졌다.

노론과 소론

조선 후기 서인(西人)에서 나누어진 당파. 경신대출척(庚申大黜陟, 남인이 실각하고 서인이 권력을 잡은 사건) 이후 남인에 대한 처벌을 놓고 서인이 강경·온건파로 나뉘었는데 주로 노장층인 강경파는 노론, 소장층인 온건파는 소론이라고 한다. 1683년(숙종 10) 노장파인 김익훈(金益勳) 등이 남인을 강력히 탄압하자 소장층인 한태동(韓泰東) 등이 이에 반대하는 상소를 올린 것이 직접적인 발단이 되었다. 소론이 온건한 입장을 취한 것은 만약 남인이 재집권하게 되면 보복을 염려했기 때문이다. 초기 노론의 지도자는 김익훈, 송시열 등이고, 소론의 지도자는 조지겸(趙持謙), 윤증 등이다. 이후 당쟁은 주로 노론과 소론 사이에서 벌어지는 경우가 많았다.

05장

시대정신에
투철한
불운한
천재

박제가, 1750년(영조 26)~1805년(순조 5)
18세기 후반기의 대표적인 조선 실학자. 호는 초정(楚亭). 양반가의 서자로 태어나 신분적 제약으로 차별대우를 받

박제가

朴齊家, 1750~1805

실학의 거목, 유배를 당하다

"대저 재물이란 샘물과도 같은 것이다. 퍼내면 다시 차게 되지만 쓰지 않고 버려두면 말라 없어진다."

대체 이런 말도 안 되는 소릴 하는 사람이 있겠나 싶겠지만 조선 시대 실학의 선두주자 박제가(朴齊家, 1750~1805)의 말이다. 암담했던 18세기 조선 땅에 혜성처럼 나타난 혁신적 사상가이자 과학자인 박제가의 말을 그대로 이해한다면 "재물을 남기지 말고 많이 쓰라"는 것이다. 하지만 현대에서는 개인, 국가, 지구적 차원에서 에너지를 아껴 써야 하고 쓰레기도 적게 내버리는 것이 미덕인데 재물을 펑펑 써야 한다는 박제가의 말은 역설적이다.

그런데 박제가의 말은 200년 전 서양 과학기술의 도입을 강조하면서 했던 말이라는 것을 기억할 필요가 있다. 그가 재물을 절약하지 말라고 파격적인 발언을 한 것은 모든 기술 발전은 수요가 있을 때

비로소 발달한다는 것을 간파했기 때문이다. 한 예로 사람들이 지나치게 검소해 비단옷을 입지 않는다면 비단 짜는 사람이 사라지며 그만큼 직조 기술이 퇴보한다고 주장했다.

그가 이런 주장을 하게 된 것은 낙후된 조선에서 기술 발전을 이루기 위해서인데 박제가는 이를 위해 보다 파격적인 주장을 한다. 조선에 필요한 것은 기술 분야에서 한참 앞선 중국을 비롯한 외국으로부터 많은 것을 배워야 한다는 것이다. 그 방법이 파격적이어서, 중국에 있는 천주교 선교사라도 데려와 조선을 일깨우도록 해야 한다는 것이다. 몇몇 식자들을 제외하고 대부분 사람들이 청나라를 오랑캐의 나라라고 경원하던 시대에 지식인 중의 지식인인 박제가의 말은 충격 그 자체였다.

서얼 출신이 관리로 등용되다

박제가는 1750년(영조 26) 11월 우부승지를 지낸 박평(朴玶)의 둘째 아들로 태어났다. 본관은 밀양, 자는 차수(次修)·재선(在先)·수기(修其), 호는 초정(楚亭)·정유(貞蕤)·위항도인(葦杭道人)이다.

아버지가 우부승지라는 고위직에 있었지만 문제는 그가 서자 출신이라는 점이다. 박제가의 어머니는 정실부인이 아닌 셋째 부인이었고, 그는 누이 셋과 함께 한양 남산 아랫동네에서 살았다. 박제가는 어려서부터 비범한 천재성을 보였지만 11살에 아버지가 사망했기에 생계가 매우 어려웠다. 어머니는 아들의 재능을 알아보고 삯바느질

이서구의 초상 박제가는 이덕무, 유득공, 이서구 등과 함께 당대의 탁월한 문필가로 유명해 '사가시(四家詩)'로도 불린다. 〈출처〉 국립중앙박물관.

로 살림을 꾸리며 아들이 학문에 만 전념하도록 했다.

조선시대에는 정실이 낳은 적자와 소실이 낳은 서자 사이에 큰 차별이 있었다. 조선의 헌법인《경국대전(經國大典)》에도 서얼(庶孽)은 과거시험에 응시할 수 없다고 못을 박았다. 서얼 출신은 관직에 나가는 데 제한을 두었던 일명 '서얼금고(庶孽禁錮)'로 인해 아무리 똑똑하고 재능이 있어도 서얼 출신 인재들은 재능을 발휘할 기회조차 얻지 못했다. 시대를 잘못 태어난 것이 불운이라면 불운이었다.

하지만 서얼이라고 해서 모든 점에서 제한을 받은 것은 아니었다. 관직으로의 진출이 막혀 있기는 하지만 부친이 양반인 데다 가풍의 영향으로 재능이 있게 마련이다. 양반가의 서얼들은 처지가 비슷한 사람들끼리 교류도 활발해서 1767년 이덕무(李德懋), 유득공(柳得恭) 등 서얼 출신 문인이 주동이 되어 '백탑파(白塔派)'라는 문학동인 모임을 결성했다. 백탑이란 대사동(大寺洞, 현재의 인사동 일대) 원각사 절터(현재의 탑골공원)에 있는 10층 석탑으로, 이들 모임이 북학파를 대표했다. 이중 박제가를 포함해 이덕무, 유득공, 이서구 등 4명은 재능이 탁월한 당대의 문필가로 유명해 '사가시(四家詩)'로도 불린다.

박제가朴齊家

백탑파 문인들은 대부분 백탑 주변에 거주했다는 공통점이 있는데 1768년에는 연암(燕巖) 박지원(朴趾源)이 백탑 부근으로 이사를 오면서 업그레이드된다. 연장자인 박지원이 백탑파의 좌장격이 되자 박지원의 집이 백탑파의 본부가 되었고 홍대용, 정철조, 이덕무, 백동수, 이서구, 서상수, 유금, 유득공 등이 상시로 찾아와서 담론을 나누었다. 여기에 박제가가 합류한다. 박제가의 집은 백탑 인근이 아니라 남산 밑 청교동이었는데 박지원의 명성을 들은 박제가가 그의 집에 찾아가면서 이들의 인연이 시작되었다. 박제가가 온다는 소식을 들은 박지원은 옷을 깨끗하게 차려입고 반갑게 맞이했다고 한다. 백탑파 문인들은 서얼에 대한 차별의식이 없는 데다 지적 능력을 우선시했으므로 모두들 자신의 능력을 마음껏 펼칠 수 있었다.

네 번의 중국 방문

10년 동안 백탑파의 활동이 계속되던 중에 파격적인 정책이 발표된다. 서얼들의 누적된 불만을 무마시키려는 정책의 하나로 정조가 1777년 3월 '서얼허통절목(庶孽許通節目)'을 공표한 것이다. 이런 발표가 나오게 된 배경에는 조선 후기에 서얼 출신 지식인들이 늘어나자 정부 차원에서 이들 인재 활용이 대두되기 시작한 것이다.

정조는 자신의 정책을 밀어붙여 1779년 3월 규장각에 검서관(檢

> **서얼허통절목(庶孽許通節目)**
> 정조는 즉위 이듬해(1777년) 서얼에 대한 차별을 없애고 서얼 중에서 '뛰어난 재주를 지닌 선비'와 '나라에 쓰임이 될 만한 사람'을 임용하라고 공표했다.

書官) 직을 만들어 박제가를 비롯해 이덕무, 유득공, 서이수(徐理修) 등을 발탁했다. 검서관 자체는 고위직은 아니지만 규장각의 중요한 직무를 보좌하고 왕 가까이에서 정사에 대해 진언할 수 있다는 점에서 요직이었다. 정조는 재위기간 동안 서얼 출신 학자 30명을 발탁하여 관료로 임명했는데 여기에 상당수 백탑파 구성원들이 포함되어 그들의 명성은 더욱 높아졌다.

박제가는 규장각 내·외직에 근무하면서 소장된 서적들을 마음껏 읽고, 국내의 저명한 학자들과 깊이 사귀면서 왕명을 받아 많은 책을 교정·간행했다. 물론 서자 출신들이 관직에 올랐다고 해서 이들이 양반 적자들과 공평하게 승진 기회를 얻은 것은 아니지만 어쨌든 박제가는 서얼로서는 우대를 받았다고 할 수 있다.

조선 후기에 중국은 선망하는 나라였다. 조선은 명나라 사행(使行)을 '조천(朝天)'이라 부를 정도로 명나라와는 사대외교를 했지만 청나라의 경우는 '연행(燕行)'이라 부르며 사대의식을 갖지 않았다. 청나라 사행을 의미하는 연행은 연경(燕京, 북경)의 지명에서 딴 용어이다.

당시 조선인으로서 중국에 갈 수 있는 길은 외교사절로 가는 방법뿐이었는데 명대(明代)에는 사절로 북경을 방문하더라도 사신들을 통제했으므로 숙소 밖으로의 자유로운 외출이 힘들었다. 그러나 청대에 와서 그 통제가 조금씩 풀리면서 외교사절단이 북경을 살펴볼 기회가 생기기 시작했다. 이때 백탑파의 홍대용이 선두주자로 북경을 방문하여 북경에 대한 정보를 제공하자 박지원, 박제가를 포함한 백탑파들도 중국에 가기를 희망했다.

박제가朴齊家

相對三千里外人欲逢佳士寫來真愛
若丰韻將絕俗知是梅花化作身
何事逢君役興親忽聞別我話凄亭
送今淡淡看佳士唯有離情苦儈神
既作墨梅亭贈又賦為之寫
離因作星三絕心誌別云
乾隆五十五年八月十八日揚州兩峯道人將去
京師流滿厥二觀音閣

박제가의 초상(1790) 박제가가 외교사절단의 한 사람으로 중국에 갔을 때인 1790년(정조 14), 북경 유리창의 관음각(觀音閣)에서 청나라 화가인 라빙(羅聘)이 그와의 이별을 아쉬워하며 그려준 것이다. 그는 이별의 정을 담은 시를 지어주기도 하였는데, 박제가와의 우정이 한껏 담겨 있다. 하지만 이 원본은 남아 있지 않고 사진만 남아 있다. 〈출처〉 경기문화재단 실학박물관.

  3천리 밖의 사람과 마주 하니
  아름다운 선비를 만남이 기뻐 초상을 그려왔네
  사랑스런 그대의 아름다운 모습은 장차 무엇에 견줄 수 있으리오
  매화인 줄 알았는데 사람으로 변했네
  무슨 일로 그대를 만나 친하게 되었던가
  홀연히 이별의 소식 들으니 쓰리고 아프네
  이제껏 담박하고 아름다운 그대를 보았는데

박제가의 바람은 1778년(정조 2)에 이루어졌다. 정사(正使) 채제공(蔡濟恭)의 도움으로 박제가는 채제공의 종사관으로, 이덕무는 서장관 심염조의 종사관으로 북경을 방문할 수 있었다. 당시 북경은 건륭제 치하에 최전성기를 맞고 있었다. 청나라의 학자 기윤(紀昀, 1724~1805)의 주도 아래 《사고전서(四庫全書)》가 편찬되고 있었고 서양의 온갖 새로운 문물을 받아들이던 시기였다.

조선 후기 실학자 가운데 중국을 가장 많이 다녀온 인물이 박제가이다. 박제가는 모두 네 차례 중국을 다녀왔는데 첫 번째 연행 때는 관직 없이 종사관의 신분으로 갔었지만, 두 번째 연행 때부터는 관직에 있으면서 공식적으로 중국 사절단의 일원이었다.

박제가는 1790년 5월 건륭제(乾隆帝)의 팔순절에 정사(正使) 황인점(黃仁點)을 따라 두 번째 연행 길에 올라 북경에서 40여 일 머물다 돌아왔는데, 9월 압록강을 건너오자마자 예상치 못한 일이 생긴다. 압록강에서 정조의 명을 받아 다시 연경으로 가게 된 것이다. 정조는 둘째 아들(훗날 23대 왕 순조)의 탄생을 축하한 청나라 황제의 호의에 보답하기 위해 검서관에 지나지 않은 박제가를 임시로 정3품 군기시정(軍器寺正)에 임명해 특별 사절로서 보낸 것이다. 비록 임시라지만 정3품은 서얼로서는 상상조차 할 수 없는 높은 직책이다. 게다가 1년에 두 차례나 중국에 사절로 가는 것은 매우 이례적인 일이었다. 그런 데에는 박제가가 중국어와 만주어를 동시에 할 수 있고 외교적 실무 능력도 갖춰 정조로부터 인정을 받았기 때문이다.

박제가는 이때《사고전서》편찬 주관자인 기윤을 방문하여 교유 관계를 맺는다. 훗날 기윤이 조선에서 온 사신의 인편에 박제가를 그리워하는 서신을 보내자, 그것을 본 정조는 "기윤의 편지를 보니 박제가는 나라를 빛낼 인재이다"라고 감탄했다. 기윤은 박제가가 만년에 귀양 갔을 때 위로와 안부의 편지를 보내기도 했다.

박제가는 1792년 심한 안질로 검서관직을 떠나 부여현감으로 전보되었고 1794년 2월, 춘당대무과(春塘臺武科)에서 장원급제했다. 그가 무과로 장원급제했다는 이력이 특이하다. 박제가는 상당히 관운이 좋은 사람이다. 1798년 정조가 선왕(영조)이 적전(籍田)을 친히 경작한 지 60주년 되는 날을 기념하기 위해 널리 농업서적을 구하자 박제가는 자신의 저서《북학의》를 골자로 하는 〈응지농정소(應旨農政疏)〉를 올렸다.《소진본북학의(疏進本北學議)》도 이때 작성한 것이다. 자신의 책을 정조에게 직접 바칠 수 있는 용기와 자신감 그리고 정조의 각별한 신임이 있었기에 가능한 일이었다.

적전(籍田)
왕이 하늘에 제를 올리기 위해 친히 경작하던 땅.

사은사(謝恩使)
조선시대 명나라와 청나라가 조선에 은혜를 베풀었을 때 이를 보답하기 위해 보내던 사신.

1801년(순조 1) 박제가는 사은사(謝恩使) 윤행임(尹行恁)을 따라 이덕무와 함께 네 번째이자 생의 마지막 연행길에 올랐다. 주자(朱子)가 쓴 귀중한 책을 구해오라는 왕명을 받았는데 이 연행에는 유득공도 동행했다.

연경에서 돌아온 뒤 그에게 '임시발(任時發)의 괘서(掛書, 대자보) 사건'의 불똥이 튀었다. 그의 친구인 이가환, 정약용 등은 박제가가 연경을 여행할 때 이미 사학죄인(邪學罪人, 천주교인)으로 박해를 받고 있었고 박제가와 친분이 두텁던 이조판서 윤행임도 노론 벽파의 탄핵을 받아 실각한 상태였다. 박제가의 4차 연경행을 주선했던 윤행임의 실각 소식을 듣고 나라를 원망했다는 것이 죄목이었다.

박제가는 엄혹한 심문을 받았지만 목숨만은 건져 함경도 경성(鏡城)으로 유배되었다. 박제가의 죄라면 열성적으로 북학을 주장하여 개화사상으로 새 물결을 일으키려던 시대정신뿐이지만 보수파들의 눈에 그는 어떻게 해서라도 막아야 할 독약의 살포자였다.

박제가는 유배지에서 4년간 머무르고 1805년에 풀려났지만 곧 병으로 사망했다고 알려진다. 그가 사망한 연대는 1805년과 1815년 두 가지 설이 있지만 일반적으로 1805년으로 본다. 그의 스승이자 동지인 연암이 사망했다는 소식을 듣고 상심해서 곧 죽었다는 기록과, 1805년 이후에 쓴 그의 글이 보이지 않는 점 등이 그 증거다.

서양 선교사를 초청해 과학기술을 배우자

중국을 4번이나 다녀온 박제가는 보는 시각이 남달랐다. 북경에 도착하여 새로운 세상을 본 박제가는 자신의 목표를 구체적으로 정했다. 조선을 새로운 나라로 변모시켜야 한다는 원대한 계획이었다.

1786년 정조는 잘못된 폐단을 바로잡고자 관리들에게 '구폐책(救弊策)'을 올리게 했는데 박제가의 진언 내용은 가히 혁명적이었다. 그는 신분 차별을 없애고 상공업을 장려해 국가를 부강케 하고 백성들의 생활을 향상시키기 위해 청나라에 머물고 있는 서양 선교사들을

박제가朴齊家

초빙해 그들이 가진 과학기술 노하우를 배우자고 주장했다. 서양 선교사들로부터 천문 관측, 농잠(農蠶), 의약, 궁궐·성곽과 다리를 짓는 법, 구리·옥을 채굴하고 유리를 구워내는 법, 화포를 설치하는 법, 수레를 통행시키고 배를 건조하는 법 등을 배우자는 것이다. 한마디로 청나라의 선진 문물을 받아들이는 것이 급선무라고 주장했는데 그가 이런 주장을 한 것은 첫 번째 중국 방문 몇 년 뒤였다.

박제가의 주장은 파격이었다. 그 즈음 조선의 지배층에서는 기독교 전파를 매우 심각하게 느끼기 시작했다. 기독교와 유교적 교리가 상충하기 때문인데 불과 15년 뒤인 1801년 신유사옥이 일어난 것을 보아도 그렇다. 그러나 박제가는 이런 기독교의 위협에 대해 별로 걱정하지 않았다. 선교사들이 중국에 와서 과학을 가르치는 것은 기독교 선교를 위한 부

> **신유사옥**
> 조선 말기인 1801년에 일어난 천주교 박해사건. 정조의 아버지 사도세자의 죽음(1762)을 둘러싸고 일어난 시파와 벽파의 당쟁이 종교탄압으로 발전한 것으로 정조 시대에는 당쟁 완화를 위해서 각 파를 평등하게 등용하는 탕평책이 채택되었다.

차적인 일이라는 것을 박제가는 정확하게 알고 있었다. 그러므로 그는 서양 선교사들을 초청해 그들이 갖고 있는 과학기술만 배우고 기독교 전파를 막으면 된다고 주장했다.《북학의》'병오년(1786)의 느낌' 이란 글에 적힌 내용은 다음과 같다.

'신이 듣기로는 중국의 흠천감에서 역법(曆法)을 다루는 서양인들은 모두 기하에 밝고 이용후생의 방법에 능통하다고 합니다. 나라에서 관상감에 쓰는 비용 정도로 그들을 초빙하여 나라의 젊은이들에게 천체의 운동법칙, 종률의기(鍾律儀器)의 도수(度數), 농사와 의약, 한발과 홍수의 이치, 벽돌을 만들어 건물과 석곽 및 다리를 세우는

법, 구리와 옥을 캐고 유리를 만들며, 화기를 제조하는 법, 관개법, 수레와 배를 만드는 법, 나무를 베고 돌을 멀리까지 나르는 법 등을 배우게 하면 몇 년 되지 않아서 세상을 경륜하는 훌륭한 인재가 될 겁니다. (…)

무릇 구라파라는 곳은 중국에서 9만 리 떨어진 곳인데 천주교란 것을 받들고 있어서 서로 종류는 달라도 여러 이민족들이 서로 통할지도 모르는데 그들의 마음을 측량하기는 어렵습니다. 하지만 신이 생각하기로는 그들 수십 명이 한 곳에 산다 한들 그들이 난리를 일으키지는 못할 겁니다. 게다가 그들은 결혼이나 관직을 거부하고 욕심도 버린 채 포교를 위해 멀리 왔다고 합니다. 비록 그 가르침은 천당과 지옥을 말하는 것이 불교와 비슷하지만 후생의 방법을 갖춘 부분은 불교에 없는 것입니다. 좋은 점을 열 가지 취하고 나쁜 것 하나만 금지한다면 득이 됩니다. 단지 그들에 대한 대우가 알맞지 않으면 초빙해도 오지 않을 것이 걱정됩니다.'

박제가의 생각은 단순하다. 중국에 와 있는 서양 선교사들이 온갖 과학기술 분야에 유능하므로 그들을 수십 명 초빙해서 한 곳에 살게 하고 그들로부터 서양의 과학기술을 배우자는 것이다.

박제가는 서양인 초청에 대해 글로 적어 왕에게 상소문으로 제출했다. 1786년 1월 22일 아침 정조는 인정전에 나와서 여러 신하들이 제출한 상소문을 점검했는데 그 중 21개는 길고 짧은 내용이 〈정조실록〉에 기록되었지만 박제가의 상소문에 대해서는 전혀 언급되지 않았다. 그런데 같은 날짜의 실록 기록에는 군사, 의사, 역관, 천문가 등 많은 부류의 사람들 300명 이상이 상소문을 냈다고 적혀 있다. 그런데 그 중 타당한 의견을 제기한 경우는 없었다고 논평했다.

그 즈음 상소문이 쏟아져 들어온 것은 1786년 정월 초하루에 일어난 개기일식 때문이었다. 다른 날도 아닌 정월 초하루에 일식이 일어나자 정조는 불길한 자연현상이 자신의 무슨 잘못 때문인지 느낀 대로 아뢰라 하여 이에 따라 온갖 상소문이 쏟아져 들어왔다. 박제가의 상소문도 그 중 하나에 묻혀 주목받지 못한 것이다.

그런데 박제가의 이런 상소는 매우 위험한 행동이었다. 박제가가 시책을 건의한 바로 그날 대사헌 김이소(金履素)는 연경에서 서학 서적을 포함해 일체의 서적을 구입해서는 안 된다는 상소를 올렸다. 그는 천민이 사대부 복장을 하고 다니고 거리에서 아이들이 재상의 이름을 함부로 부르는 등 기강이 해이해졌으므로 이를 바로잡아야 한다고 주장했다. 그리고 중국에 간 사신들이 서양인들을 만나 필담과 선물을 주고받는 등의 폐단까지도 금지시켜야 한다고 건의했다.

박제가의 상소가 본격적으로 거론되었다면 이는 당대의 최고위층과 직접 맞짱 뜨는 상황이 되었을 것이다. 다행히도 정조는 박제가의 충정을 충분히 이해하여 문제 삼지 않았으나 여하튼 당대의 집권층으로서는 박제가의 방자한 행동을 벼르고 있었을 터였다.

더구나 박제가의 이런 주장은 사실 현실성을 무시한 면도 있다. 기독교 선교사들을 막상 초빙해 놓고 선교를 막으면 그들이 과학기술을 전수해 줄까, 하는 점이다. 선교사 초빙의 현실성 문제는 그렇다 하더라도 그가 이런 파격적인 주장을 한 것은 무슨 방법을 쓰더라도 외국의 신문명을 조선에 도입해야 한다는 점을 강조하기 위해서였다.

박제가가 우리 역사상 최초로 서양 과학기술의 도입을 주장한 선각
자로 인정받을 만한 이유이다.

  사실 서양 선교사를 초청하여 그들로부터 선진기술을 배우자는
주장은 이후에도 다시 제기된 적이 없는 아주 급진적인 주장이다.
후에 정약용이 중국과 서양의 과학기술을 배우기 위해 이용감(利用
監)이란 정부기관을 세우자고 주장하기는 했지만 서양 선교사를 직
접 끌어들이자는 생각은 하지 않았다.

파격적인 경제사상을 펼치다

  박제가의 대표작《북학의(北學議)》내·외편은 채제공의 도움
으로 이덕무와 함께 3개월에 걸친 첫 연행길을 마치고 돌아온 1778
년(정조 2) 9월 29일에 완성되었다. 그 내용은 중국에서 보고 들은
것 가운데 조선에서 실시해 도움될 만한 것을 적었다. 제목은《맹자》
에 나오는 '북학(北學)'이란 표현에서 따온 것으로, 중국을 선진 문명
국으로 인정하고 겸손하게 배운다는 뜻을 담고 있다.

  당시 조선의 사대부들은 만주족이 지배하는 청나라를 오랑캐의
나라라고 경원시했지만 박제가는 발상을 전환해 배울 만한 것은 배
우자고 주장했다. 네 차례에 걸친 사행(使行)을 통해 그가 본 것은 북
벌(北伐)의 대상으로만 생각했던 청나라가 오랑캐의 나라가 아닌 새
로운 학문과 서양 과학으로 무장한 문명국임을 직시했기 때문이다.
그러므로 박제가는 '우물 안 개구리'인 조선 지식인들의 낡은 생각

박제가朴齊家

을 근본적으로 바꾸어야 한다고 생각했다. 홍대용, 박지원 등이 모두 북학파란 이름으로 실학파 학자들의 중심이 된 것도 바로 이런 태도와 주장 즉 청나라로부터 배울 것은 배우자는 논리 때문이다. 한마디로《북학의》는 조선 땅에 새로운 지성의 물결을 일으켰고 이후 조선의 문호 개방에 큰 자극제가 되었다.

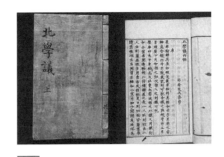

《북학의》박제가가 3개월의 연행을 마치고 돌아온 1778년 완성되었다. 그 내용은 중국에서 보고 들은 것 중 조선에 도움이 될 만한 것을 적었다. 조선에 새로운 지성의 물결을 일으켰고 이후 조선의 문호 개방에 자극제가 되었다.

박제가는 조선이 가난한 것은 무역이 부진한 탓이라 여겼고, 그렇게 된 원인은 우물물을 퍼올리지 못한 것처럼 부의 원천을 제대로 활용하지 못했기 때문이라고 보았다. 조선인들의 덕목인 검소와 절약 관념을 정면으로 비판한 것인데, 이는 먹고 살기에도 바쁜 일반 백성을 대상으로 한 것이 아니라 수많은 재산들을 꿰차고 앉아 있는 사람들을 지칭한 것이다.

연암 박지원이《북학의》서문을 썼는데 그는 박제가와 마치 같은 사람인 것처럼 그 뜻이 일치한다고 적었다.

'이 책은 나의《열하일기》와 그 뜻이 어긋남이 없으니 마치 한 작가가 쓴 것 같다. 나는 몹시 기뻐 사흘 동안이나 읽었으나 조금도 싫증이 나지 않았다. 이러한 사실을 우리 두 사람이 눈으로 직접 본 뒤에야 알게 된 것인가? 아니다. 우리는 일찍부터 연구하고 밤이 새도록 맞장구를 치며 이야기했던 것이다.'

《북학의》에는 박제가가 중국에서 본 여러 가지 선진 기술과 과학을 중점적으로 다루었는데 그가 크게 주목한 것은 수레와 선박이다.

박제가는 수레가 발달하면 도로도 발달하고 따라서 말(馬)도 편해져 다치는 일이 적으며 수레가 발달해야 전국의 교통이 원활하게 돌아 상업도 발달한다고 했다. 예를 들어 원산의 상인이 미역과 마른 생선을 말에 싣고 한양에 올라와 3일 만에 돌아가야 이익이 남는데 10일 이상 걸리면 오히려 손해를 본다. 이런 일은 수레의 발달과 도로의 정비 없이는 불가능하다는 뜻이다. 박제가의 글을 보면 당시 조선에서는 우마차도 제대로 만들지 못하는 상황이라는 것을 알 수 있다. 박제가는 중국에는 여러 가지 수레가 발달해서 현대로 치면 수레택시도 있다고 소개했다.

박제가가 특히 강조한 것은 중국의 선박이 조선보다 크게 발달했다는 점이다. 그는 《토정비결》의 저자 이지함(李之菡, 1517~1578)이 외국과의 해외통상을 강조했던 것을 떠올렸다. 이지함은 일찍이 외국과의 무역을 장려해야만 특히 전라도가 부유해질 것이라고 주장했다. 상업 행위를 천하게 여겼던 유교 사회인 조선에서 상업과 무역의 중요성을 강조한 이지함의 주장은 당시로서는 매우 신선한 충격인데 박제가가 이를 지지하고 나선 것이다.

'우리나라 사람들이 중국의 거리에 상점이 발달해 있는 것을 보고 그들이 근본을 따르지 않고 말리(末利, 눈앞의 작은 이익)에 급급하다고 비난한다. 하지만 이는 하나만 알고 둘은 모르는 것이다. 상인은 사농공상의 하나로 나머지 셋을 서로 통하게 해주는 사람이므로 마

박제가朴齊家

땅히 인구의 10분의 3은 되어야 한다.'

박제가는 당대 사람으로는 이해하기 힘들 정도의 파격적인 경제 사상을 갖고 있었다. 그가 과학기술의 중요성에 크게 눈을 뜬 것도 실은 이런 경제사상이 밑바탕에 있었기 때문이다.

박제가가 절약에 대해 언급한 것도 이런 차원에서 한 말이다. 그는 생산을 활성화하기 위해서는 덮어놓고 절약만 하는 것이 좋은 것이 아니라고 주장했다. 재물이 샘물과 같다는 것은 샘물과 같이 계속 나올 수 있는 원천을 찾으라는 얘기인데 그것은 과학기술을 발전시키면 자동적으로 따라온다는 것을 강조한 말이다.

박제가는 《북학의》에서 여러 가지 건축 기술에 대해 언급하며 서양에서 발달한 건축자재인 시멘트를 소개했다. 시멘트에 대해서는 최초로 소개한 것으로 보이는데 그는 시멘트가 한 번 굳으면 쇠처럼 단단해진다고 적었다. 그는 일본에 대해서도 상당한 지식을 갖고 있었다. 일본에서는 궁궐을 짓거나 일반 가옥을 건축할 때 모두 같은 크기의 창문을 쓰고 있어 창문 한 개가 부서지면 같은 크기의 것을 시장에서 구입해 끼우면 된다고 적었다. 즉 공업 제품을 일정 규격으로 통일해서 만드는 것이 중요하다는 점을 인식하고 있었다는 뜻이다. 공업 표준화 문제는 근대에 와서 정립된 것으로 알려졌지만 이미 2세기 전에 박제가가 그 중요성을 알고 있었던 것이다. 만일 우리가 조선말에 공업화에 성공했다면 지금쯤 세계 최고 수준의 공업 기술을 갖고 있지 않았을까, 생각을 해본다.

박제가는 사농공상 중에서도 특히 상인의 중요성을 강조했는데 글로만 그친 게 아니었다. 그는 상인의 육성 방법까지 제시했는데, 그 내용은 놀고 있는 양반에게 국가에서 돈을 빌려주고 상업을 시켜야 한다는 것이다. 돈만 차용해 줄 것이 아니라 상점도 지어주면서 장사에 종사케 한 후 성적 좋은 사람에게는 벼슬자리를 주는 방법도 제안했다. 사농공상의 신분적 차별을 없애야 한다고 생각했음이 분명하지만 서얼을 강조하기 위해서는 아니었다. 그는 서얼 차별보다는 양반이란 허망한 계급을 빙자하여 그들이 한사코 지키려는 이상이 비현실적이라는 것을 통렬하게 꼬집은 것이다.

박제가의 북학론은 현실을 개선하고 이를 위해 청나라의 문화를 적극적으로 수용하자는 데 그 초점이 있다. 박제가의 이런 이용후생(利用厚生, 기구를 편리하게 쓰고 먹을 것과 입을 것을 넉넉하게 하여 국민의 생활을 나아지게 함) 정신은 박지원, 홍대용 등 백탑파의 공통된 생각이기도 했다. 박지원은 '이용을 이룬 다음에 후생할 수 있고, 후생을 이룬 다음에 정덕을 이룰 수 있다'면서 굶주림도 해결하지 못하면서 법도와 예의만 찾는다는 것은 비현실적이라고 비판했다.

조선은 병자호란 당시 청나라에 무릎을 꿇은 인조의 삼전도 굴욕을 갚기 위해 북벌(北伐) 정책을 폈다. 그러나 박제가를 포함한 백탑파가 살았던 18세기 후반에 이르러 북벌은 이미 시대 과제가 아니었다. 그럼에도 조선의 지배층들은 조선을 '작은 중화(小中華)'라 여기며 사농공상의 상공업을 천시했지만 박제가는 중화문화의 계승자는 조선이 아니라 '청나라'라고 보았다. 이는 당시로는 매우 급진적인 사상이었는데 박제가가 이런 주장을

삼전도의 굴욕
병자호란 때 남한산성으로 피신한 인조는 청나라 군사들의 포위에 굴복해 1637년 1월 30일 세자와 신하들을 이끌고 남한산성 문을 나와 삼전도에서 청의 황제에게 무릎을 꿇고 세 번 절하고 아홉 번 머리를 조아리며 굴욕적인 항복을 했다.

박제가朴齊家

굽히지 않자 일부에서는 그를 '당괴(唐魁, 중국병에 걸린 자)'라고 혹평하기도 했다.

박제가의 개혁안은 경제적인 측면만 본다면 획기적이고 실질적인 방안으로 너무나 당연한 시대적 요청이지만 조선이라는 현실을 감안하면 수용되기 어려운 면이 많았다. 조선의 유학적 가치관은 상업적 이익이나 물욕을 경계했으므로 그의 사상은 조선이라는 큰 틀의 체제를 뒤엎는 개혁안이었기 때문이다. 조선의 명분론자들이 상업 자체를 멸시한 것은 장사를 하게 되면 속임수가 생기는 등 순박한 조선 사회를 변질시킨다는 것이다. 한마디로 기득권자들은 경제의 제1단계인 원시경제에 머무르려고 하는데 박제가는 제2단계로 앞선 주장을 한 것이다. 박제가의 주장이 먹힐 리 없었다.

국제적 명성의 박제가

박제가의 명성은 조선에만 알려진 것이 아니다. 조선 최고의 문인들 모임이었던 백탑파는 중국에까지 알려졌다. 유득공의 숙부였던 유금은 1776년 사절단으로 중국에 가면서 박제가, 이덕무, 유득공, 이서구의 시 399편을 모은 《한객건연집(韓客巾衍集)》을 북경에서 펴냈다. 중국 최고의 지식인 이조원과 반정균 등이 이들의 시를 높이 평가하면서 이들 네 사람은 북경의 문단에서 돋보이는 시인으로 부각되었다.

박제가는 1796년 연행의 추억을 정리한 5언 절구 140수 연작의

《연경잡절(燕京雜節)》을 지었다. 훗날 셋째 아들 박장암이 박제가가 중국 문인과 교유한 시와 편지 등을 엮어 《호저집(縞紵集)》을 펴냈는데 여기에 등장하는 중국 인사만도 172명이었다. 조선시대에 박제가처럼 중국 명사들과와 폭넓은 교유 관계를 맺은 사람도 드물다. 박제가가 뿌린 북학(北學)의 씨는 그의 제자인 추사 김정희(金正喜, 1786~1856)로 이어진다.

청나라 문인 이조원(李調元)은 박제가 문집 《정유각집》에 다음 같은 서문을 썼다.

그 사람은 왜소하지만 굳세고 날카로우며
재치있는 생각이 풍부하다.
그의 문장에는 찬란하기가 별빛 같고
조개가 뿜어내는 신기루 같고 용궁의 물과 같은 것이 있다.

중국의 문인이 서문을 쓸 정도로 박제가는 이미 세계인이었다. 시 1721수와 산문 123편이 실린 방대한 양의 《정유각집》은 박제가의 개혁사상과 작품 세계를 잘 보여준다. 그동안 박제가는 실학의 거두로 상당히 많은 글을 썼음에도 대표작인 《북학의》 이외에는 별로 알려지지 않았는데 《정유각집》의 발견으로 좀 더 박제가의 사상을 이해할 수 있는 계기가 되었다고 학계에서는 평가한다.

서양 선교사를 초빙해서라도 서양의 과학기술을 배우자고 파격적인 주장을 할 수 있었던 배경에는 서얼 출신으로서 사회에 대한 불만과 사회 개혁에 대한 열망이 담겨져 있다고 볼 수 있다. 그러나 박제가를 서얼 출신의 차별대우를 받은 불행한 지식인으로만 분류하는 것은 옳지 않다. 그는 서얼 출신임에도 정조의 배려로 관리로 임용되어 국내외적으로 맹활약할 수 있었던 특별히 우대받은 사람이었다. 그의 주장이 조선시대의 정책과 배치됨에도 정조는 그를 끝까지 밀어주었다.

든든한 후원자였던 정조가 사망하자 박제가에게도 여지없이 유배라는 조처가 내려졌다. 그가 함경도 종성에서 유배생활을 할 때 많은 사람들이 그에게 가르침을 받기 위해 몰려들었다는 것만 봐도 그가 당대의 지성 중의 지성이었음을 증명한다.

그는 실학자로서 또한 과학자로서 최선을 다했고, 유배는 당대 지식인들이 피할 수 없는 통과절차 중 하나였을 것이다. 조선의 선구적 지식인으로 유배를 받은 것 자체만으로도 '과학의 순교자'로 모자람이 없겠지만, 하지만 그의 삶에서 유배가 없었다면 우리나라 과학기술에서 많은 것이 달라졌지 않았을까. 또한 만일 그가 서얼로 태어나지 않았다면 그의 혁명적인 사상이 조선 후기 사회를 어떻게 변화시켰을까 추측해본다. 부질없는 일이지만.

임시발(任時發)의 괘서(掛書)사건과 박제가

순조실록에는 임시발의 괘서사건에 연루된 박제가에 관한 기록이
있다.

'동남성문에 흉서가 발견되었다. 대신들은 포도청에 명하여 조사시
켰고, 얼마 후 천안에 사는 임시발이라는 자가 포도청에 붙잡혀 왔
다. 임시발은 전 현감 윤가기의 가객(家客)인데, 점집에서 사람들과 당
시 떠도는 말들을 거리낌 없이 말한 내용을 투서하였다.

윤가기는 윤행임과 가까워 그의 추천을 입어 단성현감의 자리를
얻었는데, 파직되었다가 또 다시 복직되었다. 그러나 윤행임이 윤가
기의 벼슬길을 막자, 마음속으로 불만을 품고서 가객 임시발과 함께
세상을 개탄하는 말을 발설하였다.

윤가기의 아우인 윤필기가 포도청 끌려 나와 "형이 일찍이 임시발
과 더불어 세상 돌아가는 일을 논함에 있어 분개하여 원망한 말을
했었다"고 털어놓았다. 윤가기의 하인 갑금도 포도청에서 윤가기가
떠벌리고 다닌 흉언들을 실토하였다.

윤가기는 범상부도(犯上不道)로써 자복을 받아 사형시켰고, 윤필기
는 연좌죄를 적용하여 경흥으로 유배 보냈다.'

〈순조실록 1년 9월 6일조〉

'동남성문 흉서사건은 여기에서 그치지 않았다. 윤가기의 종 갑금

이 조사에서 말하기를, "윤가기가 흉언을 할 때에 그의 친사돈인 박제가와 서로 같이 수작하였다"고 말함으로써 박제가가 체포되어 국문을 당했다. 포도청에서 박제가를 여러 날 고문하였으나, 흉서와 관련된 증거는 나오지 않았다.

박제가는 왕대비의 교지로 인하여 종성에 유배되었다.

강휘옥이 아뢰기를, "박제가의 매우 흉악함이 이미 갑금의 조사에서 나타났으니, 이는 윤가기, 임시발 두 역적과 더불어 사람은 다르지만 속마음은 같습니다. 그는 윤가기의 가까운 인척으로서 오랫동안 윤행임이 품고 기른 바가 있었는데 원한을 품은 마음은 말을 주고받을 때에 가리워지지 않았고, 도리에 벗어난 말은 더 엄중할 수 없는 곳에까지 미쳐서 실체가 다 드러났습니다. 확실하게 정하여졌는데도 가볍게 죄를 심문하였으니 국청의 체모가 소홀하고 형정이 어그러진 것은 진실로 큰일입니다. 청컨대 죄인 박제가에게 다시 자세히 조사하기를 더하여 기어코 실정을 알아내도록 하소서" 하였으나, 윤허하지 않았다.'

〈순조실록 1년 9월 15일조〉

06장

조선 최고의 박물자 (博物者)

정약전, 1758년(영조 34)~1816년(순조 16)

조선 후기의 문신으로 성호 이익의 학문에 접하였다. 남인계(南人系)의 학자들과 교유하고 역수학, 천주교 등 서학 (西學)에 관심을 가졌다. 천주교에 입교한 후 신유사옥 때 흑산도로 유배되었고, 유배지에서 생을 마쳤다.

정약전

丁若銓, 1758~1816

《자산어보》저술, 유배지 흑산도에서 사망

조선의 대표적인 실학자이자 과학자로 평가받는 정약전(丁若銓, 1758~1816)은 정약용의 둘째 형으로 흑산도에서 16년간의 유배생활 끝에 결국 유배지에서 외롭게 죽어간 사람이다. 그에 대한 과학자로서의 평가는 '과학기술인 명예의 전당'에 헌정되어 있는 것만으로도 충분하다. 정약전은 다음 장에서 다룰 정약용과 같은 부모 밑에서 태어났으므로 그의 일생 상당 부분은 정약용과 겹치거나 연관이 있다.

정약전의 자는 천전(天全), 호는 손암(巽庵)·연경재(研經齊)이며 본관은 나주이다. 아버지는 진주목사 재원(載遠)이며, 어머니는 해남 윤씨이다. 대표적인 남인 집안 출신으로 어릴 때부터 재주가 있고 총명했으며, 작은 일에 얽매이지 않아 거리낌이 없다는 평가를 받았다. 소년 시절에 한양에서 이승훈(최초의 천주교 영세자), 이윤하 등과

정약전丁若銓

사귀면서 성호 이익(李瀷, 1681~1763)에게 사사했다. 당시 서양 학문에도 주력했던 이익의 영향으로 자연스레 정약전도 서양의 다양한 학문을 접하게 되었다. 특히 그는 수학에 관심이 많아《기하원본》에 큰 관심을 보였고 성호학파의 거두로 알려진 권철신(權哲身, 1736~1801)의 문하에서도 학문을 수양했다. 수학에 관해서는 아우인 정약용이 다음과 같이 말한 적이 있다.

'나의 형님 정약전은 재능으로 말하자면 나보다 훨씬 낫다. 머리가 좋아서 수학책을 보면 금방 이해하곤 했다. 그러나 쉬엄쉬엄 공부하는 타입이었고 이런 부지런함의 차이로 인해 저술한 책이 나에 비해 적었다.'

정약전은 1783년(정조 7) 생원시에 합격하여 진사가 되었으나 과거에는 관심이 없이 기하학과 서학(西學)에 빠졌다. 하지만 과거를 통하지 않으면 뜻을 이루기 어려운 현실을 고려해 1790년(정조 14) 왕자(순조)의 탄생을 경축하기 위해 실시한 증광별시에 응시, 병과로 급제하여 승문원(承文院) 부정자(副正字, 종9품)가 되었고 규장각에서 월과(月課, 매달 시행하는 과제)를 맡았다.

정약전이 응시했던 과거시험 문제는 오행에 관한 것인데 그는 서양의 4행설을 이용해 답을 써서 합격했다. 그가 서양의 4행설을 과거시험에 활용했다는 것은 1790년대 당시 조선 지식인들의 분위기가 어떠했는지를 알려준다. 정약용은 자신이 젊었을 때 서양 학문에 관한 책을 읽는 것이 유행했다고 적었는데 그 무렵이 바로 1780년대 후반

4원소설

고대 그리스 철학자 엠페도클레스가 주장한 것으로, 세상의 모든 물질은 물, 불, 공기, 흙 네 가지 원소로 이루어져 있다는 가설. 이후 아리스토텔레스에 의해 '4원소 가변설'로 변형되는데 물, 불, 공기, 흙의 네 가지 원소 외에 물질의 특유한 성질인 건, 습, 온, 냉이 배합되어 만물이 형성된다는 것. 돌턴의 원자설(1803년)이 나오기 전까지 사람들은 4원소설을 믿었다.

이었다. 정약전이 답으로 썼다는 서양의 4행설(四行設)이란 고대 그리스 시대부터 서양인들이 믿고 있던 4원소설(불, 공기, 물, 흙)을 말한다.

그런데 동생인 정약용이 한 해 전인 1789년에 먼저 급제하여 형 정약전보다 서열이 높았기에 정조는 형이 아우의 뒤를 따르는 것은 편치 않다며 정약전에게 규장각 월과를 면제해주었다. 이후 1797년(정조 21) 다산이 곡산도호부사가 되어 외직으로 나가게 되자 정조는 정약전의 벼슬이 낮음을 배려하여 왕의 직권으로 6품 사관직에 임명했으며, 성균관의 전적(典籍)을 거쳐 병조좌랑에 임명했는데 정약전의 나이 40세 때의 일이다.

정조의 각별한 신임을 얻은 정약전은 1798년(정조 22) 왕명에 의해 채홍원과 함께《영남 인물고》10권을 편찬하는 등 관직생활이 순탄하게 풀려나가는 듯했다.

그러나 1800년 정조가 사망한 뒤 1801년(순조 1) 천주교도를 박해한 신유사옥으로 동생 정약종이 순교하자, 정약전·약용 형제도 화를 피하지 못하고 정약용은 강진으로, 정약전은 신지도를 거쳐 흑산도(현 신안군 도초면 우이도)로 유배되었다.

정약전이 신유사옥에 연루된 것은 1784년으로 거슬러올라가 이벽(李檗, 형 정약현 부인의 동생)과 교유하면서 서학과 천주교에 대해 깊은 관심을 보인 데다 외사촌인 윤지충(尹持忠)과 권상연이 1791년 교회의 제사 금지령에 따라 제사를 지내지 않고 신주(神主)를 불태우는 등 조정과 갈등을 빚은 사건에서 발단이 되었다. 윤지충 사건

정약전丁若銓

은 당시 사회에서 매우 충격적인 일로써 '임금도 애비도 없는(無君無
父)' 불효자로 고발되어 사형을 당하였다. 물론 이 사건이 당시 정약
전에게 직접적인 영향을 미치지는 않았지만 외사촌이 사형 당한 충
격으로 그의 내면에 상당한 영향을 주었을 것으로 추정한다.

1801년 중국인 신부 주문모(周文謨) 등이 체포되었고, 당시 수원
화성을 완공하여 슈퍼스타로 떠오른 정약용의 반대파에서 이를 구
실로 이가환, 정약전 등을 탄핵했다. 정약전이 천주교에 깊이 관련되
었다는 이유였다. 정약전은 탄핵 이외의 직접적인 피해를 입지는 않
았지만 주변 상황이 계속 악화되고 있을 때 신유사옥이 일어나 결국
전라도 신지도로 유배를 가게 되었다.

그런데 그해 조선에서 상상도 할 수 없는 국기문란인 '황사영 백서
(黃嗣永帛書) 사건'이 일어난다.

초기 천주교 신자인 황사영은 1801년(순조 1) 신유사옥의 전말과
그 대응책을 흰 비단에 적어 로마 가톨릭 북경교구의 구베아(A. de
Gouvea) 주교에게 보내기 위해 밀서를 작성했다. 당시 체포령이 내
려져 있는 상태에서 황사영은 충청도 제천의 배론(舟論)이라는 토기
굽는 마을로 피신하여, 토굴에 숨어서 자기가 겪은 박해의 실상을
기록하여 중국으로 떠나는 동지사(冬至使) 일행인 옥천희를 통해 북
경 주교에게 전달하려고 했는데 이것이 발각된 것이다.

백서의 내용은 그야말로 조정을 경악시키기 충분했다. 그는 1785
년(정조 9) 이후의 교회의 사정과 박해의 발생을 설명하고 조선 교회
를 재건하는 방법으로 청나라 황제에게 청하여 조선에서 서양인 선
교사를 받아들이도록 압박할 것을 요청했다. 그런데 그 뒤에 적은

글이 가관이다. 만약 조선에서 서양인 선교사를 받아들이지 않는다면 조선을 청나라의 한 성(省)으로 편입시켜 감독하거나, 서양의 배수백 척과 군대 5만~6만 명을 조선에 보내어 신앙의 자유를 허용하도록 조선을 정벌해야 한다고 적었다. 이 백서사건으로 인해 조정은 보다 강력하게 천주교를 탄압했으며 여기에 정약용 형제가 연루되었다는 것이다.

결국 정약전은 목숨은 건졌지만 유배지가 흑산도로 바뀌는데 당시 흑산도는 중죄인만 보내는 유배지였으므로 흑산도로 유배된 사람은 결코 복권되지 않는 것이 관례였다. 실제로 정약전을 포함해 흑산도에 유배된 후 돌아온 사람이 단 한 사람도 없다고 한다.

흑산도에서 《자산어보》를 편찬하다

정약전이 2017년 현재 정약용을 제치고 '과학저술인 명예의 전당'에 헌정된 것은 유배라는 열악한 상황에서 《자산어보(玆山魚譜)》라는 과학 분야의 명저를 저술했기 때문이다.

조선의 시대상황을 고려할 때 정약전의 업적은 당대의 실학사상이 거둔 가장 중요한 성과로 평가된다. 그는 생물학자도 아니고 더욱이 어류학자가 되기 위해《자산어보》를 저술한 것도 아니다. 정약전은 《자산어보》서문에서 당당히 자신을 '박물자'라고 적었다. 현대적 관점에서 볼 때 정약전은 '과학'이라는 개념을 익히 알고 어보를 저술했음을 엿볼 수 있는 대목이다. 그가 흑산도에서 생을 마쳤다는 것

정약전丁若銓

은 과학자로서도 불행하게 생을 마감했다
는 것을 의미한다. 후대 사람들이 '과학저
술인 명예의 전당'에 그를 헌정했다는 자
체가 깊은 의미를 함축하고 있다.

정약전은 《자산어보》 서문에서 자신이
흑산도 연해의 어류를 취급한 이유에 대
해 다음과 같이 적었다.

《자산어보》 정약전이 《자산어보》를 쓴 이유는
악명 높은 귀양지 흑산도에 유배되었을지언정
결코 운명을 탓하지 않고 미래에 대한 희망을
버리지 않으면서 자신이 있는 곳에서 최선을
다하는 실학자로서의 책무를 완수하고자 함이
었다.

'자산(玆山)은 흑산(黑山)이다. 나는 흑산
에 유배되어 있어서 흑산이란 이름이 무서

웠다. 집안사람들 편지에는 '흑산'을 번번이 '자산'이라고 쓰고 있다.
자(玆)는 흑(黑)자와 같다. 자산 바닷속에는 어족이 극히 많으나 이
름이 알려져 있는 것은 적어 박물자(博物者)가 마땅히 살펴야 할 일
로, 내가 어보를 만들기 위해 섬사람들을 많이 만났지만 정확한 지
식을 갖고 있는 사람이 적어 도움이 되지 않았으나 장덕순(자는 창
대)이란 사람을 만났다. 그는 두문불출하고 손님들을 거절하면서까
지 열심히 고서를 탐독하고 있었지만 집안이 가난하여 책이 많지 못
했다. 보고 듣는 것은 넓지 못했지만 물고기와 수초 가운데 들리는
것과 보이는 것을 모두 세밀하게 관찰하고 깊이 생각하여 그 성질을
이해하고 있었다. 나는 그를 집으로 불러 함께 묵으면서 물고기 연구
를 계속했다. 이것을 이름 지어 《자산어보》라 불렀다. (…) 다른 책에
서 이름을 찾지 못한 어류들은 이름을 새로 지어서 기록하기도 했
다. 후학들이 《자산어보》를 잘 활용한다면 병을 치유하거나 생활에

도움이 될 만한 지식으로 이용할 수 있을 것이다.'

　서문에서 눈에 띄는 것은 '박물자'라는 단어이다. 박물자라는 말 자체는 현대에는 사용하지 않으므로 사전에도 실려 있지 않으나 박물(博物)이란 '여러 사물에 대하여 두루 많이 앎'이란 의미를 갖고 있으므로 박물자란 '여러 사물에 대해 두루 많이 아는 사람'을 뜻함이 분명하다. 현대에는 이 분야의 사람을 자연과학자라고 부를 수 있는데, 놀라운 것은 문관인 정약전이 자신을 박물자라고 표현했다는 점이다. 유배라는 특이한 상황이기는 하지만 박물자라는 과학적인 사고가 없었다면 어보와 같이 어려운 분야를 다룰 수는 없다. 당대 실학자들의 관찰하는 자세와 과학적인 사고를 엿볼 수 있는 대목이다.

　일각에서는 《자산어보》를 《현산어보》로 읽어야 한다는 지적이 있다. 근래 발간된 책의 제목을 '현산어보'로 적은 경우도 있다. 자(玆)를 '검다'는 뜻으로 읽을 때는 '현'자로 읽는다는 이유에서이다. 정약전도 《자산어보》를 《현산어보》로 읽었을 것으로 추정하기도 하지만 대부분의 책에서 《자산어보》로 읽으므로 이곳에서도 《자산어보》로 쓰기로 한다.

　44세에 흑산도에 도착한 정약전은 한양과 낙도라는 생활환경의 차이 때문에 1년이 넘도록 육식 한번 못 하는 궁핍한 생활을 했다. 1807년(순조 7)에 대흑산도 사미촌으로 옮겨 사촌서실(沙村書室)을 열어 아이들에게 사서와 역사를 가르쳤고, 1814년(순조 14)에는 그 고장의 선비 장덕순을 만나 《자산어보》를 저술했다. 이외에도 《논어난(論語難)》 2권, 《역간(易柬)》 1권을 남겼고 소나무 정책에 대한 의견

사촌서실 정약전은 대흑산도 사미촌에서 사촌서실을 열어 아이들에게 사서와 역사를 가르쳤다.
사진 ©김성봉.

을 개진한 《송정사의》가 2003년에 발견되었다. 《논어난》과 《역간》은 전해지지 않는다.

정약전 이전에 우리나라에 어류에 관한 기록이 전혀 없는 것은 아니다. 15세기에 편찬된 《동국여지승람》에는 평안도 35종, 황해도 27종, 함경도 38종, 강원도 27종, 경기도 38종, 충청도 41종, 전라도에 54종, 경상도에 48종의 어류가 조사되어 있다. 전라도가 가장 많은 54종인데 비해 《자산어보》에는 흑산도 근해에서만 100여 종 이상을 조사 기록하고 있다.

이렇게 어종의 수가 증가한 것은 그동안의 어획기술 발달도 한몫을 했다. 특히 17세기 들어 먼 바다 어업과 어획기술이 획기적으로 발달했는데, 조선 전기에는 작은 선박이었던 것이 후기에 와서 점점 대형화되고 그물도 좋아졌기 때문이다. 17~18세기에 주로 잡힌 어류는 명태와 조기 그리고 청어였다. 명태는 동해, 조기는 서해의 명산물이었고 청어는 동해와 서해에서 모두 잡혔다. 조기는 영광의 굴비가 유명했다. 명태는 말려서 북어를 만들어 먹기도 했다. '북어(北魚)'란 북쪽에서 나는 물고기를 말하는데 그 이름처럼 명태는 남쪽에서는 잘 잡히지 않는 고기였지만 조선 후기 들어 해양기술의 발달로 명태의 어획량이 늘어났다. 어획량이 늘어나게 된 데에는 자연적인 변화도 작용했다.

17세기에는 빙하기가 다시 온 것처럼 저온현상이 전 세계를 휩쓸었다. 이른바 '소(小)빙하기'로 일컬어지는 이 기후변화는 한반도 해류에도 영향을 미쳐 어종의 변화를 가져왔다. 추운 바다에서 살던 어류들이 바닷물 온도가 전체적으로 낮아지면서 남쪽으로도 내려왔다. 따라서 강원 이북 지역에서만 잡히던 명태가 조선 후기에는 남쪽에서도 많이 잡히게 되었다. 조선 전기에는 값이 비싸 왕의 진상품으로만 쓰이던 명태가 현종대(1660년 전후) 이후에는 가장 흔한 어물의 대명사로 불리게 되었고 북어는 서민들이 가장 즐기는 식재료가 되었다.

이런 어업의 활성화로 일종의 양식업인 '어량(魚梁)'까지 생겨나 치어를 길러 팔기도 했다. 따라서 17세기 이후 실생활에서는 되도록 많은 어류에 대한 지식과 정보를 필요로 했는데 이때 가장 요긴한 것이 어류에 대해 쓴 어보이다. 정약전의 《자산어보》와 김려가 쓴 《우해이어보》가 바로 이런 시대적 요구에 의해 편찬되었다고 볼 수 있다.

정약전丁若銓

정약전이 《자산어보》를 쓴 이유는 조선시대에 가장 악명 높은 흑산도에 유배되었을지언정 결코 운명을 탓하거나 절망하지 않고 미래에 대한 희망을 버리지 않으면서 자신이 있는 곳에서 최선을 다하는 실학자로서의 책무를 완수하고자 한 데 있다.

정약전은 자신이 겪고 관찰하는 모든 일에서 의미를 찾고자 했다. 오징어 먹물은 글씨 쓰는 데 이용하고, 기름상어의 간에서 짜낸 기름은 등잔 기름으로 쓸 수 있으며, 굴을 먹고 난 뒤 껍질을 갈면 바둑알이 된다고 《자산어보》에 적었다. 단지 어류 상태만을 관찰하고 기록하는 것에 그치지 않고 주변의 모든 것을 관찰해 실생활에 이용할 수 있도록 노력한 것이다.

학문이 한창 무르익을 40대 중반에 유배되어

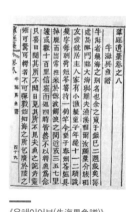

《우해이어보(牛海異魚譜)》
1803년(순조 3) 김려(金鑢)가 지은 우리나라 최초의 어보(魚譜). 1권 1책. 필사본. 우해(牛海)는 진해를 말하는데, 가톨릭 신봉 혐의로 진해에 유배되어 있던 2년 반 동안 그곳 어부들과 근해에 나가 물고기의 종류를 세밀히 조사하여 그 생리(生理), 형태, 습성, 번식, 효용 등을 연구·기록한 것으로, 어류와 조개류는 약 70종에 달한다.

《자산어보》를 저술할 수 있었던 것은 어찌보면 다행한 일이다. 《자산어보》는 총 3권으로 제1권은 인류(鱗類, 비늘이 있는 어류) 20항목, 제2권은 무인류(無鱗類, 비늘이 없는 어류) 및 개류(介類, 딱딱한 껍질) 31항목, 제3권은 잡류(雜類) 4항목, 총 55항목으로 분류되어 있다. 이러한 분류법은 오늘날의 과학적 분류법으로 본다면 어설프기는 하나 당시는 유럽에서조차 동식물 분류법이 확립되어 있지 않았음을 감안할 때 나름 체계적이라 할 수 있다. 항목별 설명 내용은 별칭, 형태, 습성, 맛, 이용법, 어구(물고기 잡는 도구), 어법(물고기 잡는 법) 등으로 나뉜다.

《자산어보》는 우리나라와 중국의 문헌을 많이 참고하여 기록했는데 그러면서도 결코 문헌에만 의존한 것이 아니라 실제 보고 들은 것을 토대로 내용의 충실을 기했다. 정약전의 《자산어보》는 현대인이 읽어도 감탄할 만큼 상세하게 흑산도 주변의 수산 생물에 대해 적었는데 그 중 중요한 것만 발췌해 본다.

물고기를 해부하다

《자산어보》의 분류 방식이 현대의 분류법과 다르다는 것은 자연스런 일이다. 분류법 자체가 유럽에서도 상당히 후대에 정립되었기 때문이다. 그러므로 정약전의 분류는 유럽의 새로운 문명을 답습한 것이 아니라 나름대로 분류한 토종 어보라 볼 수 있다. 《자산어보》에는 고래에 대해 자세한 설명이 나온다.

'색깔은 칠흑색이며 비늘이 없는데 길이는 백여 자나 되고 또는 200~300여 자나 되는 것도 있다. 흑산 앞바다에도 나타나는데 옥편(玉篇)에는 고래가 '물고기의 왕'이라고 쓰여 있다. 암컷을 예(鯢)라고 하는데 큰 것은 길이가 천 발(한 발은 양쪽 팔을 벌린 길이)에 달하는데, 그 길이가 천 발이나 되는 것을 보았다는 소문을 아직 들은 적이 없는 것을 볼 때 과장된 말이다. 일본인들은 고래회를 매우 좋아하는데 화살에 약을 발라서 잡는다고 한다. (…) 고기를 쪄서 기름을 내면 10여 독의 기름을 얻을 수 있으며 눈은 잔(杯)을 만들고 수염

정약전丁若銓

은 자(尺)를 만들며 등뼈를 잘라서 절구를 만들 수 있다.'

현재 전 세계의 바다와 강(양자강과 갠지스 강)에 100여 종의 고래가 분포해 있으며, 그 중 10여 종의 고래가 오츠크해 사이를 매년 남북으로 왕복 회유하면서 성장한다. 흑산도 앞바다는 고래의 번식장이어서 자주 출몰한다. 고래는 포유동물로 암컷의 가슴에 두 개의 젖꼭지가 있고 2년에 새끼 한 마리씩 낳는데, 임신 기간은 12~15개월이고 새끼는 6개월간 젖을 먹고 자라며 최고 수명은 100년으로 추정한다.

정약전이 분류한 수중 생물 중에는 낯선 이름도 많이 등장하는데, 200년 전 흑산도 주민들이 부르던 이름을 그대로 옮겨 적었거나 정약전이 직접 만들어 붙인 이름으로 추정한다. 정약전은 상어를 무려 18종으로 분류했는데, 상어에 대한 설명의 서두에서 그 특징을 상세하게 적었다.

'일반적으로 물고기의 번식 방법은 암수의 교배에 의해서 번식하는 것이 아니라 수컷이 먼저 정액을 발사하면 암컷이 이 정액에 알을 쏟아서 수정 부화시켜 새끼가 태어난다. 그런데 상어는 유독 태생어(胎生魚)라서 암수가 교미한 다음 일정 기간 잉태를 거친 뒤 새끼를 분만하는 특수한 어류이지만 교미와 잉태에 일정한 시기가 없다(이 부분에 대해 강석조 박사는 상어가 교미한 후 잉태를 하되 새끼를 직접 분만하는 태생종과 교미 후 산란을 하되 체외수정 없이 산란된 알에서 새끼가 나오는 난태생이 있는데 《자산어보》에서는 후자의 경우를 기록하지 않았다고 지적한 바 있다). (…)《정자통》에 바다상어는 등지느러미 앞에 가시가 있고 복부 아래에는 배지느러미가 있으며 푸른 눈에 붉은 머리를 갖고 있다고 적었다.《육서고》에 상어는 바다에서 태어나는데 그 껍질이 모래와 같다고 해서 사어(沙魚)라고 적었고 이시진도 상어의 껍질에는 모두 모래가 있다고 했다.'

《자산어보》에는 생소한 이름의 상어가 등장하는데 세우상어와 내안상어이다. 'KBS 역사 스페셜' 팀에서 취재한 바에 의하면 정약전이 말하는 세우상어는 식인상어인 백상어일 것으로 추정했다. 정약전은 백상어를 무섭고 위험하다는 생각보다 냉철한 과학자의 식견으로 그냥 물고기의 한 종류로 여겼다. 백상어를 백죽이라고 하면서 먹을 수 있는 상어로 인식해, 먼저 맛을 언급하고 형태를 묘사했다. 한편 내안상어에 대해서는 다음과 같은 설명이 있다.

'내안상어는 상어 중에서 가장 큰 놈으로 최고 50~60자나 된다. 큰 바다에서 살며 비가 내리려 할 때는 무리를 지어 나타나 물을 뿜는데, 그 모양이 마치 고래와 같아 배들이 감히 가까이 가지 못한다. 몸은 흑색이며 200근이나 되는 큰 상어로 매년 봄철이면 밤에 해산(海山) 기슭에 나타나 열흘 만에 한 번씩 호랑이로 둔갑했다는 구절이 있는데, 이는 내안상어를 말한다. 그러나 호랑이로 둔갑했다는 설은 아직 확인된 바는 없다.'

국립수산과학원에서는 내안상어가 범고래라고 설명한다. 상어는

정약전丁若銓

물속에 녹아 있는 산소를 섭취하기 때문에 물을 뿜을 필요가 없다. 반면 고래는 수면 가까이에서 이동하기 때문에 쉽게 사람들의 눈에 띈다. 또한 비가 오려고 할 때 내안상어가 많이 나타난다는 글은 비가 오기 직전에 바다가 잔잔해서 눈에 잘 띄기 때문이라는 설명이다.

《자산어보》에 나오는 상어에 대한 기록은 현대 생물학이 밝힌 상어의 생태와 정확히 일치한다. 어류학자도 아닌 정약전이 상어의 모습과 습성에 대해 이처럼 자세히 알고 있다는 사실이 놀랍다. 더욱 놀라운 것은 수심 20~100미터 깊이에 서식하는 상어에 대한 세밀한 기록이다. 상어는 깊은 물속에서 짝짓기를 하는 습성이 있는데 《자산어보》에는 상어의 교미와 출산 과정을 구체적으로 표현하고 있다.

잠수부나 잠수 장비가 없었던 시절, 맨몸으로 깊은 물속까지 들어가야만 알 수 있는 일을 정약전은 어떻게 이토록 자세하게 적을 수 있었던 걸까? 그 비밀은 바로 해녀이다. 해녀의 발상지는 제주도로 알려져 있지만 흑산도에도 오래 전부터 해녀들이 존재했으며, 특이하게도 남자들도 해녀와 같은 공간에서 물질을 했다. 200년 전 정약전은 당시 흑산도 바다 속을 자유롭게 드나들며 수중 생물의 생태를 훤히 아는 사람들로부터 도움을 받았기에 물고기들의 생태를 정확하게 기록할 수 있었다. 그러나 이런 내용도 해부의 지식 없이는 알 수 없는 내용이다.

《자산어보》에서는 홍어와 상어뿐 아니라 각종 생물에 대한 기록에서 물고기를 해부한 흔적이 곳곳에 나타난다. 정약전은 청어의 회유 사실을 기록하면서 영남산 청어는 척추가 74마디인 반면 호남산 청어는 53마디(X선 촬영에 의하면 55개로 나타났는데 분포 지역에 따라 뼈의 수는 약간 다를 수 있다고 한다)라고 적었다. 이런 내용은 청어를 해부해 척추를 하나하나 세어보지 않으면 알 수 없는 내용이다. 이 대목에서 이태원 박사는 《자산어보》가 해양생물학에서 신기원을 이루었다고 적었다. 물고기는 같은 종이라도 지역에 따라 조금씩 형질의 차이를 보이는데, 학자들은 종의 하위 단계인 이런 개체군을 '계군(系群, stock)'이라 부른다. 독일의 하인케는 물고기가 갖는 여러 형질 중에서 등뼈의 수로 계군을 나누는 방법을 처음 시

계군(系群)
일정한 지리적인 분포구역 내에서 동일한 유전자 조성과 생태학적 특성을 가지며, 독자적인 수량 변동의 양상을 보이는 집단을 말한다.

도했다. 그는 1875년~1892년에 잡힌 청어의 등뼈 수가 지역에 따라 다른 것을 통계적으로 분석해 수산학계의 중요한 업적으로 평가받고 있는 '레이셜 이론(racial theory)'을 만들었다.

그런데 하인케보다 수십 년이나 앞선 시기에 정약전은 《자산어보》에서 이와 유사한 분류를 했다. 청어 항목에서 "영남산 청어는 척추골 수가 74마디이고, 호남산 청어는 척추골 수가 53마디이다"라고 한 대목이 바로 그것이다.

더욱 놀라운 것은 처음 이런 시도를 한 사람이 서해의 외딴 섬에 살고 있던 장창대라고 원작자를 분명히 적었다는 점이다. 장창대는 흑산도 주민으로 정약전의 해양생물 연구를 도와주었는데, 정약전은 《자산어보》 서문에도 그의 말을 직·간접적으로 인용하고 있다. 흑산도에 살던 장창대의 재능이 특출했던 점도 있었겠지만 당대의 지식인이자 양반인 정약전이 일개 평민의 말을 귀담아듣고 자신의 저술에 이름까지 직접 적었다는 것은 당시의 학문 풍토에서 찾아보기 힘

든 일이다.

《자산어보》의 묘사는 매우 사실적이고 생생한데 아귀가 물고기를 잡아먹는 상황을 적은 대목을 보자.

'큰 것은 두 자 정도이고 모양은 올챙이를 닮았으며 입은 매우 크다. 입을 열면 온통 빨갛다. 입술 끝에는 두 개의 낚싯대 모양으로 생긴 등지느러미가 있는데 이는 의사가 쓰는 침과 같다. 이 낚싯대의 길이는 4~5치 정도 된다. 낚싯대 끝에 낚싯줄이 있어 그 크기가 말 고리와 같다. 실 끝에는 하얀 미끼가 있어 밥알과 같다. 이것을 다른 물고기가 따먹으려고 와서 물면 잡혀 먹힌다.'

아귀의 포식 방법을 생생하게 묘사한 것으로 보아 그 광경을 직접 보지 않으면 알 수 없는 내용이다. 아귀는 수심이 깊은 곳에 사는 심해 물고기로 수컷은 암컷 크기의 20분의 1 정도밖에 안 된다. 수컷은 언제나 암컷의 등에 기생하며 산란을 위해 사정이 끝나면 죽는다. 그래서 음식점에서 먹는 아귀찜은 모두 암컷 아귀이다.

흑산도의 명물 홍어

흑산도 하면 가장 먼저 떠오르는 것이 홍어이다.《자산어보》에서는 비늘이 없는 어류 중 제일 먼저 가오리를 8종류로 분류한 다음 홍어에 대해 설명하고 있다. 정약전은 흑산도 명물 홍어의 생태뿐

홍어 정약전은 《자산어보》에서 낚시 하나에 홍어 두 마리가 걸려 올라오는 모습을 매우 재미있게 표현했는데 "암놈은 낚시에 걸린 미끼를 먹으려는 식탐으로 낚시에 걸리고, 수컷은 그 암컷을 색탐(色食)하다 교미한 상태로 끌려온다"는 것이다.

아니라 먹는 방법, 특히 홍어를 삭혀서 막걸리와 함께 먹는 홍탁에 대해서도 언급하고 있다.

홍어의 큰 것은 너비가 6~7자 정도 되며 수컷이 암컷보다 작다. 두 개의 날개(가슴지느러미)에는 가느다란 가시가 있는데, 수컷은 교미할 때 그 가시를 암컷의 몸에 박고 교미를 한다. 암컷은 알을 낳는 구멍 외에 또 하나의 구멍이 있는데 체내에서 세 구멍이 통하게 되어 있다. 태 위에는 알 같은 것이 붙어 있는데, 알이 없어지면 그 자리에서 태가 형성되어 4~5마리의 새끼가 나온다.

홍어를 좋아하는 사람들에게 "홍어가 썩었다", "홍어를 왜 썩혀 먹느냐?"고 하면 대부분 화를 낸다. 홍어는 삭혀 먹는 것이지 절대 썩혀 먹는 음식이 아니라는 말이다. 우리나라의 전통 음식인 간장, 된장, 고추장, 김치 등 발효 음식과 다름 아니라는 것이다.

또한 홍어 음식이 발달한 전라도에서는 잔칫상을 아무리 잘 차려도 홍어가 빠지면 '먹을 것이 없다'고 핀잔받기 일쑤이다. 때문에 홍어는 천막 치고 멍석 깔고 먹는 잔치 음식으로, 혼자 먹는 것보다는 서너 명, 이렇게 여럿이 어울려 먹어야 제 맛을 음미할 수 있는 '어울림의 음식'이다.

정약전은 《자산어보》에서 낚시 하나에 홍어 두 마리가 걸려 올라오는 모습을 매우 재미있게 표현했는데 "암놈은 낚시에 걸린 미끼를

정약전丁若銓

먹으려는 식탐으로 낚시에 걸리고, 수컷은 그 암컷을 색탐(色貪)하다 교미한 상태로 끌려온다"는 것이다. 사랑을 위해 죽음도 두려워하지 않기에 '해음어(海淫魚)'라는 이름으로도 불리며 음(淫)을 탐하다 죽는 자의 본보기라고 적었지만, 홍어가 일부일처제를 지킨다는 것을 잘못 안 것으로 추측된다.

냉장고나 얼음이 없어 수산물을 보관하려면 염장이나 건조밖에 없던 시절을 생각하면 홍어를 삭히게 된 이유를 알 수 있다. 흑산도에서 잡힌 홍어를 뱃전에 싣고 나주 영산포에 도착하려면 여러 날이 걸린다. 여러 날 지난 홍어를 먹어보니 암모니아 냄새는 역했지만 아무 탈이 없고, 오히려 갓 잡아서 먹는 것보다 더 맛이 좋아 식도락가들이 이를 즐겼을지도 모를 일이다.

처음 홍어를 먹는 사람들은 특유의 톡 쏘는 듯한 냄새와 맛 때문에 무척 곤혹스럽다. 삭힌 홍어의 톡 쏘는 맛은 암모니아 때문인데 필자 역시 홍어의 독특한 맛 때문에 잊지 못할 에피소드가 있다.

프랑스에 머물 때였는데 프랑스인과 함께 파리의 한국 식당에 가서 홍어를 주문하자 식당 주인이 잠깐 조용히 이야기하자며 밖으로 나가자는 것이다. 음식을 주문하는데 따로 할 말이 있다고 하니 조금은 놀랐지만 그를 따라 밖으로 나갔다. 식당 주인은 내게 함께 온 프랑스인이 홍어에 대해서 잘 아느냐고 물었다. 아마도 잘 모를 것이라고 하자, 프랑스인에게 홍어가 어떤 음식인지 잘 설명한 후 반드시 양해를 받은 뒤 주문하라고 했다.

식당 주인에게는 그럴 만한 이유가 있었다. 자기네 식당에서 한국인과 함께 온 어느 프랑스인이 암모니아 냄새가 나는 홍어를 먹고는 독약을 팔았다며 식당을 고발했다는 것이다. 암모니아를 유독성 물질로 판단했기에 그런 해프닝이 일어난 것이므로 프랑스인이 홍어를 이해하거든 주문하라는 것이다. 물론 프랑스인을 이해시켜 홍어를 주문했지만, 그는 냄새를 맡아보더니 젓가락을 대려고도 하지 않았다. 그 후에도 그 프랑스인은 암모니아를 자주 먹느냐고 웃으면서 묻곤 했다.

정약전은 홍어에 대해 생태뿐만 아니라 실생활에 유용한 정보도 제공했다.

홍어 삭힌 국물은 복결병(뱃속에 덩어리가 생기는 병)에 좋고, 술이 깨는 데도 효과가 있다. 뱀은 홍어를 기피하기 때문에 홍어의 비린 물을 뿌리면 뱀이 가까이 오지 않으며 홍어 껍질을 뱀에 물린 자리에 붙이면 잘 낫는다. 학자들은 뱀과 홍어가 상극이며 복결병은 몸속에 어혈(瘀血)이 쌓여 생기는 병인데 실제로 홍어에는 해독 작용을 하는 성분이 있다고 한다. 더구나 홍어는 《자산어보》 외에는 어떤 한의학 서적에도 구체적으로 언급되어 있지 않다.

흑산도 지역의 특산물인 홍어 삭히는 풍습은 다른 곳에서는 찾아보기 힘들다. 홍어를 많이 삭히면 강알칼리성이 되어 웬만한 병원성 잡균이 살지 못한다. 삭는 것도 김치와는 다르다. 김치는 유산균의 활동으로 발효되지만, 홍어는 살과 뼈 등 조직 속에 있는 효소의 작용으로 삭는다.

여수대 임현수 교수는 홍어 살 부위를 삶은 물에는 살균 작용이 거의 없다고 밝혔다. 그런데 8일 동안 삭힌 내장을 넣었을 때 대장균의 43퍼센트가 죽었다고 한다. 항암 효과에 대해서는 약간 다른 결

정약전丁若銓

과를 보여주었는데, 살은 삭힌 지 8일째 된 것이 53퍼센트의 암세포를, 내장은 10일째 된 것이 58퍼센트의 암세포를 죽였다. 물론 홍어 살이나 내장 모두 항암 효과가 있음은 물론이다. 그리고 고혈압을 일으키는 물질인 ACE 활성을 억제하는 효과와 항산화 효능은 삭히지 않은 것이 높았다.

홍어에서 암모니아가 생기는 비밀도 알려졌다. 일반적으로 염분이 많은 바닷물 속에서 물고기가 살아남으려면 체내 수분이 바닷물로 빠져나가는 삼투현상을 막아야 한다. 그러기 위해서는 체내에 여러 가지 화합물이 충분히 녹아 있어야 하므로 바닷물고기는 모두 나름대로 이런 방향으로 진화했다.

하지만 홍어는 보통 물고기와는 다르게 진화했다. 특이하게도 홍어는 바닷물 속에서 삼투압 조절을 위해 살 속에 요소 물질을 많이 갖고 있다. 이 요소가 분해되면 암모니아를 만드는데, 발효된 홍어로 찜을 만들면 아직 분해되지 않은 요소와 암모니아가 코를 자극하는 특유의 맛을 만들어낸다. 또한 강한 암모니아는 피부를 상하게 하는데, 별로 뜨겁지 않은데도 홍어찜을 먹다가 입천장을 데는 사고가 생기는 것도 이 암모니아 성분 때문이다. 이런 점만 유념한다면 홍어 요리는 훌륭한 건강식품이다. 찬 성질의 홍어는 특히 몸에 열이 많은 사람이 여름을 날 때 먹으면 좋다고 알려져 있다.

참고로 홍어는 '냄새나는 음식'으로 세계 2위를 차지하여 세계적으로 그 명성을 한껏 드높였다. 한국 사람에게도 홍어 냄새가 만만치 않은데 외국인에게는 더욱 심하게 느껴질 만하다. 홍어보다 더 심한 냄새가 나는 음식이 있다는 것이 놀라운데 〈트립 어드바이저 재팬)에 공개된 세계의 악취 음식 중 1위는 소금에 절인 청어를 2개월 가량 따뜻한 곳에서 발효시켜 만든 스웨덴의 통조림 '수르스트뢰밍'이 뽑혔다.

생물 이름의 어원 추적도 가능

《자산어보》의 또 다른 중요성은 정약전이 흑산도 해양생물을 방언으로 기록했고 이름을 알 수 없는 경우 직접 작명까지 했다는 점이다. 이는 200년 전의 모습을 상세히 담고 있어 생물 이름의 변화와 어원을 추적할 수 있는 훌륭한 자료가 된다. 오래 전부터 국문학자들이 이 책을 주목한 이유도 바로 여기에 있다.

《자산어보》는 현재 원본이 없고 필사본만 8종이 남아 있는데 이 책의 존재가 세상에 알려진 것은 다산 정약용에 의해서이다. 정약용은 정약전의 묘지명에 형이 유배지에서 《자산어보》 두 권을 썼다고 적었는데 《자산어보》의 집필 사실만 적었을 뿐 그 이상은 언급하지 않았다. 그러나 서유구의 《임원경제지》 등에 《자산어보》의 내용이 인용돼 있는 것으로 보아 당대에도 《자산어보》가 널리 읽혀진 것으로 보인다.

1930년대의 수산학자 정문기는 《한국어도보》를 통해 《자산어보》가 근대 어류학의 시조라고 평가했다. 《자산어보》는 기초적이면서도 매우 체계적으로 정리되어 있어 어류 전반에 대한 최초의 단행본이라 할 수 있는 데다 구체적이고 정확한 묘사로 현대 학자들이 어떤

정약전丁若銓

흑산도 전경 정약전은 흑산도 유배 생활에서 바다를 사이에 두고 강진에 유배되어 만날 수 없는 아우 정약용을 항상 그리워했다. 사진 ⓒ김성봉.

차마 내 아우에게
바다를 두 번이나 건너며
나를 보러 오게 할 수는 없지 않은가
내가 마땅히 우이도에 나가서
기다려야지
- 정약전의 묘비명

어종인지 쉽게 파악할 수 있게 적었기 때문이다.

《자산어보》가 근대 어류학의 시조로 평가받는 또 다른 이유는 현대의 어느 도감에도 뒤지지 않는 방대한 어류 기록서이기 때문이다. 1994년에 실시한 어류 실태 조사 보고서에 따르면 모두 128종의 어류가 흑산도 주변 지역에서 발견되었다. 그러나 《자산어보》에는 어류 101종을 포함해 모두 227종의 수중 생물이 기록되어 있다. 정약전은 밥상에 오르는 친숙한 물고기부터 바다 속 해조류는 물론 갯지렁

이에 이르기까지 흑산도 앞바다에 서식하는 모든 생물에 관한 과학적인 관찰을 시도한 것이다.

정약전은 결코 자신의 출세나 수양을 위해 《자산어보》를 쓴 것이 아니다. 그는 비록 흑산도에 유배된 몸이지만 그곳 어민들과 밀착된 생활을 하면서 실학자답게 그들의 삶을 개선하고자 하는 실학의 구체적인 실천으로 《자산어보》를 저술한 것이다. 《자산어보》는 세밀하고 철저한 관찰과 치밀한 고증을 바탕으로 저술되었으며, 이는 궁극적으로 인간 생활에 유익하게 사용될 수 있도록 만들어졌다. 정약전은 《자산어보》를 집필한 목적을 분명하게 밝혔다.

'후세의 선비가 이 책을 읽으면 치병(治病)과 이용(利用) 그리고 이치를 다지고, 집안에 있어서는 도움이 될 것이다.'

정약전은 20대부터 40대에 이르는 동안 유교적인 이치를 폭넓게 탐구하면서 나아가 서학인 기하학의 세계도 깊이 연구했고 천주교와 같은 새로운 종교 신앙에도 빠져들었던 인물이다. 반면 조선의 학문과 사상적 분위기에서 벗어나 새로운 학문적 방법론과 가치 체계를 찾아 방황하던 엘리트였다. 물론 유배 생활 16년이 지나도록 섬에서 벗어나지 못하고, 동생인 정약용도 만나보지 못한 채 생을 마감했다. 흑산도에서 그의 생활이 어떠했는지를 보여주는 자료는 거의 없다. 그는 자신의 심정을 토로하는 글도 남기지 않았다.

혹자는 정약전이 흑산도에서 할 수 있는 수많은 일 중에 왜 하필 어류에 대한 저술을 했을까 의아해 한다. 그러면서 정약전은 결코 어

정약전丁若銓

류학자를 꿈꾸던 사람이 아니었다고 설명한다. 그러나 《자산어보》의 서문에서도 설명했듯이 정약전은 단지 절박하고 외롭고 고독한 생활 가운데 소일거리로 어류를 관찰하면서 《자산어보》를 만든 것이 아니라, 망망한 바다와 그 속에서 자유롭게 어울려 사는 수많은 어족들을 생각하면서 자신을 불행하게 만든 현실을 뒤로하고 박물자로서 최선을 다하려 했고, 그러한 발상에서 흑산도가 아니면 다룰 수 없는 어보 작성에 착수한 것이다.

정약전의 인생은 평탄치 못했고 성공한 삶은 아니었다. 그러나 그는 《자산어보》로 인하여 역사 속에서 다시금 부활한 한국인 중의 한국인으로 평가된다. 그는 유배라는 가혹한 환경 속에서도 자신의 삶을 충만하게 만들면서 동시에 인간의 삶을 풍부하게 만들고자 《자산어보》를 저술했다. 몸은 흑산도를 벗어나지 못했지만 실학자로서 그의 꿈은 후손들을 통해 흑산도에 머무르지 않고 한민족 전체에게 퍼진 것이다.

그 자신이 과학자라는 생각을 갖지는 않았겠지만 현실적 여건에서 해박한 선구적 지식인이자 박물자로서의 최상의 방법을 찾았다는 것은 존경할 만하다. 그에게 과학의 순교자라는 말은 그래서 더욱 부합된다고 볼 수 있을 것이다.

07장

과학기술로
부국강병을
꿈꾸다

정약용, 1762(영조 38)~1836(헌종 2)

조선 후기의 실학자. 호는 다산(茶山)·사암(俟菴)·여유당(與猶堂). 정조 때의 문신이었으나 청년기에 접했던 서학(西學)으로 인해 장기간 유배생활을 했다. 《경세유표》, 《목민심서》, 《흠흠신서》, 《여유당전서》 등 500여 권의 저술을 남겼다.

정약용

丁若鏞, 1762~1836

수원 화성 건립, 18년간의 유배 생활

정약용 초상 정약용은 18세기 실학을 집대성한 실학의 거목으로, 개혁과 개방을 통해 부국강병을 주장했다. 〈출처〉 강진군 다산기념관.

조선시대 인물 중에 정약용을 모르는 사람은 거의 없을 것이다. 사실 정약용은 조선 후기의 많은 실학자 중에서 가장 명망 높은 사람이다.

정약용은 정약전의 동생이므로 부모와 가정사가 기본적으로 같지만 형과 다른 삶을 살았으므로 정약전 장에서 설명한 것에 부연하여 설명한다.

정약용은 1762년 경기도 광주군 마현(현 남양주)에서 진주목사를 지낸 정재원(丁載遠)과 해남 윤씨 사이의 4남 2녀 중 4남으로 태어났는데 정약전이 둘째 형이다. 아버지가 진주목사를 지냈다고는 하지만 권력과는 큰 인연이 없는 집안이었다. 양반이기는 해도 고조할 아버지 이후 3대째 포의(布衣, 벼슬이 없는 선비)로 생을 마쳐야 했기 때문이다.

그나마 아버지가 진주목사를 지내서 비교적 상류층 생활을 할 수 있었고, 집안의 기대에 어긋나지 않게 정약용은 어릴 적부터 영특하기로 소문이 났다. 4세에 이미 천자문을 익혔고 7세에 한시를 지었으며, 10세 이전의 작품을 모아 《삼미집(三眉集)》을 편찬했다고 한다. 그런데 삼미집이란 제목이 특이한데, 정약용이 어릴 적 천연두를 앓았는데 다행히 큰 흉터 없이 오른쪽 눈썹에 흔적만 남아 눈썹이 셋으로 나뉘어 '삼미(三眉)'라 불려 큰형 약현이 '삼미집'이라 이름 지은 것이다. 훗날 정약용이 천연두에 특별한 관심을 가진 것도 자신이 천연두를 앓았고 자식들을 천연두로 잃었기 때문으로 추정한다.

조선의 대표적 학자인 정약용에 대해서는 많은 자료가 남아 있는데 일반적으로 그의 생애를 네 단계로 나누어 설명한다.

첫째 단계는 출생 이후 과거에 합격한 22세까지이다. 마현에서 출생한 정약용은 부친의 임지인 전라도 화순, 경상도 예천, 진주 등지로 따라다니며 부친으로부터 경사(經史)를 배웠다. 그의 나이 15세에 회현동 풍산 홍씨 집안으로 장가를 가면서부터 한양을 드나들기 시작한다. 그의 생애에서 큰 물줄기를 만난 것은 16세가 되던 1776년 이익(李瀷, 1681~1763)의 학문을 접하고부터이다. 그는 당대의 지성들 사이에서 이름을 떨치던 이가환(李家煥), 학식이 높은 매부 이승훈(李承薰) 등 많은 지식인들이 이익의 학문을 계승한 것을 알고 자신도 이익의 책을 공부하기 시작했다. 정약용이 어린 시절부터 이익의 사상에 접근한 것이 훗날 그가 실학 이론을 완성하는 데 큰 도움이 되었다.

두 번째 단계는 1783년 진사시(進士試)에 합격한 이후부터 1801 년 발생한 신유사옥으로 투옥되던 때까지이다. 그는 진사시에 합격한 뒤 성균관 등에서 수학하며 자신의 학문적 깊이를 더하였고 1789년에는 식년문과(式年文科) 갑과(甲科)에 2등으로 급제하여 희릉직장(禧陵直長)을 시작으로 관직에 진출했다. 형 정약전보다 먼저 과거에 급제한 것이다.

이후 10년 동안 정조의 각별한 총애를 받으며 예문관 검열(檢閱), 사간원 정언(正言), 사헌부 지평(持平), 홍문관 수찬(修撰), 경기 암행어사, 사간원 사간(司諫), 동부승지(同副承旨), 좌부승지(左副承旨), 곡산부사(谷山府使), 병조참지(兵曹參知), 부호군(副護軍), 형조참의(刑曹參議) 등을 두루 역임했다.

당시 그는 과학적으로도 큰 성과를 이루었는데, 1789년 한강에 배다리(舟橋)를 설치했고 1793년에는 수원 화성을 설계하여 완공시킨다(수원 화성은 1997년 유네스코 세계유산으로 등재되었다). 그 즈음에 정약용이 이벽(李檗), 이승훈 등과의 접촉을 통해 천주교에 입교한 것으로 추정되지만 입교 후에도 그는 형제들과는 달리 뚜렷한 활동을 하지 않았다. 그럼에도 천주교에 입교했다는 자체만으로 이후로 계속 그의 정치적 앞날에 큰 걸림돌로 작용한다. 그의 천주교 신앙이 공식적으로 문제가 된 것은 1791년부터였는데 그때마다 정약용은 천주교와 무관함을 강력하게 주장했다. 20대 초반에 서학에 매료된 적은 있었지만 이후 제사를 폐지해야 한다는 내용을 알고 서학에서 손을 끊었다고 고백했고 그의 말을 정조가 적극적으로 옹호하여 매번 무사히 넘어갈 수 있었다.

정약용丁若鏞

세 번째 단계는 정조 사망 이듬해인 1801년부터 1818년까지의 유배기간이다. 막강한 후견인인 정조가 사망하고 신유사옥(1801)이 일어나면서 형 정약종은 처형되고 곧 이어 발생한 황사영 백서사건(黃嗣永帛書事件)의 여파로 정약전·약용 형제는 큰 고초를 겪어야 했다. 정약용은 죄가 없음에도 강진으로, 정약전은 흑산도로 각각 유배된다.

정약용이 막상 강진에 도착하자 처음에는 천주교도라 하여 마을 사람들로부터 배척을 받아 상당한 어려움을 겪기도 했다. 당시 천주교인은 혐오의 대상인데다 유배 온 사람이므로 그와 얽히는 것을 두려워했다.

그러나 비록 유배 중이지만 정약용은 수원 화성을 성공리에 건설한 당대의 유명 인사였으므로 승려 혜장(惠藏) 등과 교유하고 제자들을 키우며 저술활동에 전념할 수 있었다. 정약용에게는 담배가 유배의 시름을 덜어주는 벗이었다고 알려졌다.

강진에 도착해서 처음 머무른 곳이 동문 밖 주막에 딸린 작은 방으로, 정약용은 '네 가지(생각, 용모, 언어, 행동)를 올바로 하는 이가 거처하는 곳'이라는 의미의 사의재(四宜齋)라는 당호를 걸었다. 4년 동안 사의재에 기거하면서 예학 연구를 시작했고, 이후 고성사(高聲寺)의 보은산방(寶恩山房)과 목리(牧里)의 이학래(李鶴來) 집을 전전했다. 그러다가 1808년 귤동의 '다산초당'에 자리 잡으면서 천여 권의 서적을 쌓아 놓고 유교 경전을 연구하여 이른바 주석 학문인 경학(經學) 연구를 본격적으로 착수했다.

정약용이 강진에 유배되어 있는 동안은 관료로서는 암흑기이겠지만 학자로서는 매우 알찬 수확기였다고 할 수 있다. 많은 제자들이 찾아왔고 강학과 연구, 저술에 전념할 수 있었기 때문이다. 그는 이 기간 동안 조선의 성리학 사상을 쇄신시키는 개혁안을 정리하는 데 주력했다. 그의 개혁안이 잘 드러나는 것이 3대 역작인 《목민심서》, 《경세유표》, 《흠흠신서》이다. 정약용 자신의 기록에 의하면 그는 연구서들을 비롯해 경집에 해당하는 것이 232권, 문집이 260여 권에 이르는 등 총 500여 권의 책을 저술했는데 이들 대부분을 강진에서 작성했다.

정약용은 유배를 마치고 떠나기 전 작별을 아쉬워하며 양반가의 제자 18명, 중인 제자 6명과 함께 다신계(茶信契)를 조직했다. 또 초의(草衣)선사를 비롯한 만덕사의 스님들과 전등계(傳燈契)를 조직해 우의를 다질 것을 기약했다. 그는 해배 이후에도 옛 제자들과 연락을 주고받으며 강진에서의 인연을 잊지 않았다.

정약용의 마지막 단계는, 1818년 57세 때 유배에서 돌아온 후 생을 마감하는 1836년까지의 기간이다. 그는 이 시기에 《상서(尙書)》 등을 연구했으며, 강진에서 마치지 못했던 저술 작업을 계속했다. 《매씨서평(梅氏書平)》의 개정·증보 작업, 《아언각비(雅言覺非)》, 《사대고례산보(事大考例刪補)》 등이 이때 만들어졌다. 그리고 자신의 회갑을 맞아 자서전 성격의 《자찬묘지명(自撰墓誌銘)》을 편찬했고, 그 밖에도 자신과 관련된 인물들의 전기적 자료를 정리했으며 500여 권에 이르는 자신의 저서를 정리하여 《여유당전서(與猶堂全書)》를 편찬했다.

정약용丁若鏞

정약용이 생각하는 국가개혁의 목표는 부국강병이었다. 국가개혁사상이 집대성되어 있는 《경세유표》에서 그는 경세치용과 이용후생이 종합된 개혁사상을 전개했는데 그 내용은 장인영국(匠人營國)과 정전제(井田制)를 중심으로 한 체국경야(體國經野, 도성을 건설하고 땅을 구획함)이다. 통치와 상업, 국방의 중심지로서의 도시건설(체국)과 정전법을 중심으로 한 토지개혁(경야)을 바탕으로 세제, 군제, 관제, 신분 및 과거제도에 이르기까지 모든 제도를 바꾸고, 가난에서 벗어나기 위해 기술개발을 해야 한다는 당대 실학인들의 이념이 개혁안의 주요 골자이다. 《주례》의 체국경야 체제를 기본 모형으로 삼아 조선 후기라는 시대적 상황 속에서 상공업의 진흥을 통하여 부국강병을 도모하고자 한 것이다.

> **장인영국(匠人營國)**
> 중국 주나라의 관제를 기술한 주례 고공기에 나오는 말로, 수평과 방위, 측량 등 도성 건설에 관한 계획. 다산이 수원 화성을 축조할 때 이론적 배경이 되었다.

> **정전제(丁田制)**
> 정약용이 제시한 토지제도 개혁안. 정전제는 중국 하(夏), 은(殷), 주(周) 3대에 이어진 제도로, 토지의 한 구역을 '정(井)'자로 9등분하여 8호의 농가가 각각 한 구역씩 경작하고, 가운데 구역은 8호가 공동으로 경작하여 그 수확물을 국가에 조세로 바치는 제도이다.

부국강병의 길은 기술 확보

18~19세기에 이르러 조선 사회에는 많은 변화가 나타났다. 농사법의 발달로 더욱 많은 소출을 올릴 수 있었던 일부 농민들은 부자가 되었다. 이들은 떵떵거리며 살 수 있었고 오히려 가난한 양반은 배를 곯아야 하는 형편이 되었다. 조선 후기 농민·상공인들의 상황은 훨씬 나아져서 조선 전기처럼 양반의 눈치를 살피고 양반들에

게 굽실거리기만 하는 처지가 아니었다. 돈이 있으면 양반 못지 않은 지위를 누릴 수 있었다. 양반의 지위를 돈을 주고 사거나 가난한 양반과 혼인을 맺어 양반 가문 소리를 들을 수도 있게 되었다.

그들이 새로운 부를 창출해낼 수 있었던 바탕은 농민과 장인들이 산업 현장에서 축적한 기술 때문이었다.

물론 조선 사회가 오늘날처럼 자신의 능력과 노력만으로 사회적 지위를 성취할 수 있을 만큼 자유로웠던 것은 아니었지만 이전에 비해 기회가 확대되었음은 분명하다. 정약용이 관심을 기울인 것은 부와 권력의 가능성이다. 그러나 그가 말하는 기술은 개인의 이익을 탐하는 기술이 아니라 국가의 부를 축적하는 기술이다. 이런 면에서 정약용은 우리 역사상 최초로 기술론에 관한 논문을 발표한 인물로 인정된다. 다산은 예절을 안 이후에 반드시 배워야 할 것으로 기술을 꼽았는데 당시의 성리학자들 입장에서는 경천동지할 일이었다.

효와 우애를 근본으로 삼고 수양하면 곧 예의와 습관이 몸에 배어 도(道)에까지 미친다. 이것은 남에게서 배워서 익히는 것이 아닌 본래의 성정이다. 그러나 이용후생에 필수적인 여러 가지 기술에 대해서는 최신 기술을 현장에서 직접 배워야 비로소 어리석음과 고루함을 타파할 수 있다고 강조했다. 기술을 발전시키는 일이야말로 나라를 걱정하는 사람의 급선무라는 뜻이다.

그의 기술 향상론은 일본에 대한 평가에서도 유연했다. 전통을 중시하는 조선 학자들은 일본을 무지하고 도덕적으로 뒤처지는 나라로 간주한 반면 정약용은 일본도 기술을 익힌다면 대국이 될 수 있다고 보았다. 당시 일본은 네덜란드 등 유럽 국가로부터 대포 같은 화약무기는 물론 여러 가지 과학기술을 재빨리 흡수하고 있었다. 당시 일본의 기술적 여건은 조선보다 앞섰는데 정약용은 이를 잘 파악하고 있었다. 그래서 일본을 무지한 나라로 매도만 할 것이 아니라 그들에게 뒤처지기 전에 우리의 기술을 발달시켜야 한다고 주장했다. 이러한 자신의 주장을 펼쳐 놓은 책이 《여유당전서》이다.

'하느님이 모든 만물을 만드실 때, 날짐승과 길짐승에게는 발톱과 뿔을 주고 단단한 발굽과 예리한 이빨을 주었으며 여러 가지 독을 주어서 자신이 하고 싶은 것을 얻게 하고 외부로부터 습격을 막아낼 수 있게 하였다. 그런데 사람은 벌거숭이인 데다 약하기만 하여 제 생명을 지키지 못할 듯이 만들었으니 무슨 까닭인가. 어찌하여 하늘이 대수롭지 않게 여겨야 할 금수에게는 후하게 여러 가지를 만들어 주시고, 귀하게 여겨야 할 인간에게는 박하게 하였는가? 그 이유는 인간에게는 지혜로운 생각과 교묘한 연구 능력이 있으므로 기술을 익혀서 제 힘으로 살아가도록 했기 때문이다.'

정약용은 인간이 기술을 발달시킬 수 있는 기본적 능력을 타고났다고 보았다. 따라서 무력이 아닌 머리로 과학과 기술의 진보를 꾀할 수 있다고 생각했다.

'지혜로운 생각으로 미루어 아는 것도 한계가 있고, 교묘한 연구력으로 깊이 탐구하는 것도 순서가 있는 법이다. 그러므로 비록 성인이라 하더라도 천만 명이 함께 논의한 것에는 당할 수가 없으며 하루

아침에 모두 훌륭하게 만들 수는 없다. 그렇기 때문에 기술은 사람이 많이 모이면 모일수록 더욱 정교하게 되며, 시대가 흘러갈수록 더욱 발전한다. 그것은 자연의 이치가 그렇기 때문이다.'

이 글에는 정약용의 근대적 역사인식이 잘 드러나 있다. 아무리 훌륭한 성인(聖人)이라도 대중의 축적된 지식을 능가할 수는 없다. 또 지식은 끊임없이 진보하기 때문에 성인에게도 그 성인의 시대에 맞는 역할이 있고 따라서 한계도 있게 마련이다. 정약용은 당시 별로 인정받지 못하던 장인과 농부들의 기술과 지식이 얼마나 큰 힘을 발휘할 수 있는가에 주목했다. 비록 한 명의 기술자가 가진 지식은 보잘것없을지 몰라도 그것이 쌓이고 모인다면 성인도 당해내지 못하는 훌륭한 지식이 된다는 것이 그의 일관된 생각이다. 더불어 정약용은 선진 문물과 과학기술을 수입해야 한다고 강조했는데 그가 제시한 비유가 매우 흥미롭다.

'아주 산속 깊은 시골 마을에 사는 사람이 오래 전에 한양에 왔다가 처음 시도하는 신기술을 조금 얻어듣고 집으로 와서 몇 번 해보고는 속으로 자신만만하여 아들과 손자들을 모아 놓고 "한양에서 말하는 소위 기술이라는 것을 내가 모두 배워 왔으니 지금부터는 한양에서 다시 더 배울 것이 없을 것이다."'

정약용은 이런 사람들이야말로 발전이 없는 꽉 막힌 사람이라고 혹평했다.

그는 조선의 대부분 기술자들이 갖고 있는 기술은 거의 전부 중국에서 배워 온 방식이라고 지적했다. 그런데 수백 년이 흐르면서 중국에서는 새로운 방법과 정교한 기계가 나날이 증가하여 과거의 중국이 아님을 분명히 했다. 그런데도 조선은 몇백 년 동안 중국이 어떻게 변했는지도 모르고 오직 옛날 방법만을 편하게 여기고 있다는 것은 게으름의 극치라고 한탄했다.

팔방미인 지식인 정약용의 방대한 업적과 활동을 간단히 설명한다는 것은 무리가 있다. 그러므로 이곳에서는 정약용의 과학적 성과로 잘 알려진《흠흠신서》와 유네스코 세계유산으로 지정된 수원 화성 건설을 중심으로 설명한다.

법의학 참고서 《흠흠신서》

정약용이 다방면에 걸쳐 많은 저술을 했고《목민심서》,《경세유표》등을 대표작으로 꼽지만 일부 학자들은 과학 수사록인《흠흠신서(欽欽新書)》를 그의 대표작으로 꼽기도 한다. 과학 수사록이라는 자체가 과학을 기반으로 했다는 것을 의미한다. 조선시대의 강력 사건과 이를 해결하기 위한 수사기법 등을 적은《흠흠신서》는 상상을 초월하는 내용으로 지금 읽어봐도 놀랍다.《흠흠신서》는 정약용이 유배되어 있을 동안《증수무원록》을 토대로 하여 저작한 책으로 〈경사요의(經史要義)〉 3권, 〈비상전초(批詳雋抄)〉 5권, 〈의율차례(擬律差例)〉 4권, 〈상형추의(詳刑追議)〉 15권, 〈전발무사(剪跋蕪詞)〉 3권으로 구성되어 있다.

〈경사요의〉에는 당시 범죄인에게 적용하던 《대명률》과 《경국대전》 형벌 규정의 기본원리와 지도이념이 되는 고전적 유교경전 가운데 중요 부분을 요약, 서술했다. 그리고 중국과 조선의 역사서 중에서 참고가 될 만한 선례를 뽑아서 요약했는데 여기에는 중국 79건, 조선 36건 등 도합 115건의 판례가 분류, 소개되어 있다.

〈비상전초〉에는 살인사건의 문서를 작성하는 수령과 관찰사에게 모범을 제시하기 위하여 청나라의 비슷한 사건에 대한 표본을 선별하여 해설과 함께 비평을 했다. 또 읽는 사람으로 하여금 살인사건 문서의 이상적인 형식과 문장기법, 사실인정 기술, 그리고 관계 법례를 참고할 수 있도록 종합적으로 서술했다.

〈의율차례〉에는 당시 살인사건의 유형과 그에 따르는 적용 법규 및 형량이 세분되지 않아 죄의 경중이 무시되고 있었기 때문에 이를 시정하기 위해 중국의 모범적인 판례를 체계적으로 분류, 제시하여 참고하도록 했다.

검안(檢案)
범죄의 흔적이나 상황을 조사하고 따짐.

제사(題辭)
관부에 올린 민원서의 여백에 쓰는 판결문.

회계(回啓)
왕의 물음에 대하여 신하들이 심의하여 대답을 올림.

판부(判付)
왕에게 상주한 형사사건에 대한 임금의 재가 사항.

〈상형추의〉에는 정조가 직접 심리했던 살인사건 중 142건을 골라 살인의 원인, 동기 등에 따라 22종으로 분류한 것이다. 각 판례마다 사건의 내용, 고을 수령의 검안(檢案), 관찰사의 제사(題辭), 형조의 회계(回啓), 국왕의 판부(判付)를 요약하였으며, 필요에 따라 자신의 의견과 비평을 덧붙였다.

〈전발무사〉에는 정약용이 곡산부사, 형조참의로 재직 중에 다루었던 사건, 직·간접으로 관여했던 사

정약용丁若鏞

건, 유배지에서 듣고 보았던 16건에 대한 소개와 비평·해석, 그리고 매장한 시체의 굴검법(掘檢法, 묻었던 시체를 파내어 검증함)을 다루고 있다.

당시에는 목민관이 입법·사법·행정 삼권을 모두 행사하고 있었으므로 이들이 이 책을 읽음으로써 억울하게 죽은 피해자를 방지하자는 것이 목적이었다. 그러므로 《흠흠신서》의 내용을 요즘의 법률적 논리로 본다면 '형법과 형사소송법상의 살인사건에 대한 형사소추에 관한 절차나 전개과정'에 해당한다고 박석무 교수는 설명했다. 그러나 정약용은 법률적 접근뿐만 아니라 법의학적, 형사적 측면까지 포괄하고 있으며 사건의 조사와 시체 검험(檢驗) 등 과학적인 접근까지 상세하게 다루었다.

> **검험(檢驗)**
> 조선 시대에 살인 사건이 일어났을 때, 형조(刑曹)의 검시관이 현장에서 피해자의 시체를 검사하고 사망 원인을 밝혀 검안서를 쓰던 일.

정약용은 생명에 관한 범죄는 조심스럽고 성실하게 공정히 처리해야 하며 진실을 발견하기 위해서는 꼼꼼하고 치밀한 조사와 검증이 필요하다는 것을 누누이 강조했다. 정약용은 억울하게 누명을 쓰고 12년이나 감옥에 있었던 한 사건을 상세하게 기록했다.

1799년(정조 23) 4월, 정조는 정약용을 형조참의에 임명하고 이미 확정 판결된 사건들을 포함해 전국의 형사사건을 모두 보고하라고 명했다. 정조는 특히 함봉련 사건에 의문의 여지가 있으니 자세히 살펴보라고 했다.

함봉련 사건의 개요는 대략 이렇다. 평창의 나졸 서필흥이 국가가 빌려준 환곡을 독촉하러 김태명의 집에 가서 송아지를 끌고 가다가 길에서 김태명을 만난 것에서 시작한다. 김태명이 송아지를 빼앗으려다가 몸싸움이 일어났고, 김태명은 나졸의 배를 짓누르고 무릎으로 가슴을 짓찧은 후 송아지 도로 빼앗아 끌고 가다가 마침 땔감을 지고 돌아오는 함봉련을 만났다. 함봉련은 김태명 일가의 머슴이었다.

김태명은 함봉련에게 나졸을 가리키며 송아지를 훔친 사람이라니 혼을 내주라고 했다. 함봉련은 지게를 진 채 나졸의 등을 떠밀었는데 그가 밭고랑에 넘어졌다가 곧 일어나 집으로 돌아갔다. 그런데 집으로 돌아간 나졸이 피를 토하며 아내에게 "나를 죽인 자는 김태명이니 복수하라"고 말한 뒤 죽었다.

아내가 그의 말대로 고발했고 초검과 시체 검험서에서 가슴 한 곳이 검붉고 딱딱하며 둘레는 3촌 7푼이고 코와 입이 피로 막힌 것 외에는 별다른 자국이 없어서 사인을 맞아 죽었다고 적었다. 그런데 주범을 함봉련, 목격한 증인을 김태명으로 했고 증인들이 모두 함봉련이 밀쳐서 사망한 것이라고 적었다. 재검도 같은 취지였다.

정약용은 이 사건이 대표적으로 거짓 진술에 의한 오판임을 지적했다. 우선 형사사건을 판결함에 있어 3가지 근거를 기본으로 해야 한다고 적었다. 첫째 유족의 진술, 둘째 시체검험서의 증거, 셋째는 공통된 증언이 서로 맞아야 한다는 것이다.

그런데 정약용은 시체검험서의 다친 자국과 유족의 진술이 서로 맞아떨어지는데도 오로지 범인이 꾸며낸 말만 믿고 주범을 바꾸었다고 결론 내렸다. 그는 시체검험서로 보면 결정적으로 충격받은 곳이 가슴인데 가슴을 무릎으로 짓찧은 자는 김태명이며 함봉련은 단지 손바닥으로 등을 떼밀었다고 했는데 등에는 다친 자국이 없다고 분석했다.

더구나 김태명은 주범으로 고발당한 장본인인데도 목격자로 만들어 함봉련에게 정직한 증언을 하지 않았다. 다른 증인들도 함봉련이 김태명의 머슴이므로 김태명을 옹호했다고 밝혔다. 정조는 정약용의 보고서를 받자마자 곧바로 함봉련을 석방하고 김태명을 체포하여 사형에서 한 등급 낮춰 조사 처리하도록 한 후 함봉련에 관한 원래의 사건 문서를 모두 태워 없애도록 지시했다.

정조는 10여 년이 지난 사건임에도 인명을 다루는 사건인 경우 조금의 의혹이 있는 사건은 함부로 결재하지 않고 진상을 밝혀야 한다는 생각을 갖고 있었다. 그래서 정약용이 함봉련의 무고함을 밝히자 즉시 석방하라고 지시한 것이다. 특히 함봉련에 대한 원래의 사건 문서를 태워 없애라고 한 것은 무죄를 받은 사람의 경우 관청에 서류조차 남겨서는 안 된다는 의지를 천명한 것으로 볼 수 있다. 죄 없는 사람에 대한 서류가 남는 것조차 부당한 대우라고 생각한 것이다.

또한 정약용은 살인사건에서 범인에게 고의성이 있느냐 없느냐를 가려서 고의성이 없을 경우 판결에 정상을 참작해야 한다고 말했다.

1798년(정조 22) 황주의 엿장수인 신착실이 살인 혐의로 재판에 회부되었다. 박씨라는 사람이 외상으로 엿 2개를 먹었는데 갚지 않자 연말이 되어 그 집으로 찾아가 독촉하다 이로 인해 말다툼이 벌어졌다. 신착실이 손으로 박씨를 떼밀었는데 마침 등 뒤에 넘어져 있던 지게뿔이 그의 항문을 정통으로 맞히면서 위로 배를 찔려 사망한 사건이다.

모두들 신착실이 두 닢의 돈 때문에 사람을 죽였으니 용서하면 안

된다고 했지만 정약용은 그렇지 않다고 말했다. 지게뿔이란 본래 곧고 예리하지 않으며 사람의 항문은 작고 은밀한 곳에 있는데, 그곳이 찔려서 죽었다는 것은 신착실에게 비록 사람을 떼민 죄는 있으나 사람을 죽일 마음은 없었다는 것이다. 정조도 정약용의 뜻에 따라 정상을 참작하여 신착실을 석방하도록 지시했다.

정약용의 《흠흠신서》를 가리켜 일부 학자들은 '우리 법제사상 최초의 율학 연구서이며, 동시에 살인사건 심리 실무지침서'라고 설명하기도 한다. 정약용 사후에 《흠흠신서》는 대량 인쇄되어 목민관들의 지침서로 활용되었고 조선 후기에 벌어진 각종 사건사고 해결의 단서를 찾는 데 일조했다. 《흠흠신서》는 조선의 근대 이전 시기, 법의학서의 길잡이가 되었고 특히 정조가 이를 토대로 하여 인권을 중시하고 죄인의 형벌에 공정성을 기하려 노력했다고 인식하게 되었기에 더욱 의미가 있다.

조선시대의 수사기록을 보면 정약용뿐만 아니라 많은 고위관리들이 수사에 대한 높은 지식을 가진 수사 전문가였음을 알 수 있다. 이는 피의자의 인권을 중요시하여 무고한 사람들이 누명을 쓰지 않도록 고급 관리부터 과학적 수사로 사건을 해결해야 한다는 기본 소양을 갖추고 있었기 때문이다.

정조의 전폭적인 지지를 받은 정약용의 설계안

수원 화성(華城)은 1997년 유네스코 세계문화유산으로 등록되어 세계적으로 그 가치를 높게 평가받았다. 수원 화성의 건축과 관련해 빼놓을 수 없는 인물이 바로 다산 정약용이다. 정조는 당시 홍문관에 근무하고 있던 젊은 실학자 다산에게 '삼남의 요충지요, 서울의 보장지지(保障之地, 군사적 요충지)로서 만세에 길이 의지할 만한 터'인 수원 화성을 건설토록 명한다. 왕명을 받을 당시 서른 살의 다산은 왕실 서고인 규장

《화성성역의궤》 1801년(순조 1) 김종수가 편찬한 화성 축조에 관한 내용을 기록한 보고서. 〈출처〉 문화재청.

각에 비치된 첨단 서적들을 섭렵하고 기존의 여러 문헌을 참고하여 새로운 도시 화성에 걸맞은 새로운 성곽을 설계했다.

다산은 수원 화성 축성 안으로 '성설(城說)', '옹성도설(甕城圖說)', '현안도설(懸眼圖說)', '누조도설(漏槽圖說)', '포루도설(砲樓圖說)', '기중도설(起重圖說)', '총설(總說)' 등 총 7가지 계획안을 지어 바쳤다. '성설'은 성의 전체 규모나 재료, 공사 방식 등 전반에 관한 내용이고, '옹성도설'은 옹성, '현안도설'은 현안(성벽 위에서 아래로 낸 홈), '누조도설'은 적이 성문에 불을 붙였을 때 이를 방지하기 위해 성문 위에 벽돌로 오성지(五星池)라는 다섯 구멍을 내고 그 뒤에 물을 저장한 큰 통을 만드는 방법을 설명한 것이다. '포루도설'은 치성(雉城, 성벽 바깥으로 덧붙여 쌓은 벽)을 만든 후 설치하는 갖가지 시설에 대해 설명했다. 정조는 다산의 계획안을 그대로 받아들였는데 정약용에 대한 깊은 신뢰를 엿볼 수 있는 대목이다. '성설'은 후일 '어제성화주략(왕이 내려준 화성 축성의 기준이 될 만한 몇 가지를 방안)'이란 제목으로

변경 없이 《화성성역의궤(華城城役儀軌)》에 수록되었다.

그러나 아무리 철저하게 계획되었다 하더라도 실제 적용에서는 많은 부분에서 변경되지 않을 수 없다. '성설'에서는 화성 둘레를 한 변이 약 3600보(약 1km)가 되게 계획했지만 공사 진행 중에 확장이 불가피해서 4600보가 됐다고 밝히고 있다.

정약용은 기와를 굽는 가마의 형태, 굽는 시기, 운반 방법 등은 물론 철물 구입과 제련 및 제품의 중량 검수법, 인부의 마음가짐과 감독 방법, 부역의 부과 및 대납, 출납의 세세한 기록 등 장부 처리 방식 등에 대해서도 당시의 풍속을 일일이 거론하며 비판하고, 새로운 제안을 하는 등 개선책을 제시했다.

축성계획안을 작성할 때 정약용은 30대 초반으로 축성에 대한 특별한 경험도 없었고 더욱이 전쟁에 참여한 적도 없었다. 단지 1790년 정조가 사도세자의 묘에 참배 가기 위해 한강에 배다리를 건설할 때 참여한 경험이 전부였다.

당시 조정에는 경험이 많은 축성 전문가와 전쟁에 일가견이 있는 장군들이 있었음에도 수원 화성과 같은 중요한 공사 계획을 젊은 학자에게 맡긴 데에는 정조의 원대한 뜻이 담겨 있었다. 정조가 바란 것은 기존의 생각과 방식으로 짓는 성곽이 아니었다. 정약용은 정조의 뜻을 정확하게 꿰뚫고 상업도시에 걸맞은 새로운 성곽을 구상했다.

수원 화성의 건설 계획이 치밀하고 효율적으로 이뤄졌다는 것은 당초 10년 정도 예상한 공사 기간을 단 2년 반에 끝낸 것만 보아도 알 수 있다. 공사는 놀라운 속도로 진행되었는데 중간에 6개월의 공사 중단을 감안하면 28개월 걸린 셈이다. 이와 같이 빨리 건설될 수 있었던 것은 4년에 걸친 설계 계획의 치밀함도 있지만 첨단 건설 도구가 도입되었기 때문이다. 축성에 동원된 장비는 모두 열 종류였다. 《화성성역의궤》에는 각 장비의 종류와 공사장에 투입된 숫자가 명시되어 있다.

거중기 11량, 유형거 11량, 대거 8량, 별평거 7량, 평거 64량, 동거 192량, 발거 2량, 녹로 2좌, 설마(썰매) 9좌, 구판 8좌이다. 대거·평거·발거는 소가 끄는 수레로 대거는 소 40마리, 평거는 소 10마리, 발거는 소 1마리가 끌었다. 별평거는 평거에 바퀴를 단 것으로 보인다. 동거는 바퀴가 작은 소형 수레로 사람 넷이 끌어 사용했으며 설마(雪馬)는 바닥이 활처럼 곡면을 이루어 잡아끄는 기구이고, 구판은 바닥에 둥근 막대를 여럿 늘어놓고 끌어당기는 작은 기구이다.

과학이 찾아낸 거중기 효용도

화성 건축에 있어서 가장 대표적인 것이 현대의 기중기와 같은 용도의 거중기(擧重機)이다.

수원 화성을 건설하기 전에 정조는 정약용에게 《도서집성》과 《기기도설》을 주며 화성 건설에 필요한 기중법을 연구하라고 했고 정약용은 이를 바탕으로 여러 가지 건설 장비를 새롭게 고안했다.

사실 정약용이 많은 기자재를 고안할 수 있었던 것은 약 150년 전인 1645년(인조 23)에 사망한 소현세자의 공이 크다. 소현세자는 청

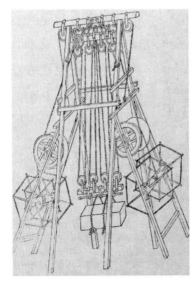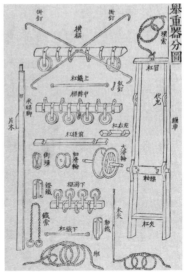

거중기 전도(좌) 거중기 부분도(우) 화성성역공사를 위해 정약용이 개발한 거중기는 도르래의 원리를 이용해 무거운 짐을 위로 들어올리는 장치로 요즘의 기중기와 같은 역할을 한다. 위와 아래에 각각 4개의 도르래를 연결하고 아래 도르래는 가로대로 묶어 여기에 물건을 걸 수 있도록 했다.

나라에 볼모로 가서 심양과 북경에서 9년을 보냈는데 이때 북경에서 예수회 선교사 아담 샬(Adam Schall)과 긴밀한 교류를 가졌다. 소현세자는 아담 샬로부터 천주교 교리와 서양 과학기술에 대한 여러 권의 책을 받아 귀국했다. 소현세자는 인조와 후궁 소용 조 씨의 미움을 받아 죽음을 당하지만 그가 귀국할 때 가지고 온 서적들은 훗날 조선 실학자들에게 큰 영향을 미쳤다.

화성 건설에는 모두 11대의 거중기가 사용되었는데 조정에서 샘플로 1대를 만들었고 수원 현지에서 이 샘플을 본떠 10대를 만들었다. 거중기로 인해 작업 능률은 4~5배로 높아졌고 수원 화성 건축 기간을 2년으로 단축했다. 정조도 거중기의 유용성을 인정하여 "다행

정약용丁若鏞

히 기중기를 이용하여 경비 4만 궤가 절약되었다"고 말했다.

거중기의 구조와 원리는 《화성성역의궤》에 자세히 나와 있다. 거중기는 4개의 다리를 세우고 그 위에 가로대를 얹었는데, 여기에 도르래가 달린 중간 가로대를 연결했다. 밑에 있는 가로대는 중간 가로대와 도르래에 감긴 밧줄로 연결되고, 아래 부분에는 물건을 들어올릴 수 있도록 쇠사슬을 걸게끔 되어 있다. 이 가로대는 밧줄이 당겨지고 풀려짐에 따라 아래위로 이동하게 됨으로써 여기에 달린 도르래가 움직도르래 작용을 한다. 다리 옆에는 두 개의 소거(繅車)를 붙였는데 여기에는 밧줄을 풀고 조이는 얼레축과 큰 도르래를 달았다. 소거는 밧줄을 푸는 모양이 마치 누에고치를 켜는 것과 같아서 붙여진 이름이다.

거중기의 가장 큰 특징은 단순히 고정도르래만 사용하지 않고 움직도르래를 도입하여 복합도르래를 구성한 것이다. 고정도르래의 경우 물건의 중량에 해당하는 힘을 주어야만 물건을 들어올릴 수 있지만 움직도르래가 1개 있으면 절반의 힘만으로도 들어올릴 수 있다. 따라서 움직도르래가 여러 개일수록 들어올릴 수 있는 힘이 배가되는 것을 정약용이 이용한 것이다.

얼레축의 직경이 큰 도르래 직경보다 작기 때문에 얼레를 거쳐서 큰 도르래를 휘감고 지나가는 밧줄을 원래보다 더 강해진 힘을 상부의 가로대에 달린 도르래에 전달해 준다. 이런 복합 구조를 갖고 있기 때문에 아주 무거운 석재도 손쉽게 들어올릴 수 있었다.

화성 건설에 사용된 거중기는 규모가 아주 큰 것은 아니다. 정약용은 화성 공사에서 규모가 매우 큰 돌이나 자재들이 사용되지 않는다고 생각했기 때문에 그에 맞도록 구조가 간단하면서도 쉽게 사용할 수 있는 거중기를 만들었다. 화성 건축에 사용된 거중기의 경우 7.2톤에 달하는 돌을 30명의 힘으로 들어올릴 수 있었으므로 장정 1명이 40*kg*의 무게를 들어올린 셈이 된다. 그러나 정약용은 도르래 원리를 이용하면 정교하고 강력한 힘을 발휘할 수 있는 거중기를 제작할 수 있으므로 화성 건설에 사용된 것보다 훨씬 규모가 큰 수십 톤에 달하는 물건도 들어올릴 수 있다고 말했다. 다산이 고안한 거중기 등은 비록 중국에서 입수한 서양의 과학서적을 참조하기는 했지만 실제 제작한 것은 조선만의 독창적인 것이다. 그러므로 이들 고안은 기술 분야에 대한 지식인들의 관심이 극히 낮았던 조선 후기에서 과학기술의 눈부신 성과로 평가된다.

그러나 현대 과학자들의 눈은 매섭다. 기록만 믿을 것이 아니라 현대 과학의 잣대로 이를 검증하고 밝히자는 것으로, 과장되거나 불성실한 기록이 있는가를 살피는 것이 목표다. 이 문제에 관한 한 정약용의 기록도 예외가 아니다. 정약용은 거중기의 역학에 대해 다음과 같이 구체적으로 설명하고 있다.

'도르래 하나를 설치하면 50근의 힘으로 100근의 무게를 끌어올릴 수 있다. 만일 두 개의 도르래를 사용한다면 25근의 힘으로 100근을 올릴 수 있다. 이것은 짐 전체 무게의 4분의 1에 해당하는 힘이다. 3개, 4개 이런 식으로 도르래의 수가 늘어남에 따라 이와 같은 이치로 당기는 힘이 줄어든다. 그림과 같이 상하 8개의 도르래(상하 각 4개)를 사용하면 전체로 25배의 힘을 낸다. 즉 40근의 힘으로 능

정약용丁若鏞

히 천근의 짐을 움직이게 된다.'

학자들이 정약용의 설명이 과연 정확한지에 대한 검증 작업에 들어갔다. 정약용은 움직도르래 4개, 축바퀴 2개, 고정도르래 4개를 사용했다. 김동옥 선생은 도르래와 축바퀴를 설명하면서 정약용의 설명을 다음과 같이 요약했다.

'거중기에서 힘의 이득을 얻을 수 있는 도르래는 위의 고정도르래가 아니라 아래의 움직도르래 4개이다. 정약용은 도르래 8개가 모두 힘의 이득을 얻어낸다고 잘못 이해하고 있다. 둘째, 움직도르래가 4개이기 때문에 힘은 1/8배로 덜 들며 움직도르래가 만약 8개라고 하더라도 힘을 계산하면(8×2=16) 1/16배로 덜 들게 되는데 이를 1/25배로 적었다.'

이 글로만 보면 정약용이 거중기의 효율에 대해 이해가 부족한 것처럼 보이는데 이는 움직도르래 밑에 있는 또 다른 기구인 축바퀴의 효율을 간과했기 때문이다. 즉 움직도르래의 이득을 계산하고 거중기의 중심부부터 바퀴살 끝까지의 거리와 축의 반지름을 5로 계산하면 1/8 × 1/5 = 1/40이 되므로 결론적으로 39W/40만큼 힘의 이득을 볼 수 있다고 설명된다.

물론 거중기를 가동시킬 때 각종 마찰력과 도르래의 무게, 줄이 수직으로 기울어진 각도 등을 포함하고 사람이 힘을 주는 부분이 바퀴살의 끝보다 약간 안쪽이고 가운데 축은 밧줄이 감길수록 점점 두꺼워지기 때문에 실제로 돌을 들어올릴 때는 돌 무게의 39W/40만큼 힘의 이득을 모두 얻을 수는 없다. 그러나 거중기를 사용하면 적어도 사람의 힘보다는 훨씬 무거운 돌을 들 수 있다는 것만은 분명하다.

그런데 학자들은 보다 엄밀한 설명을 요구한다. 정약용은 거중기를 이용할 때 1만2000근짜리 돌을 30명이 들 수 있다고 했다. 이 말은 거중기를 작동시킬 때 30명이 동원되었으므로 단순 계산으로는 장정 1명이 40kg의 무게를 들었다는 얘기이지만 한국과학기술원의 신동원 박사는 도르래 원리를 엄밀하게 적용할 때 1인당 분담되는 에너지는 대략 10.3kg이라고 계산했다. 이 무게는 일반적인 사과 한 상자의 무게인 15kg에도 못 미친다. 사과 한 상자는 보통 사람도 들 수 있는 무게이므로 이 무게를 들기 위해 거중기와 같은 거창한 기구를 사용할 이유가 없다는 것이다.

실제로 수원 화성을 쌓을 때 거중기는 그다지 많이 사용되지 않았다고 한다. 그 이유는 당시 기준으로 볼 때 몸체가 워낙 커서 이동을 위해 분리·조합하는 데 너무 많은 품이 들기 때문이다. 그러므로 사용하기 불편한 거중기보다는 유형거나 녹로 등이 많이 사용되었다고 한다.

정약용의 거중기가 큰 힘을 발휘하지 못했다는 것은 아이러니한 일이지만 거중기가 당대 최고의 성을 짓는 데 최고 수준의 기기들을 활용했다는 상징적 의미인 것만은 분명하다. 거중기를 사용했든 안 했든 수원 화성의 공사기간을 단축하는 데 나름의 효과를 가져왔기 때문이다.

수원 화성이 건설됨에 따라 부
수적으로 얻어지는 이점도 적지
않았다. 이때 건설되었던 만석거
저수지(지금의 일왕저수지)를 파서
관개시설을 갖추고 인근에 넓은
국영농장 대유둔(大有屯, 일명 북
둔(北屯))을 설치하여 최신 농법으

장안문 수원 화성의 정문격인 장안문의 모습. 1910년대 초.

로 선진적 협동 영농을 시도하는 등 농업진흥책을 펼쳐 선진적 생산
기반시설로 자리잡는다. 만석거와 대유둔의 성공으로 여러 개의 제
방이 지어져, 만년제(萬年堤), 축만제(祝萬堤, 일명 西湖), 축만제둔(祝
萬堤屯, 西屯)과 남제(南堤)의 건설로 확대된다. 이들의 성공은 수원에
만 국한되지 않고 전국적으로 확대되어 우리나라 농업발달사에 큰
족적을 남기는 계기가 된다.

과학의 원리를 파악

정약용은 당시 조선 지식인들 사이에서 유행한 '서양 책' 즉
중국에서 간행한 서양에 관한 책들을 섭렵했다. 정약용은 서양 서적
을 읽는 것에 그치지 않고 서양 기술을 배워오기 위해 제도적인 뒷
받침이 이루어져야 한다고 생각했다. 박제가가 서양인들을 초청하자
는 원론적인 주장을 했지만 정약용은 서양의 앞선 과학기술을 배우
려면 어떤 구체적인 조처가 필요하다고 생각한 것이다. 그러므로 그

는 기술 도입을 위한 전문 국가기관이 필요하다고 주장했는데 요즘 으로 말하면 '과학기술정보통신부'를 설치하자는 것으로 아예 이용 감(利用監)이라고 작명까지 했다.

정약용이 《경세유표》에서 언급하고 있는 이용감은 공조(工曹) 소속으로 나라의 부를 축적하고 군사를 강화하기 위해 반드시 필요한 정부기관이다. 정약용은 행정 관리로 수리에 밝은 간부와 손재주 있는 직원과 함께 특별히 4명의 연구원을 뽑자고 건의했다. 연구원은 과학기술자 2명, 중국어에 능통한 사람 2명으로 그들을 북경에 보내 외국의 과학기술을 연구하고 돌아오게 하자는 구상이다. 놀라운 것은 돈을 많이 갖고 가서 필요하면 뇌물을 주고라도 선진 기술을 얻어와야 한다는 표현이다. 요즘 말로 산업스파이를 보내자는 말이다. 또한 그들 중 성과가 있는 사람은 중인(中人)이라도 양반과 같은 벼슬자리를 주자는 파격적인 주장도 했다. 당시 과학을 하는 사람들은 기껏해야 중인밖에 되지 못했다는 것을 의미하는데 과학기술과 신분제도 타파라는 사회개혁 문제와 연결짓고 있음이 흥미롭다. 정약용이 이런 주장을 한 것은 강진에서 유배 생활을 할 때이다.

정약용의 저술들을 보면 그가 현대 과학에 조예가 깊다는 것을 알 수 있다.

정약용은 광학에 대해서도 깊은 관심을 보여 렌즈나 안경의 이치에 대한 글을 남기고 있다. 그는 대야 한가운데 작게 푸른 표시를 한 다음 그것이 보이지 않을 만큼 뒤로 물러선 뒤 다른 사람을 시켜 대야에 물을 부으면 푸른 점이 떠올라 보인다고 적었다. 또 대낮에 깜깜하게 만든 방에 앉아서 창문에 작은 구멍 하나만 뚫어주면 그 반대편 벽에 바깥 경치가 거꾸로 나타난다고 말했다. 앞의 실험은 광선의 굴절현상을 설명한 것이며 뒤의 실험은 '바늘구멍 사진기 원리' 즉 광학의 기초적인 현상으로 사진기의 원리를 적은 것이다.

정약용은 서양의 원소 개념도 알고 있었는데 실제로 그의 형 정약전이 이 부분에 특별한 지식을 갖고 있었다. 정약전이 과거시험에 오행에 관한 문제가 나오자 그는 답안을 서양의 4원소설로 풀어서 설명했고 이것으로 과거에 급제했다. 그때의 시험관이 실학자 이가환(李家煥)으로 당시 서양에 대한 글을 읽는 관리들이 많았다는 것을 알 수 있다.

정약용은 동양의 기본 사상인 오행설 즉 별이나 해와 달의 움직임이 인간사에 영향을 준다는 것을 단호히 부정하고 풍수지리 사상도 배격했다. 그는 공자나 맹자가 이를 따르지 않았음에도 유학자들이 이를 따르는 것부터가 잘못이라고 말했다. 더불어《주역》의 내용을 기본적으로 이해하지만 점치는 일만은 반대했다. 따라서 사주를 이용해 점을 친다는 것은 말이 안 된다고 신랄하게 비판했다. 매일매일 날짜에 간지를 붙이기 시작한 것은 한나라 무제(武帝) 때부터인데 시대에 따라 달력 만드는 방법이 바뀌었고 어느 방법을 쓰느냐에 따라 한 달의 길이도 30일과 29일이 바뀐다고 지적했다. 따라서 어느 역법을 따르느냐에 따라 공자나 항우의 사주가 바뀐다는 것을 감안해 볼 때 이를 믿을 수 없는 것은 당연하다고 주장했다.

어렸을 때 천연두를 앓았던 정약용은 천연두 예방법인 우두에 남다른 관심을 갖고《마과회통》이란 책을 썼다. 그는 6남 3녀를 두었는데 그 중 4남 2녀가 일찍 죽었다. 이들 중에 천연두로 죽었을 가능성도 있어 정약용이 우두에 상당한 관심을 보였다고 추측할 수 있다.

정약용은 전 생애 동안 위기에 처한 조선의 문제점을 파악하여 개혁하고자 했는데 개혁을 현실적으로 이루려면 명확한 근거가 있어야 한다고 생각했다. 이를 위해 선진 기술을 습득하여 도입해야 한다는 주장을 굽히지 않았다.

그가 유배 과정에서 불교와 접촉했고, 유배에서 풀려난 후에는 다시 서학에 접근했다는 것도 자신의 생각을 보다 구체적으로 완성시키려는 탐구정신의 일환으로 보인다.

정약용의 정치관은 기본적으로 민본(民本)이었다. 한마디로 정약용은 당시 사회에 대한 성찰을 통해서 실학사상을 집대성했던 조선 후기 사회의 대표적 지성이었다.

정약용 개인으로 볼 때 18년이라는 장기간의 유배는 상당한 고통의 시간이었음에 틀림없지만 18년이라는 긴 시간을 낭비하지 않고 조선을 구하기 위한 구상에 모든 정열을 쏟았다는 것은 후손들로서는 고맙지 않을 수 없다. 단지 조정에서 정약용 등 당대의 신지식인들의 의견을 제대로 청취하여 현실에 접목했더라면 우리나라가 좀더 근대화를 빨리 이루고, 좀 더 발전하지 않았을까 생각하면 아쉬운 것도 사실이다.

화성성역의궤(華城城役儀軌)

1794년(정조 18) 1월부터 1796년(정조 20) 8월까지 진행된 화성(華城) 축조에 관한 내용을 기록한 보고서로 1801년(순조 1) 김종수가 편찬했다. 10권 9책 667장의 방대한 양으로 크게 권수, 본편, 부편으로 구성되었다. 그 내용 중에는 공사에 사용되었던 기계들이 그림과 함께 설명되어 있다.

유형거(游衡車)

적은 인원으로 무거운 짐을 쉽게 운반하도록 고안된 수레. 짐을 싣고 운반하는 데 편리할 뿐만 아니라 짐을 싣고 경사지를 올라갈 수 있도록 설계되었다. 바퀴에 복토를 달아 짐을 싣는 판자가 항상 평형을 유지하게 하는 등 운반과정에서의 편의성과 안정성을 고려해 제작되었다.

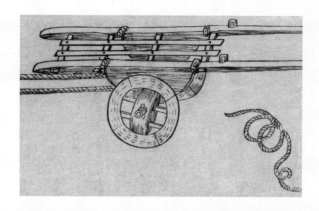

복토(伏兎)

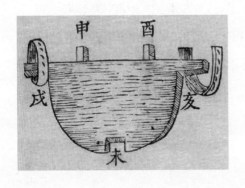

화성성역공사를 위해 특별히 고안된 유형거의 바퀴와 차상을 연결하는 부품. 반원형 모양으로 아래로는 굴대가 연결되고 위로는 차상을 떠받는다. 바퀴로부터 차상을 들어올려 바닥에 장애물이 있어도 원활하게 운행될 수 있도록 고안되었다.

대거(大車)

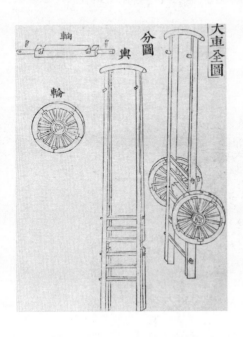

물건을 실어나르는 큰 수레. 화성성역공사에서 8대를 새로 만들어 사용했는데 성벽과 홍예문을 쌓는 장대석, 선단석, 홍예석, 돌기둥, 청판석 등과 아름드리 재목 등을 운반하는데 사용했다. 수레 한 대에 소 40여 마리가 끌 정도로 매우 큰 수레였다. 대형 재료를 운반할 때는 어쩔 수 없이 사용했으나, 기동력을 필요로 하는 작은 짐을 운반할 때는 동거가 더 효율적이었다.

평거(平車)

물건을 실어나르는 보통 크기의 수레. 대거에 비해 크기가 작은 수레로, 중간 크기의 돌이나 목재를 운반하는 데 사용하였다. 평거가 사용된 공사는 화성성역 공사가 유일한데 총 64량이 사용되었다. 많으면 10마리, 적으면 4~5마리의 소가 끈다.

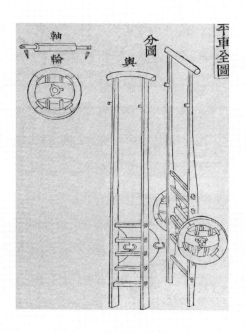

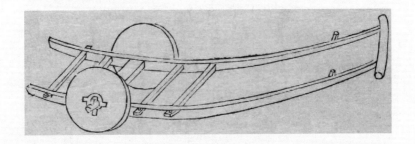

발거(發車)

물건을 실어나르는 작은 수레. 발거는 평거보다 훨씬 작은 수레이다. 바퀴는 동거처럼 바퀴살이 없이 둥근 통나무로 만들었다. 짐이 놓이는 평틀 부분은 대거와 유사하나 끌채 부분이 곧지 않고 위로 휘어져 들려 있는 점이 다르다. 바퀴가 낮아 소에 멍에를 걸기 위해서 끌채 부분을 높였다. 소 한 마리가 끌었으며 작은 돌을 날랐다. 화성성역 공사에서만 사용되었으며 새로 2량(輛)을 만들었다.

동거(童車)

작고 기동력 있는 운반용 수레. 화성성역 공사에서는 192량을 만들어 사용했는데 다른 수레에 비해 가장 많이 제작되었다. 물건을 실을 수 있는 나무 방틀을 만들고 네 귀퉁이에 통나무 바퀴를 달았으며 끌채가 따로 없기 때문에 방틀의 가로대에 끈을 달아 사람이 끌 수 있도록 했다. 주로 평지에서 돌과 기와 등을 나르는데 사용했으며 장정이 끌고 밀며 움직였다.

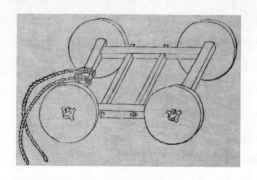

륜(輪)

유형거에 부착하는 바퀴. 그동안 수레에 달았던 방사선 모양이나 통나무를 그대로 사용하는 바퀴와는 다른 구조이다. 모두 일곱 개의 부재로 이루어져 있는데 부재마다 12간지를 붙여 자세히 설명하고 있다. 바퀴는 4개의 부재를 붙여 원을 만들었는데 쪽매이음으로 했다.

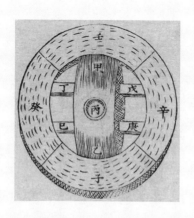

녹로(轆轤)

돌이나 목재 등 무거운 짐이나 건축 부재를 들어올릴 수 있는 장비. 긴 장대 2개를 비스듬히 세워 끝에 도르래를 달고 지면에는 나무로 틀을 짜 장대를 고정한 것이다. 지면의 나무틀에는 물레를 설치하여 장대 끝에 달려 있는 도르래와 연결된 끈을 감아 당김으로써 물건을 들어올린다. 화성성역에서는 2개의 녹로가 만들어져 사용되었다. 거중기가 화성성역에서만 사용된 데 비해 녹로는 이후에도 널리 사용된 것으로 보아 건축공사에 좀 더 효율적이라 할 수 있다.

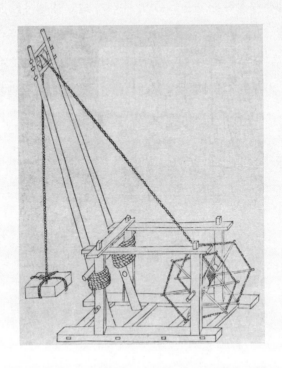

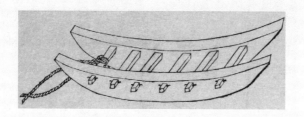

설마(雪馬)

건축 재료를 운반하는 기구인 썰매. 배처럼 생긴 1.5~2미터의 판재 2개를 나란히 놓고 그 사이에 길이 70~80센티 정도의 가로재 6~7개를 나란히 끼워 만든다. 썰매 밑은 둥글게 하고 양끝은 위로 들렸다. 구르는 것이 아니라 마찰에 의해 끄는 것이기 때문에 장거리 이동에 부적합하고 빙판 위에서의 이동에 적합하다. 화성성역 공사에서 9개를 만들어 사용했다.

구판(駒板)

건축 재료의 운송 도구. 끌개의 일종으로 2개의 널판을 붙여 전면

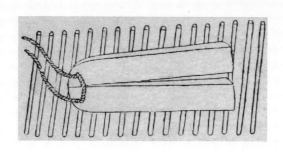

을 말발굽처럼 둥글게 다듬고 밑을 깎아내 각각 구멍 하나씩을 뚫고 동아줄로 서로 꿰매어 하나로 묶었다. 판재 아래에는 산륜(散輪)이라고 하는 둥근 통나무를 깔아 쉽게 끌리도록 했다.

〈출처〉《화성성역의궤》
〈참조〉규장각 한국학연구원

08장

백과사전식
지식을
전파하다

서유구, 1764년(영조 40)~1845(헌종 11)

조선 후기의 문신, 실학자. 자는 준평(準平), 호는 풍석(楓石). 농업 분야에 깊은 관심을 가지고 농업기술과 방법 등을 현실 속에서 연구하여 농업 위주의 백과전서라고 할 수 있는 《임원경제지》를 저술하였다.

서유구

徐有榘, 1764~1845

....

조선의 브리태니커《임원경제지》저술, 유배를 자청

2013년에 국립수산과학원은 근대 수산학의 태두인 정문기 (1898~1995) 박사를 '수산과학인 명예의 전당'에 최초로 헌액했다. 또 수산과학 발전에 선구적인 역할을 한 특별 헌액 대상자로《자산어보》의 저자 정약전,《우해이어보(牛海異魚譜)》의 저자 김려(金鑢, 1766~1821)와 함께 서유구를 선정했다. 정약전과 김려는 어보 출간으로 수산과학에 기여한 사람으로 잘 알려져 있지만 서유구가 수산과학인이라니 다소 의아할 수 있다. 그런데 풍석 서유구가 개인 저술로는 가장 방대한 조선 후기의 대백과사전《임원경제지》를 편찬한 사람이라면 수긍이 간다.

여기서 질문! "정조의 총애를 받았고, 당대 최고 엘리트였으며, 18년의 정치적 유배기를 거쳤고, 유배 중에 대작을 저술했으며, 조선의 융성을 위해 노심초사한 사람이 누구?"

많은 사람이 곧바로 정약용을 떠올릴 것이다. 그런데 서유구도 꼭 그랬다. 서유구는 초선 최고의 지식인 다산 정약용과 쌍벽을 이루는 실학자 중 한 명이다.

정약용은 조선 후기 최고의 스타 지식인이었지만 서유구는 조선의 무명 지식인이다. 서유구가 다산보다 두 살 아래다. 후대 사람들에게 다산은 화려하게 조명 받은 데 비해 서유구는 너무하다 싶을 만큼 가려져 있었다. 서유구는 《조선왕조실록》에 64회,《일성록》에 505회,《승정원일기》에 1273회, 규장각 일지인《내각일력》에는 무려 2788회나 그 이름이 언급되고 있다. 반면 정약용은 《조선왕조실록》에 38회,《일성록》에 189회,《승정원일기》에 609회,《내각일력》에는 261회가 언급되어 있다. 정부 기록에 많이 실렸다고 더 훌륭한 사람이라는 주장은 어폐가 있겠지만 서유구가 당시 조정에서의 활동이 두드러졌다는 것을 단적으로 말해주는 것이다.

서유구가 걸은 길이 정약용과 같을 수는 없다. 하지만 그를 다산과 비교하여 설명하는 것이 이해를 돕는 데 편리하므로 많은 부분을 정약용과 대비하여 설명해본다.

과거 1년 선배 정약용

서유구(徐有榘, 1764~1845)의 본관은 달성(達城), 자는 준평(準平), 호는 풍석(楓石)이고, 이조판서를 지낸 서호수(徐浩修, 1736~1799)와 한산 이씨의 둘째 아들로 태어났다. 증조부는 판서 서종옥

풍석 서유구 초상

(徐宗玉)이고 할아버지는 대제학을 지낸 서명응
(徐命膺)이다.

할아버지 서명응은 영·정조대의 명망 있는
학자 관료로 영조 대부터 대사헌, 황해도 관찰
사, 한성판윤 등을 지냈고 영조의 명으로 악보
를 수집하여 《대악후보(大樂後譜)》를 간행했다.
주역과 역학에 통달했고 천문, 지리, 농업, 언어
등 다양한 방면에 저술을 남겼으며 실학 연구에
전력한 북학파의 비조(鼻祖)로 평가받는다. 특
히 그의 저서를 정리한 총 60권의 《보만재총서》는 정조로부터 '조선
400년 동안에 이런 거편(巨篇)은 없었다'라는 최고의 찬사를 받기도
했다. 정조는 서명응에게 '보만재'라는 호를 친히 하사했다.

아버지 서호수 또한 실학자로 명성이 높았다. 특히 천문학 분야에
서 많은 업적을 남겼으며 농학 분야에도 관심을 기울여 조선 농학
을 기본으로 중국 농법과 서양식 수차 등에 관해 쓴《해동농서(海東
農書)》를 저술했다. 한마디로 서유구는 당대 최고 명문가의 자손이
었다.

서유구는 1790년(정조 14) 증광문과에 병과로 급제, 외직으로 군
수와 관찰사를 거쳤다. 내직으로는 대교(待敎), 부제학, 이조판서, 우
참찬을 거쳐 홍문관 부제학에 이르렀다.

정약용이 서유구의 과거시험 1년 선배이다. 요즘 말로 다산은
1789년에 급제한 89학번으로 60명 중 2등, 풍석은 정약전과 함께
1790년에 급제한 90학번으로 46명 중 24등이었다. 두 사람 모두 직

서유구徐有榘

부전시(直赴殿試) 특별전형의 명을 받았는데, 직부전시란 중간 절차를 생략하고 곧장 과거 시험에 응시하라는 왕명이다. 왕이 직접 과거에 응하라고 했을 정도면 사전에 수험생에 대한 상당한 정보를 갖고 있었다는 뜻으로 급제는 따 놓은 당상이다. 과거에 급제 후 정약용과 서유구 모두 곧바로 초계문신(抄啓文臣)이 되었다는 점도 똑같다. 초계문신이란 규장각에 특별히 마련된 교육·연구 과정으로 정조의 최측근 문신 집단이다.

다산과 풍석의 가장 큰 차이점은 가문의 위상이 다르다는 점이다. 엄밀한 의미에서 정약용은 번듯한 가문 출신이 아니다. 반면 서유구는 영남 최대 문벌 중 하나인 달성 서씨의 후손이다. 서유구는 명문 양반가의 자제답게 매사에 신중했기에 큰 어려움에 봉착한 적이 없지만 다산은 '문제적 천재'였다. 말하자면 서유구는 딱히 다른 이의 원성을 산 적이 없는 '모범생' 그 자체였다.

가문의 핸디캡이 있었음에도 초창기 다산의 승진 속도가 풍석보다 빨라 고위직인 정3품 당상관 품계를 5년 먼저 받았을 정도이다. 그러나 정조의 총애는 두 사람에게 차별이 없었다. 왕권을 공고히 하려는 생각을 갖고 있었기에 정조는 신하들을 차별하지 않았다.

정조는 집권 초부터 젊은 문신 양성의 일환으로 '경사강의(經史講義)'라는 소위 재교육 프로그램을 실시했다. 이 중 시경(詩經)을 분석하는 '시경강의'에 두 사람이 동시에 참여했는데 이 시경강의는 16년 동안 25회에 걸쳐 실시했을 정도로 중요한 강의였다. 정조는 시경강의에 590건의 문제를 출제하여 신하들로 하여금 답을 제출케 했는데 당시 두뇌집단이라고 할 수 있는 초계문신에게 처음에는 40일

의 말미를 주었다가 20일을 연장할 정도로 문제들이 어려웠다. 초계
문신으로 선발되면 왕의 신임을 한껏 받는다는 뜻도 되지만 왕이 낸
숙제에 대한 답안을 써내야 했으므로 그야말로 혹독한 강행군이 아
닐 수 없다. 정약용도 훗날 이때가 가장 어려운 시기였다고 고백했을
정도다.

정조의 문집 《홍재전서》에는 그 중 579개의 문제와 제출된 답이
적혀 있다. 당시 정조의 질문에 답안을 제출해야 하는 신하가 18명
이므로 1인당 32문제 꼴로 제출된 셈이다. 그런데 18명 중에서도 답
안 작성에 격차가 생기게 마련인데 채택률은 풍석이 단연 으뜸이었
다. 풍석의 답안은 총 181개로, 전체의 31.3%를 차지했다. 시작과 끝
문제의 답안 역시 풍석의 것이었다. 다산의 답안은 총 117개가 실려
20.2%를 차지하므로 다산의 것도 결코 적은 비중이 아니나 풍석의
월등함에 비하면 빛이 바랬다.

정조의 최측근 문신들의 시경강의는 다산과 풍석 두 사람에게 가
장 중요한 커리어라고 할 수 있는데 다산은 후일 그의 인생에서 가
장 빛나던 시절로 시경강의를 꼽았다. 정조가 정약용에 대해 다음과
같이 평을 했는데 다산은 두고두고 이를 활용했다.

'백가(百家)의 말을 두루 인용하여 그 출처가 무궁하니, 진실로 평
소의 온축이 깊고 넓지 않다면 어찌 이와 같을 수 있으랴.'

정약용은 정조의 이 말을 얼마나 자랑하고 싶었으면 자신이 남긴
《시경강의》 서문을 비롯해 스스로 쓴 묘지명, 형 정약전은 물론 아

서유구徐有榘

들에게도 되풀이했다. 또 자신의 답안이 최고였다고 자랑하기도 했다. 하지만 정작 압도적으로 정조에게 인정받은 사람은 다산이 아니라 서유구였다. 정조는 정약용에 비할 차원이 아닐 정도로 서유구에게 호평을 했다.

'책을 열자 바로 개안하는 느낌이다.'
'근거가 분명하고 충분하며 언어가 알맞고 정연하여 고도의 전문성을 갖춘 이에게서 나온 것임을 알 수 있다.'

서유구는 총 6번이나 정조의 평을 받았다.
다산은 서유구보다 나이도 2살 많고 과거에서도 선임자인 데다 여러 면에서 탁월한 재능이 있어 서유구보다 항상 앞서 갔다. 그런데 문제는 다산이 천주교로부터 자유롭지 못하다는 점이다. 정조 재위 중에는 그럭저럭 천주교 사건이 무마되었지만 정조가 사망하자 상황은 180도로 변한다. 정조의 특별 총애를 받았다는 것이 오히려 족쇄가 되어 다산은 유배에 처해진다. 이 사건으로 인해 서유구는 비로소 정약용을 제치며 승승장구한다. 서유구는 천주교와 아무 관련이 없었다.
다산이 유배를 가고 5년 뒤인 1806년 '경사강의'를 공동으로 집필했던 작은아버지 서형수가 우의정이었던 '김달순 사사(賜死)' 사건에 연루되어 귀향을 가면서 서유구의 가문도 흔들리기 시작했다.
서유구와 과거시험·초계문신 동기인 김달순은 정조 사후에도 승승장구하여 전라도관찰사, 이조·병조·호조판서 등을 역임하고 우의

정에까지 오르는 등 관운이 좋았다. 그런데 우의정이 된 김달순이 경연(經筵, 왕이 학문과 기술을 강론, 연마하고 신하들과 함께 국정을 논의함) 자리에서 사도세자 추승(推陞, 지위를 높여줌)을 주장했던 영남만 인소 사건의 주모자를 처벌하자고 건의했다. 이 발언에 순조는 충격을 받았지만 별 탈 없이 마무리되는 듯했다.

그러나 형조참판 조득영(서유구, 김달순과 함께 초계문신)이 김달순을 공격하고 나서면서 사건이 확대되었다. 영의정 서매수가 경연 자리에서 김달순의 의견에 동조했다는 이유로 축출되었고 서유구의 숙부 서형수도 동조자로 지목되어 홍양현으로 유배당했다. 이 사건으로 안동 김씨가 세도를 잡게 된 결정적인 계기가 되었다.

당시 순조는 온통 이 일 때문에 시달렸는데 서유구는 사건이 확대되기 전에 사퇴 의사를 밝혔다. 어쨌든 사건은 계속 이어져 김달순은 2월 초 유배형을 받았다가 4월에 사사되고 서형수가 4월에 추자도로 유배되자 서유구는 만사를 제치고 낙향했다.

숙부 서형수와 재종숙부 영의정 서매수가 정계에서 축출되자 연좌제를 우려한 서유구의 형 서유본(《규합총서》의 저자 빙허각 이씨의 남편)은 음보(蔭補, 순조의 덕으로 벼슬을 얻음)로 임용된 하급직 동몽교관(童蒙敎官)을 사직했고, 형보다 직위가 높았던 홍문관 부제학 서유구도 재빨리 낙향해버린 것이다.

다행히 할아버지 서명응은 1787년에, 아버지 서호수는 1799년에 이미 사망했고 서유구와는 직접적인 연관이 없는 사건이었으므로 자발적인 사퇴형식으로 마무리되는데 이때 그의 나이 43세였다. 여하튼 서유구에게까지 불똥이 튀지는 않았지만 그가 1824년 정계에

서유구徐有榘

복귀할 때까지 무려 18년 동안 자청하여 유배 아닌 유배 생활을 한다. 18년은 정약용의 유배기간과 똑같다.

정약용과 서유구의 다른 길

억울하게 유배지에 갇힌 다산 정약용, 그리고 죄는 없지만 죄인을 자초하며 낙향한 풍석 서유구. 누가 더 불우한가를 따져볼 때 풍석의 고단한 생활은 다산에 비할 바가 아니었다. 다산이 강진에서 비록 가족을 만나지는 못했지만 많은 사람들과 교유하면서 큰 어려움 없이 대표작인 《목민심서》, 《흠흠신서》 등을 저술한 반면 서유구는 할머니, 어머니를 모시고 자식을 건사하며 가계를 책임져야 했다. 그것은 서유구 자신의 말대로 '재야로 내쳐지면서 하루아침에 떠돌이가 되었'기 때문이다. 낙향 직전까지의 직책이 홍문관 부제학일 정도로 고위 관료였던 그가 경기도 이곳저곳을 옮겨가며 직접 논밭을 갈고 땔감을 구해오고 물고기를 잡으며 겨우겨우 먹고살아야 하는 빈곤한 처지로 몰락한 것이다.

궁핍한 생활은 그의 글에서도 배어나온다. 가난할 때 끼니를 해결하는 요령을 간절하게 기록해 놓았는데, 이웃이 파종할 곡식을 빌려다 먹는다든가 세간살이를 저당 잡혀 양식을 구하는 대목도 있다. 날씨가 추워 하인을 불러 뒷산에서 나무를 해와서 아궁이에 불을 때라고 했지만 남의 산이라 하인이 눈치를 보고 나무를 주워왔는데 한움큼도 되지 않았다고 적었다. 한겨울에도 장작불조차 땔 수 없는 처지가 된 것이다.

이때부터 두 사람의 길은 판이하게 갈린다. 다산은 유배기간 동안 기본적으로 유학의 정통 분야인 경학과 경세학(經世學)에 몰두했다. 조선 유학자의 지향점을 요약하면 수기(修己)와 치인(治人)이다. 수기는 자신의 몸과 덕을 수양하는 일이고, 치인은 백성을 다스리는 일이다. 수기는 치인을 위한 인문학적 토양이고, 치인은 자기수양의 경세론적 확장이다. 다산은 61세에 자신의 학문을 이렇게 정리했다.

'육경(六經)과 사서(四書)로 자기 몸을 닦고, 1표(表)와 2서(書)로 천하·국가를 다스리니, 본말을 갖추었다.'

육경과 사서는 경학이고 수기의 세계다. 1표는 《경세유표》를 의미하며 2서는 《목민심서》와 《흠흠신서》로 치인의 영역이다. 다산의 저서는 경집(經集) 232권, 1표 2서를 포함해 문집 260여 권으로 총 500권이나 된다. 다산이 꿈꾸는 미래는 조선의 제도를 개혁하는 일이었다.

반면 서유구는 파주 장단 등지로 낙향한 후 정약용과는 달리 경학과 경세학을 철저히 외면했다. 경학을 해봐야 옛 사람의 고리타분한 이야기 나열에 지나지 않고 경세학을 해봐야 결국 '흙 국'이나 '종이 떡'처럼 공허한 말장난에 불과하다고 생각했기 때문이다.

그래서 그가 택한 길은 지식인이라고 자부하지만 무능하기 짝이 없는 당대의 사대부들에게 필요한 잡학 지식을 알려주는 것이다. 이를 위해서는 어느 전문 분야에 국한된 것이 아니라 각자에 맞는 백

서유구徐有榘

과사전식의 정보를 제공하는 것이 최선이었다. 그런 목적으로 저술된 것이 《임원경제지(林園經濟志)》이다. 이 책에서 그는 농학, 천문학, 공학, 수학, 요리, 의학, 어업, 예술, 상업 등 총 16분야를 경학과 경세학의 언어를 빌리지 않고 113권으로 마무리했다. 분야는 다양하지만 주제는 하나다. '농촌에 살면서도 세상물정을 모르고 소위 잘난 척하는 사대부들의 생각을 일깨워 자립적인 삶을 돕게 하는 것'으로, 한 마디로 '조선의 지식인 사대부들의 일상을 개혁한다'는 생각이다.

그런데 정약용과 서유구의 인생 2막은 극과 극으로 갈린다. 서유구는 자발적 유배기간을 청산한 후 1824년 정계에 복귀한 반면 다산은 해배된 후에도 야인으로 일관했다. 그러면서도 여전히 경학과 경세학에 몰두했다. 조정에서 불러주지는 않았지만 언제라도 국정에 참여하겠다는 의미였다.

서유구가 낙향하게 된 직접적인 원인 제공자였던 숙부 서형수는 전라도 추자도로 유배되었다가 내륙 임패현으로 이배(移配)되는데 이는 죄를 감면하기 위한 사전 조치다. 예상대로 얼마 후 조정에서 서유구를 정3품 당상관인 도정(都正)으로 불러들인다. 환갑을 1년 앞둔 때였다. 1년 뒤 서형수가 사망하자 순조는 도류안(徒流安, 죄인 명부)에서 그의 이름을 지우도록 했다. 죄를 사면시킨 것이다.

이후로 서유구는 15년 동안 고위직을 두루 거치면서 1839년 76세로 퇴임한다. 그동안 그가 역임한 관직은 승지, 강화도 유수, 사헌부 대사헌, 형조판서, 예조판서, 호조판서, 전라도관찰사, 이조판서, 병조판서, 수원부유수 등 정3품에서 종1품까지 내·외직을 두루 거쳤는데 3정승과 대제학까지 오르지는 못했지만 육조 판서를 빠짐없이 지냈다.

정약용은 〈자찬묘지명〉을 1822년에 썼고 서유구는 1842년에 〈오비거사생광자표(五費居士生壙光自表)〉라는 다소 긴 이름의 묘지명을 썼다. 다산의 묘지명은 분량이 매우 많다. 주요 개인사를 모두 적었고 저술 체계에 대해 상세히 서술했는데 글자 수가 자그마치 1만2316자나 된다. 정명헌 박사는 다산의 묘지명이 국내에서 가장 긴 것으로 추정했다.

이와 대조적으로 서유구는 평생을 다섯 시기로 구분하여, 그 시기를 모두 허비했다며 반성으로 일관한다. 서유구는 복권되어 육조판서를 두루 역임할 정도로 예전의 영광을 되찾았지만 그의 개인적인 처지는 매우 불우했다. 일찍이 부인과 사별했고 책을 저술하는데 절대적인 힘이 되어주었던 외아들 서우보는 《임원경제지》가 완성되던 해에 죽었다.

복권되어 고위직 인사가 된 후에도 서유구가 얼마나 열악하게 살았던지 평생을 걸쳐 작성한 대작 《임원경제지》조차 발간할 수 없었다. 그는 복권된 지 3년 후인 1827년 무렵 《임원경제지》를 완성했지만 막상 책을 맡아 보관할 자식도 아내도 없으니 한스럽기 그지없다고 적었다. 풍석은 자신의 처지를 한탄하며 힘들여 《임원경제지》를 만들었더라도 발간하지 못했으므로 40년에 걸친 공이 결국은 허사였다고 자조했다. 스스로를 '오비거사(五費居士)'라고 부른 이유이다. 오비거사란 인생에서 5가지를 허비했다는 뜻이다. 서유구의 묘지명 〈오비거사생광자표(五費居士生壙光自表)〉에서 '생광'은 '죽기 전에 미리 만들어 놓은 무덤'을 말하며, '자표'는 묘비 글을 자신이 썼다는 뜻이다.

여기서 흥미로운 사실은 당대의 경쟁자로 18년간 유배생활을 한 다산은 관직에 복귀하지 못했음에도 거의 회고록 수준의 긴 묘지명을 쓴 반면, 서유구는 조정에 복귀해 육조판서로 승진할 정도로 명예를 되찾았음에도 반성문 같은 묘지명을 작성했다는 점이다. 서유구로서는 복권되었다는 사실 자체에 큰 의미를 두지 않았음을 엿볼 수 있는데, 이는 스스로 자청한 유배 기간 동안 너무나 열악하게 살았기 때문이 아닌가 싶다.

조선의 브리태니커 《임원경제지》

'나라에는 여섯 가지 직분이 있다. 공업이 그 중 하나를 차지하는데, 우리나라는 공업기술이 이미 제 방법을 잃어버렸다. 여섯 가지 직분이 모두 비어 있다. 씨 뿌리고 쟁기질하며, 다지고 고무래질 하는 방법을 강구하지 않아 밭 갈고 씨 뿌리는 데 기준이 없으며, 용골(龍骨)이나 옥형(玉衡) 같은 수차를 강구하지 않아 가뭄과 홍수를 대비하지 못하니 농부의 직분이 빈 것이다. 누에 칠 때 퇴가(槌架)를 쓰지 않아 고치가 더러워지고, 고치 켤 때 물레의 모양을 갖추지 못하여 옷감 짜는 것이 비뚤고 얇으니 아녀자의 직분이 빈 것이다. 수레가 나라에 다니지 못하여 둔한 말들이 모두 병들고 배에 방수처리를 하지 않아 짐을 썩히는 일이 끝이 없으니 상인의 직분이 빈 것이다. (…) 사대부들이 앉아서 도를 논한다고 하면서 논하

는 것이 도대체 무엇인지, 일어나 행한다고 하면서 행하는 것이 도대체 무엇인지를 나는 모르겠다.'

위의 글은 서유구가 조선 최대 실용학문의 집결체로 알려진 《임원경제지》에서 자신이 살고 있는 시대에 대해 통렬하게 비판한 내용이다. 그의 표현에 의하면 조선시대 삶의 수준은 그야말로 조악하기 짝이 없다. 어느 분야든 번듯한 데가 없다. 농사면 농사, 건축이면 건축, 섬유면 섬유 등을 보면 한심해도 그렇게 한심할 수 없다는 설명이다.

그는 조선의 백성이 그처럼 열악한 삶에서 벗어나지 못하는 데는 전적으로 사대부에게 책임이 있다고 꼬집었다. 조선시대의 사대부라면 백성을 다스리는 계층이다. 따라서 백성이 사대부를 먹여 살려야 한다는 것이 당시의 보편적인 정치 인식이다. 그러므로 사대부의 일은 정치를 통한 백성 교화에 있으며 그 외의 일은 전부 일반 백성의 일이라고 떠넘겨 버리는데 이것이 틀렸다는 것이다.

서유구가 가장 한탄한 것은 사대부들이 농업 기술에는 전혀 관심이 없다는 점이다. 공업 기술에도 전혀 마음을 두려 하지 않고, 굶어 죽을지언정 장사에는 손을 대지 않으려 한다. 부모와 처자식이 굶고

서유구徐有榘

추위에 떨어도, 처자식의 신세한탄 소리가 아무리 귀를 긁어도 아랑곳 않고 고상하게 성리(性理)를 논하는 자가 사대부라는 것이다.

조선의 지식인에 대한 서유구의 비판은 여기서 그치지 않는다. 몸은 타성에 젖어 손 하나 까딱 않고 메뚜기처럼 양식만 축내고, 땀을 뻘뻘 흘리며 일하는 농부들을 감독한다면서 술병을 옆에 낀 채 호의호락하려는 것이 양반들의 일상이었다. 한마디로 밥도둑일 뿐이라는 지적이다. 하인들을 감독하고 농사를 제대로 시키려면 농사에 대해 알아야 하는 것이 기본이다. 그러나 과거부터 사용해오던 비효율적인 연장으로 농사를 짓고 있으니 농업의 효율은 당연히 나빴다. 지식인들이 각성해 풍부한 원자재를 잘 활용해서 좀 더 효율적이고 편리한 기계를 만들 수도 있을 텐데 도무지 그런 일을 하려 하지 않으니 이런 자들을 어떻게 백성을 다스리는 사람으로 봐줄 수 있겠는가, 라며 날카롭게 지적했다.

그는 사대부들이 칼만 안 들었을 뿐 날강도라고 생각했다. 이런 상황에서는 가난한 나라가 되는 것이 뻔한 이치인데 당시 양반계층에서 이런 백수들이 적어도 50% 정도는 된다고 했다. 서유구의 고발은 여기서 그치지 않는다.

서유구는 명문가 출신으로 소위 기득권층이다. 40대 초반에는 당대의 천재 정약용과 앞서거니 뒤서거니 했고, 정약용이 천주교로 곤욕을 치를 때 그를 추월해 출세가도를 달리던 인물이다. 그러나 안동 김씨에 의한 외척들의 세도정치가 시작되면서 집안이 풍비박산되자 한순간에 모든 것을 잃을지 모른다는 생각에 서유구 형제는 낙향하여 몸을 낮추고 살았다. 그 세월이 무려 18년이다.

국립수산과학원이 '수산과학인 명예의 전당' 특별헌액 대상자로 서유구를 선정하면서 《난호어목지(蘭湖漁牧志)》 집필을 그 이유로 꼽았다. 어류학에 관한 책으로 그가 낙향해 궁핍한 생활을 하는 동안 물고기를 직접 잡은 경험에서 나온 결실이다.

농촌에서의 18년 낙향 생활은 서유구로 하여금 당시 조선 실상을 제대로 보는 안목을 키워주었다. 그가 농업에 남다른 집착을 가진 것도 할아버지 서명응 때부터 3대째 내려오는 가학(家學)인 '조선의 농업 경제학'과 '향촌과 시골마을에 사는 사람들에게 반드시 필요한 일' 즉 농사와 의식주 등 일상의 경제생활에 필요한 실용학문을 집대성해야 한다는 신념이 있었기 때문이다. 하지만 이론이 아닌 그가 몸소 체험하면서 목격한 현실은 완전히 다른 세상이었다.

당시 사대부들은 농업을 천시했다. 밭을 갈며 책을 읽는 옛 선비들의 전통은 사라지고 사대부는 공부만 하는 존재로 인식되어 있었다. 서유구는 이 점을 꼬집었다. 놀고먹는 사대부들이 생산 현장에 뛰어들어야만 선비정신도 지키면서 조선의 많은 문제점들을 해결할 수 있다고 지적했다.

통렬한 자기 반성

서유구는 18년 간의 자발적 유배생활을 통해 관직에서는 결코 알 수 없는 새로운 시각으로 세상을 바라보게 된다. 양반이라도 자립적인 삶의 기반을 마련하는 법을 터득하고 있어야 한다는 것이

서유구徐有榘

다. 자립(自立), 즉 스스로의 힘으로 먹고 사는 일은 당시 사대부에게 결코 달갑지 않은 일이었다. 오로지 경전의 지식으로 권력을 획득해 백성들 위에 군림하는 것이 자신들의 사명일 뿐, 먹을 것을 스스로 생산한다는 것은 사대부의 체통은 물론 조선의 정통 이념을 흔드는 일이라고 생각했다. 내 몸을 움직여 생계를 유지해야 한다는 파격적인 발상은 당대의 사대부들은 상상조차 할 수 없는 일이다. 농사가 생활의 근본이라는 사실을 모르지 않지만, 그 근본을 자신이 쌓고 싶어 하는 신지식인은 거의 없었던 것이다.

　서유구 자신도 잘나가던 정통 관료였지만 막상 낙향해서 보니 향리에서 큰소리치는 양반들을 보면 한심하기 짝이 없었다. 그는 사대부들이 세상에 아무런 공헌도 하지 않고 밥만 축내고 있다면서 최소한 이들이 농업·기술 서적으로 공부 좀 하라고 일침을 놓았다. 도구를 개량하고 기술을 적극적으로 활용하는 데 조금이라도 마음을 쓰라는 것이다. 효율을 높일 수 있는 기술을 개발하면 퍼트리려 애쓰지 않아도 저절로 알려지게 될 터인데 이런 노력은 광대보다 머리가 좋은 사대부들이 하면 더욱 효율적이라고 지적했다.

　서유구가 이렇게 신랄하게 지적할 수 있었던 것은 정통 관료로서 일한 경력과 농촌에서의 체험이 있었기에 가능했다. 그는 조선이 한심한 상황에서 벗어나기 위해서는 사대부들이 농업과 공업, 상업을 천시하지 않는 발상의 전환이 필요하다고 역설했다. 이같이 역설한 것은 자신이 쓴 책을 읽을 사람은 선비여야 가능하다고 생각했기 때문이다. 글도 읽을 줄 모르는 백성들에게 멀리 보는 사고를 가지라고 할 수는 없는 일이다. 서유구는 《임원경제지》를 통해 재야에서 주경

야독하는 선비에게 필요한 지식과 정보를 제공하겠다고 생각해 총력을 기울여 책을 썼다. 서유구는 《임원경제지》의 '예언(例言)'에서 책을 저술하게 된 동기를 다음과 같이 적었다.

'사람이 살아가는 데 있어 나아가 벼슬하고, 물러나 거처하는 두 가지 길이 있다. 세상에 나아가 벼슬할 때는 백성들에게 혜택을 주어야 하고 물러나 거처할 때는 스스로 의식주에 힘쓰고 뜻을 길러야 한다. 세상을 다스리기 위해서는 정치와 교화가 필요하기 때문에 그에 관한 서책은 헤아릴 수 없이 많다. 그러나 향촌으로 물러나 거처하면서 자신의 뜻과 생업을 돌볼 수 있는 서적은 거의 없다. 우리나라에서는 겨우 《산림경제》 한 책을 찾아볼 수 있으나 이 책은 군더더기가 많은 데다 채록한 내용도 협소하여 이것을 흠으로 여긴 사람이 많았다. 그러므로 나는 향촌과 시골에 널리 흩어져 있는 모든 서적을 두루 모아 서책을 저술하기로 했다.'

《임원경제지》는 16개 부분으로 된 대작으로 《임원십육지(林園十六志)》 또는 《임원경제십육지》라고도 한다. 이 책은 일상생활에서 긴요한 일을 살펴보고 이를 알리고자 하여 《산림경제(山林經濟)》를 토대로 우리나라와 중국의 저서 900여 종을 참고하고 인용하여 엮어낸 농업 중심의 백과전서이다. 유배 18년(1806~1824) 동안 아들 서우보(徐宇輔)의 도움을 받으며 113권 52책 250만 자에 이르는 '조선의 농업과 일상생활의 경제학'의 집대성이라 할 수 있는 방대한 저술로, 18세기 말 조선 농업의 실상을 한눈에 파악할 수 있는 역작이다.

서유구가 이와 같이 방대한 저술에 착수할 수 있었던 것은 할아버지, 아버지로 이어지는 실학파 가문에서 태어나 평소부터 농업 분야에 깊은 관심을 갖고 있었기 때문이기도 하지만 관심만으로 이런 작업을 실행하는 것은 아니다. 1798년(정조 22)은 영조가 적전(籍田)을 직접 경작한 지 60주년이 되는 해로 정조는 농사의 중요성을 강조하기 위해 전국적으로 농서(農書)를 올리라는 윤음(綸音)을 내렸다.

그 무렵 순창군수로 있던 서유구는 한 가지 방안을 제시했는데, 각 도에 농학자를 한 사람씩 두어 각 지방의 농업 기술을 조사, 연구하여 보고하게 한 다음 그것을 토대로 조정에서 전국적인 농서로 정리·편찬하도록 하자는 것이었다. 이 제안은 채택되지 않았으나 실제 농사 현장에서 실험과 결과를 토대로 책을 저술하자고 주장한 것을 볼 때 그는 유배를 가기 전부터 이용후생의 기본 사상을 갖고 있었음을 알 수 있다.

《임원경제지》는 기본적으로 아버지의 《해동농서(海東農書)》, 할아버지의 《고사신서(攷事新書)》의 농포문(農圃門), 그리고 《증보산림경제(增補山林經濟)》, 《과농소초(課農小抄)》, 《북학의》, 《농가집성(農家集成)》, 《색경(穡經)》 등 국내의 여러 농서와 중국 문헌 등 900여 종을 참조해 만년에 완성함으로써 '조선의 브리태니커'라는 명성을 얻게 되었다.

그는 《임원경제지》를 저술하기 이전에도 농업 기술과 농지 경영을 다룬 《행포지(杏蒲志)》, 농업 경영과 유통 경제에 초점을 둔 《금화경독기(金華耕讀記)》, 농업 정책에 관한 《경계책(經界策)》 등을 저술했다.

1834년에 전라감사로 있으면서 노령 남북을 돌아보던 중 때마침

책판(册版) 서적을 간행할 목적으로 나무판에 글씨나 그림을 새겨서 제작한 것으로, 먹을 칠하고 종이에 찍어내는 전통적 방식의 목판인쇄에 있어서 가장 중요한 재료이다. 조선시대 지식유통의 거의 유일한 매체인 서적을 인쇄하기 위한 기본 도구였다. 〈출처〉 한국국학진흥원.

흉년을 당한 이 고장 농민의 구황을 위해 일본 통신사 편에 부탁하여 구황 작물인 고구마 종자를 구입하여 각 고을에 나누어 주어 재배를 장려했다. 또한 고구마 보급에 실질적으로 도움이 되도록 강필리(姜必履)의 《감저보(甘藷譜)》, 김장순(金長淳)의 《감저신보(甘藷新譜)》 등과 중국, 일본의 농서를 참고하여 《종저보(種藷譜)》를 써서 보급하였다. 헌종 재위 때는 흉년에도 수확이 가능한 곡식 종자를 중국에서 들여오자고 건의하여 이를 실행하게 했다.

그 밖에도 《경솔지(鶊蟀志)》, 《누판고(鏤板考)》 등을 저술했는데 《누판고》는 1796년(정조 20) 서유구가 규장각에 있을 때 정조의 명에 의해 편찬된 전국 책판(册版) 해제목록이다. 이 책판 목록은 비록 해제가 간결하기는 하나 저자 표시가 정확하고 책판의 소장처, 책수의 완결(刊缺, 글자가 닳아짐) 여부 및 인지수(印紙數)를 명확히 밝히고 있어 정조 대를 전후해 각 도에서 간행된 책의 서지학 및 문화사적 연구에 중요한 자료로 평가된다.

서유구는 다방면에 관심이 많아 어류학에 관한 책 《난호어목지》를 쓰기도 했다. 이 책은 강어(江魚), 해어(海魚), 논해어미험(論海魚未驗, 경험하지 못한 물고기), 논화산미견(論華産未見, 보지 못한 물고기), 논동산미상(論東産未詳, 알 수 없는 물고기) 등으로 나누어 서술하고 있다.

자신이 경험하지도 못하고, 보지도 못하고, 알지도 못하는 물고기들까지 적었다는 점에서 서유구는 진정한 박물자(博物者)였다. 그는 《본초강목(本草綱目)》, 《화한삼재도회(和漢三才圖會)》 등을 인용해 9종을 풀이했고, '논화산미견'에서는 보지 못한 물고기를 《산해경》 등을 인용해 서(鱮, 연어) 등 11종을 설명했다. 또, 우리나라에서 나는 것으로 알 수 없는 담라(擔羅) 1종을 들고 있는데, 이 책에서 다루고 있는 물고기는 총 154종에 이른다.

서술 방식은 물고기의 이름을 한자와 한글로 각각 적은 뒤 그 모양과 형태, 크기, 생태, 습성, 가공법, 맛 등에 대해 서술하고 있는데 이들 대부분은 《임원경제지》의 '전어지(佃漁志)'에 인용되었다.

현실에 도움 안 되는 지식은 단호히 거부한다

다시 다산과 관련지어 얘기하면 두 사람은 농업을 바라보는 생각부터 달랐다. 정약용은 농사를 전혀 짓지 않고 농업 원론만 얘기한 반면 풍석은 직접 농사를 지은 체험을 토대로 구체적인 농사 기술을 제안했다. 풍석은 입으로만 농사를 짓지 않았고, 글로만 물고기를 잡지 않았다. 그리고 온갖 정보를 체계적으로 정리했는데, 그 기본은 삶의 현장에서 실행되거나 실행되어야 할 선진 기술을 접목시키는 것이다.

물론 다산도 나름대로 자신의 생각에 합리성을 부여했는데, 자신의 경세학은 당장의 활용보다는 이상적 통치 이념을 제시한다는 것이다. 그러므로 다산은 '지금의 쓰임에 구애되지 않고 기준을 제시해 우리나라를 새롭게 하려는 연구다'라고 당당하게 밝혔다. 다산의 이 같은 태도에 대해 풍석은 강력하게 비판했다. 한마디로 다산의 책은 '토갱(土羹, 흙으로 끓인 국)'이요, '지병(紙餠, 종이로 만든 떡)'이라는 것이다. 서유구도 이상을 추구하지 않은 것은 아니지만 반드시 이 땅의 현실에 적용할 수 있어야 한다는 철저한 현실론을 견지했다. 실현할 수 없는 지식은 '흙 국'이며 '종이 떡'이라는 것이다. 다산은 이상적 기준을 제시한 뒤 현실을 이상 쪽으로 밀고가려 한 반면 서유구의 이용후생론은 실용이 그 기본이었다.

서유구의 《임원경제지》는 제도 개혁을 주장하는 책이 아니다. 개혁은 일상에서 일어나야 한다는 게 그의 생각으로 '놈팡이 선비'는 공공의 적으로 간주했다. 그가 얼마나 날라리 선비들을 혐오했는가는 '곡식만 축내며 보탬이 안 되는 자 중에 저술하는 선비가 으뜸이다!'라고 말했을 정도다.

'선비들이여! 농업, 공업, 상업 알기를 똥으로 아는 그 엘리트 의식부터 싹 뜯어고쳐라. 버러지처럼 놀고먹지 마라. 경서를 공부하되 제 식구 먹을거리, 입을거리, 살 곳은 유지하면서 하라. 방 안에 틀어 앉아 공자·맹자와 성리를 논할 시간에 밖에서 바지 걷어붙이고 쟁기질 하라! 그물 던져 물고기 잡아라! 짐 지고 나가 장사하라! 몸놀림을 혁신하라.'

선비들을 향한 서유구의 평가는 냉혹했고 통렬했다.

서유구徐有榘

서유구의 80년 생애를 보면 18년 동안 고난을 겪었다곤 하지만 이후 화려하게 복권되어 성공한 사람이다. 특히 장기간을 열악하게 살았다고는 하지만 방대한 양의 저서를 남길 수 있었던 것은 당대 누구보다도 저술할 수 있는 여건이 주어졌기 때문이다. 배를 곯고 직접 농사를 지어 생계를 해결하면서도 글을 쓸 시간이 있었고 또한 참고문헌에 900여 권이나 적을 정도로 많은 책을 접할 수 있었던 것도 사실이다. 그러므로 어떤 면에서 과학 분야를 돋보이게 한 '의지의 인물'이라고 볼 수 있다. 그럼에도 이 책에서 서유구를 다루는 것은 다음과 같은 면을 고려했기 때문이다.

　그가 지은《임원경제지》는 방대한 분량만으로도 조선시대 그 무엇에도 뒤지지 않는 엄청난 역작이다. 그러나 온갖 고충을 이겨내며 완결해 놓고도 책으로 발간조차 할 수 없었던 것을 보면 불운한 과학자였다고 해도 무리는 아니다. 명문가에서 태어난 엘리트였지만 18년 동안의 자발적 낙향으로 사대부로서의 기득권을 과감히 버리고 조선의 앞날을 걱정한 실학자로서 나름대로 순교자의 삶을 지켰다는 뜻도 된다.

　인생사에 굴곡이 없을 리 없다. 그러나 그런 굴곡을 어떻게 이겨나가는가 하는 점은 자신에게 달렸다. 서유구가 현대인들에게 잘 알려지지 않은 것은 그의 삶과 업적이 평범해서가 아니라 그와 비견되는 걸출한 인물 정약용과 동시대에 살았기 때문이기도 하다. 사실 정약용과 비교되어 과소평가된 점도 없지 않다. 그런 점에서 불운한 사람이라고 볼 수 있다.

　《임원경제지》편찬 작업도 순탄했던 것은 아니다. 1806년 정계에서 축출당한 후 18년 동안 낙향하면서 저술한 것이 1824년 관직에 복귀하면서도 계속되었다. 1827년에 비로소 저술은 마무리되었지만 이후에도 보완 작업은 계속되었다. 서유구의 편찬 작업에는 아들 서우보가 교열자로서 크게 힘이 되었는데 불행하게도 서우보는 1827년 33살의 나이로 세상을 뜨고 만다. 이 때문에 만년의 서유구는 자신이 애써 이룩한 학문적 성과가 아무 소용없이 사라지지 않을까 하는 근심의 나날을 보내야 했다. 실제로 서유구는 죽을 때까지 《임원경제지》를 간행하기 위해 무척 애를 썼지만 끝내 뜻을 이루지 못했다.

《임원경제지》를 비롯한 수많은 그의 저술들은 필사본으로 여러 곳으로 흩어졌는데 손자 서태순과 증손자 서상유 등 후손들이 그의 뜻을 잇기 위해 필사해 두었기에 그의 작품 대부분이 오늘날까지 전해질 수 있었다.

다행히도 현대에 와서 그를 재평가하는 작업이 여러 곳에서 일어나고 있다. 2012년 6월 '임원경제연구소'에서 《임원경제지》 초벌 번역을 끝내고 서유구의 삶과 사상에 대한 해설을 담은 개관서를 출간했고, 《임원경제지》 54책 113권을 차례로 출간할 예정이라고 한다.

그의 묘는 경기도 장단 금릉리(金陵里)의 선영 아래에 있으며, 사후 문간(文簡)의 시호가 내려졌다.

《임원경제지》 16지(志)

《임원경제지》의 장점은 그 방대한 분량에도 불구하고, 학자들 사이에서 조선판《브리태니커》라 불릴 정도로 체계적이고 치밀하다는 점이다. 당대의 사대부들이 향촌에 살면서 알아야 할 일상 실용지식과 예술 내용이 빼곡이 담겨 있는데 16지의 개요는 다음과 같다.

제1지(본리지, 13권) : 각종 곡식과 각각의 농사법, 각종 농기구에 관한 것

제2지(관휴지, 4권) : 채소, 약초의 특성과 재배법

제3지(예원지, 5권) : 재배 가능한 국화류, 모란류, 장미류 등 꽃과 꽃나무의 재배법

제4지(만학지, 5권) : 과실수 재배법

제5지(전공지. 5권) : 의복 제조에 필요한 비단, 모시, 베 등의 원료인 뽕나무, 목화, 저마 심는 법부터 각종 직조법·염색법

제6지(위선지, 4권) : 농사에 필요한 농업 기상, 천문에 대한 설명

제7지(전어지, 4원) : 소·말·돼지부터 닭·오리에 이르는 가축 사육법과 양봉법, 호랑이부터 새에 이르는 동물 사냥법, 내·강·바다에 사는 각종 물고기의 특성과 어로법

제8지(정조지, 7권) : 165가지에 이르는 전통주의 재료와 빚는 방법과 밥, 떡, 국, 탕, 과자, 국수류, 장류, 조미료류 등 전통 음식 요리법과 조리기구 등에 대한 내용

제9지(섬용지, 4권) : 집의 건축과 가재도구 및 장식품 그리고 의복과 각종 교통 및 운송 수단 등에 관한 내용

제10지(보양지, 8권) : 심신 건강에 필요한 각종 수양법과 양생법, 어린아이를 위한 육아법에 관한 내용

제11지(인제지, 28권) : 《동의보감》을 포함하여 기존의 의학 서적을 바탕으로 병을 다스리는 침·뜸·탕제 등 한의학에 관한 내용

제12지(향례지, 5권) : 가정과 향촌 생활에 필요한 의례와 향약 등을 설명

제13지(유예지, 6권) : 선비에게 필요한 교양과 기예에 관한 내용

제14지(이운지, 8권) : 선비가 덕을 기르기 위해 갖춰야 할 각종 예술·문화의 내용과 숙련법

제15지(상택지, 2권) : 집을 짓고 거주하는 데에 필요한 공간 배치와 풍수 관련 지식

제16지(예규지, 5권) : 상업 활동과 재산 증식 및 관리 그리고 전국 팔도의 시장 경제에 관한 정보

위 내용을 보면 《임원경제지》가 농업에 관한 서적만은 아니라 엄밀하게 말하면 일상생활의 경제활동을 종합적으로 밝혀 놓은 '경제학 서적'이라고 볼 수 있다.

특히 농업을 다룬 본리지가 13권임에 비해 한방 의약 및 처방법을 다룬 인제지가 28권이며 건강한 삶과 생활을 다룬 보양지가 8권을

차지하고 있음을 보면 농사보다 의료 및 건강에 관한 내용을 훨씬 많이 다루었다. 그럼에도 불구하고 농학(農學)서적으로 간주하는 것은 농업에 대한 내용이 당시 상당한 파괴력을 갖고 있었기 때문이다.

09장

사실에
의거해
진리를
찾는다

김정희, 1786년(정조 10)~1856년(철종 7)

조선 말기의 문신, 실학자, 서화가. 예산 출신. 본관은 경주. 자는 원춘(元春). 호는 추사(秋史)·완당(阮堂)·예당(禮堂)·시암(詩庵)·과노(果老)·농장인(農丈人)·천축고선생(天竺古先生) 등이다. 추사체라는 독창적인 글씨를 창조하고 세한도로 대표되는 그림과 시와 산문에 이르기까지 학자로서, 예술가로서 최고의 경지에 이른 인물이다.

김정희

金正喜, 1786~1856

金石學의 태두, 유배를 당하다

추사 김정희 초상 당대 최고의 화원인 이한철이 그렸다(1857). 보물 제547호.

문예부흥기인 영·정조 시대 19세기 조선에서 최고의 유명인을 꼽아 보라면 추사 김정희(金正喜, 1786~1856)를 빼놓을 수 없다. 김정희는 추사체라는 독특한 고유의 서체를 창조했으며 그림과 시, 산문, 그리고 전각(篆刻) 또한 최고의 경지에 이른 천재 예술가이다. 호는 추사(秋史)와 완당(阮堂)으로 잘 알려져 있지만 승설도인(勝雪道人), 노과(老果), 천축고선생(天竺古先生) 등 생전에 거의 200여 개가 넘는 호를 바꿔가며 사용했을 정도로 많은 작품을 남겼다.

그런데 김정희는 예술 방면뿐만 아니라 실학자로서 금석학 연구에서도 탁월한 업적을 남겼으

김정희金正喜

며 그의 대표작 세한도(歲寒圖, 국보 180호)는 수학적 구도를 계산하여 그릴 정도로 과학지식이 있었다.

하늘이 내린 재능

김정희는 1786년(정조 10) 6월 충남 예산군 신암면 용궁리에서 태어났다. 어릴 적 이름은 원춘(元春), 본관은 경주이다. 김정희 집안은 안동 김씨, 풍양 조씨와 더불어 조선 후기 양반가를 대표하는 명문으로 영조의 둘째딸 화순옹주(和順翁主)와 결혼한 김한신(金漢藎)이 그의 증조부이다. 김한신은 화순옹주와 결혼해 월성위(月城尉)에 봉해졌지만 자식이 없이 39세에 죽자 조카 김이주가 양자로 들어가 대를 이었는데, 그가 김정희의 조부이다. 김정희는 병조판서 김노경과 기계 유씨 사이에서 장남으로 태어났으나 큰아버지 김노영이 아들이 없어 그 집에 양자로 갔다. 큰댁으로의 양자 입양은 조선 후기 양반 가문에서는 흔한 일이었다.

왕실의 내척(內戚)으로서 김정희는 태어날 때부터 경축 분위기에 신비스러운 출생 설화도 갖고 있다. 그가 태어난 집(충청남도 예산군 신암면 용궁리) 뒤뜰의 우물물이 말라버리고 뒷산 오석산 산맥 팔봉산의 초목이 모두 시들었는데 그가 태어나자 샘물이 다시 솟고 초목이 생기를 되찾았다는 것이다.

김정희의 천재성은 어릴 적부터 발휘되었다. 그의 나이 일곱 살 때, 번암 채제공이 집 앞을 지나가다가 대문에 써 붙인 '입춘대길' 글씨를 보게 되었다. 예사롭지 않은 글씨임을 알아본 채제공이 대문을 두드려 글씨의 주인을 물었다. 마침 생부인 김노경이 '우리 집 아이의 글씨'라고 대답하자 채제공은 이렇게 말했다고 한다.

"이 아이는 반드시 명필로서 이름을 떨칠 것이오. 그러나 만약 글씨를 잘 쓰게 되면 반드시 운명이 기구해질 터이니 절대로 붓을 쥐게 하지 마시오. 대신에 문장으로 세상을 울리게 되면 반드시 크고 귀하게 될 것입니다."

김정희는 어린 시절 대부분을 서울 통의동에 있던 월성위궁에서 보냈다. 월성위궁은 영조가 사위 김한신을 위해 지어준 집이다. 김정희가 서울 집이 아닌 예산에서 출생한 것은 당시 천연두가 창궐해 부모가 잠시 이주해 있는 동안 태어난 것이라 한다. 월성위궁에는 김한신이 평생 모은 '매죽헌'이라는 서고(書庫)가 있었는데 김정희는 이곳에서 글쓰기와 책 읽기를 즐겼다. 모친 유씨도 어린 김정희를 엄격하게 가르쳐 다음과 같이 타일렀다.

"학문은 그 사람됨을 나타내는 것임을 잊어서는 안 되니 몸가짐을 삼가고 학문을 배워야 한다."

아버지 김노경은 아들의 재능을 알아보고 당시 북학파의 거두 박제가 밑에서 공부하도록 했다. 스승이었던 박제가 역시 어린 김정희가 쓴 입춘첩 글씨를 보고 "이 아이가 크면 내가 직접 가르쳐 보고 싶다"고 했다는 일화가 전한다.

1800년 김정희는 열다섯 살에 한산 이씨와 결혼했는데 이듬해에 친어머니가 세상을 떠났고 1805년에는 부인 이씨와도 사별했다. 그는 어머니를 잃고 마음이 혼란할 때면 가문의 원찰(願刹)인 화암사를 찾아가 승려들과 담론도 하고 독경으로 마음을 달래기도 했다. 현재 화암사에는 당시 김정희의 행적을 보여주는 유물들이 남아 있는데 그가 말년에 불교에 귀의한 것도 이때의 영향 때문인 듯하다.

한중문화 교류사에 족적을 남기다

김정희는 23세인 1808년 예안 이씨와 재혼했고 아버지 김노경은 호조참판으로 승진해 1809년(순조 9) 동지부사가 되어 청나라 연경(지금의 북경)에 가게 되었다. 마침 김정희가 같은 해 사마시(司馬試, 생원·진사 자격을 주는 과거시험)에 장원 급제했으므로 외교관의 자제(혹은 친인척)에게 부여되는 자제군관으로 사행길에 동행했다.

김정희가 동지사(冬至使, 동지에 명·청나라에 보내던 사신) 박종래, 부친인 동지부사 김노경을 따라 연경으로 출발한 것은 1809년 10월 28일이다. 동지사 규모는 250명이며 대체로 70여 일 일정에 체류 기간은 40~50일 정도인데 사행단원들은 대체로 연경의 조선관에서 여장을 풀고 고적 명소를 관광하거나 연극을 보며 객고를 푸는 것이 보통이었다.

그러나 김정희는 이들과는 달리 중국의 여러 지식인들을 찾아다녔다. 스승 박제가가 만났던 나빙이나 기균과 같은 노대가들은 이미 세상을 떠났지만, 박제가와 친교가 있는 조옥수(曺玉水)를 통해 중국 제일의 금석학자 옹방강(翁方綱, 1733~1818)과 완원(阮元, 1765~1848)을 만났다. 연경학계의 원로인 76세의 옹방강은 25세에 불과

옹방강(翁方綱, 1733~1818) 초상
중국 청나라 중기의 금석학, 비판(碑版), 법첩학(法帖學)에 통달한 학자겸 서예가. 경(經)·사(史)·문학에 해박한 지식을 갖고 정밀한 고증으로 업적이 많다. 유용, 왕문치, 양동서와 함께 첩학파의 4대가로 꼽힌다.

한 추사의 비범함에 놀라 "해동에 이런 인재가 있었던가!"라고 찬탄했고, 완원으로부터는 완당(阮堂)이라는 아호를 받았다.

김정희는 옹방강, 완원 외에도 왕희손, 이정원, 서송, 조강, 주학년 등 많은 학자들을 만났고 그들에게 글을 써주었는데 김정희의 자질에 놀란 그들은 1810년 2월 1일 조선으로 돌아가는 김정희를 위해 북경 법원사에서 송별연을 열어주며 아쉬워했다. 주학년은 송별연 장면을 즉석에서 그림으로 그린 뒤 참석자 이름을 모두 기록했다. 당시 주학년이 그린 전별도 원본은 사라지고 없지만 1940년 이학년이 모사한 그림이 과천시 추사박물관에 소장되어 있다.

연경학계와의 교류는 귀국 이후에도 이어져 만년까지 계속되었는데 그로 인해 김정희의 학문 세계를 풍성하게 해주었다. 특히 왕희손은 조선의 사행단이 연경에 도착하면 조선관을 찾아가 김정희와 당시 사행단원들의 안부를 물을 정도로 우정을 보여주어 추사는 왕희손의 호 맹자(孟慈)를 자신의 호 옆에 판각하기도 했다.

김정희는 연경에서 돌아온 이후 34세 때 대과(大科)에 급제하여 벼슬길로 접어들었다. 시강원 설서, 예문관 검열, 규장각 대제·대교·보덕 등의 관직을 역임했고 41세 때는 충청좌도(현 공주 일원) 암행어사로 단종의 어휘봉안(御諱奉安)의 소홀함을 적발 시정토록 했고 승

김정희金正喜

지에 올랐다. 이어 성균관 대사
성, 51세 때 병조참판, 54세에
는 형조참판에 이를 정도로 관
운도 좋았다.

그러나 1840년(헌종 6) 세력
이 김씨 가문에서 조씨 가문으
로 옮겨가면서 김정희는 뜻하
지 않게 윤상도 사건에 휘말리
게 된다.

1830년(순조 30) 8월 윤상도

추사전별도(1810) 옹방강의 제자 주학년(朱鶴年)이 그린 것으
로, 가운데 군관 모자를 쓴 사람이 추사이고 문밖에서 안으로 들
어오는 사람이 완원이다.

가 호조판서 박종훈, 전 유수(留守) 신위, 어영대장 유상량을 탐관오
리로 탄핵하는 상소를 올렸다. 그러나 순조는 이름도 들어보지 못한
지방 말단 관직의 윤상도가 올린 상소의 진위를 확인하기는커녕 그
의 신분을 문제 삼고 군신 사이를 이간시킨다는 이유로 윤상도를 추
자도로 귀양 보냈다. 그로부터 두 달 후 예기치 않게 그 불똥이 김정
희의 아버지 김노경에게 튀었는데 윤상도 사건과 직접적인 연관이
없음에도 관련자로 엮여 고금도로 위리안치(圍籬安置, 가시 울타리를
만들고 그 안에 가둠)된 것이다. 김정희는 계속해서 아버지의 억울함
을 호소하였으나 순조는 그대로 묵살하다가 김정희 집안의 공적을
인정해 1년 뒤 해배하지만 김노경은 1838년 사망한다.

그런데 이 사건은 10년 후(1840년) 다시 불거진다. 당시 집권하고
있던 안동 김씨는 학식이 높고 병조참판까지 지낸 김정희를 제거해
야 집권에 유리하다고 판단해 윤상도 사건을 재거론하며 그 배후로

김정희를 지목한 것이다.

김정희는 가혹한 심문을 받으면서도 끝까지 자신의 무고를 주장했지만 받아들여지지 않고 제주 대정현에 위리안치된다. 김정희는 제주에서 9년을 지낸다. 그는 유배 동안에도 쉬지 않고 붓을 잡아 그리고 쓰는 일에 매진하여 추사체라 불리는 독창적인 서체를 완성했다. 이 시기 동안 많은 편지를 통해 육지에 있는 지인과 후학들에게 자신의 학문세계를 전했다. 특히 유배 기간 중 부인과 며느리 등과 주고받은 40통의 한글 편지에는 그의 인간적 면모가 잘 드러나 있다. 유배 기간 동안 제자인 소치 허유(1809~1893)가 세 차례나 제주도로 건너가 수발을 들어준 일은 유명하다. 소치는 충심으로 스승인 추사의 글씨와 그림을 배웠다.

유배 기간 중인 1842년 11월 13일, 유배생활 내내 힘이 되고 위로가 되는 존재였던 아내 예안 이씨가 세상을 떠났다. 1849년 김정희는 9년간의 유배를 마치고 풀려나 용산 한강변에 집을 마련하고 살았다. 그러나 3년 후 1851년 친구인 영의정 권돈인의 일에 연루되면서 김정희를 사형시켜야 한다는 상소가 올라오자 헌종은 "김정희의 죄가 별것 아닌데 왜 시끄럽게 구느냐"고 힐난할 정도였다. 하지만 결국 또 다시 함경도 북청(北靑)에 유배되었다. 북청에 유배인으로 도착했지만 김정희가 워낙 유명인사라 그에게 배우려는 사람들이 많이 찾아와 그들과 더불어 적적한 마음을 달래면서 '석노가', '수선화' 등 많은 시화를 그렸다.

북청 유배지에서 2년 만에 해배될 때 68세의 김정희는 여생을 보내기 위해 관악산 일대 부친의 여막(廬幕)이 있는 과천으로 돌아왔

김정희金正喜

다. 그 후 71세인 1856년 봉은사에서 목조 건물을 짓고 구계(具戒)를 받아 불교에 귀의했다. 그해 10월 과천에서 사망했다고 알려지고 있지만 봉은사에서 사망했다는 설도 있다.

금석학의 태두

김정희는 학문함에 있어서 먼저 그 근원을 파악한 후에 자신의 판단을 확립시켜 이를 실천에 옮기는 데 중점을 두었다. 그는 경학(經學)에 전념하면서도 옹방강의 영향을 받아 한송불분론(漢宋不分論)으로 자신의 학문 체계를 세웠다. 이는 어느 한쪽에 치우치지 않고 옳고 그름의 분별을 잃지 않으려 했기 때문이다. 그는 송나라 학자들의 실용적이고 실천 가능한 부분을 취했고 역사학에서도 실증적이고 고증적인 시각을 유지했다. 한마디로 확고한 연구를 바탕으로 하는 과학자의 자세를 견지했다.

김정희의 이러한 학구적 태도는 금석학(金石學)에서 많은 업적을 남겼다. 금석문이란 금속이나 돌에 새긴 글씨, 또는 그림을 총칭하는데, 크게 금문과 석문으로 분류된다. 넓은 의미로 갑골문(甲骨文), 와전명(瓦塼銘, 기와·벽돌에 새긴 글), 토기명문(土器銘文), 금·은에 새긴 글, 목간(木簡) 등을 포함시키기도 한다. 금석문은 당

한송불분론(漢宋不分論)

김정희는 북경을 방문했을 때 당시 최고조에 이른 청나라 고증학의 진수를 터득했으며 옹방강의 한송불분론(漢宋不分論)으로서 자신의 학문 체계를 세웠다. 한송불분론이란 한나라의 훈고학과 송나라의 성리학은 따로 떼어서할 수 있는 것이 아니라 상호 보완해야만 제대로 경학을 할 수 있다는 이론이었다. 한송불분론은 새로운 시대에 조응할 보완 논리를 요구하는 조선 사회에도 절실하게 필요한 이론으로서, 이후 조선 사회에 방향타의 구실을 했다. 조선 성리학적 기준을 지키되 방법론으로서 서양의 이기(利器)나 과학기술 문명을 받아들이려는, 동양과 서양의 양자 보완 논리로 발전한 것이다.

금석학

금속과 석재에 새겨진 글을 대상으로 언어와 문자를 연구하는 학문.

대 사람들에 의해 만들어진 1차 자료이므로 그들의 생활상을 고스란히 반영하고 있어 사료적 가치가 높다. 특히 문헌 사료가 부족한 고려 이전의 금석문은 더할 나위 없는 소중한 자료로 평가된다.

우리나라에서 금석문에 대한 관심과 자료 수집은 일찍부터 있어 왔지만 명실상부하게 금석학이라 부를 수 있는 시기는 17세기 이후이다. 선조의 손자 낭선군(朗善君) 이우(李俁)는 신라에서 조선시대에 이르는 300여 종의 탁본을 수집하여 《대동금석첩(大東金石帖)》을 펴냈고 그보다 약간 늦은 시기에 조속(趙涑)이 진흥왕순수비를 비롯한 탁본 120여 점을 모아 《금석청완(金石淸玩)》을 편찬했다.

그러나 본격적인 금석문 연구는 김정희로부터 시작되었다. 24세의 김정희가 동지부사인 아버지를 수행해 청나라 연경에 체류하면서 옹방강, 완원 같은 대학자와 접했던 무렵은 연경학계에서 고증학의 수준이 최고조에 이르렀을 때였다. 종래 경학(經學)의 보조학문쯤으로 여겼던 금석학, 역사학, 문자학, 음운학, 천문학, 지리학 등의 학문이 각각 독립적으로 연구되고 있었는데 그 중에서도 금석학은 문자학과 서예사(書藝史) 연구와 함께 독자적인 학문 분야로 큰 발전을 보이고 있었다.

옹방강 등으로부터 금석학에 대해 영향을 받아 깊은 관심을 갖고 있던 김정희가 금석학에 대해 본격적인 연구를 하게 된 계기는 북한산에서 진흥왕순수비를 발견하면서부터였다. 그가 순수비를 발견한 것은 연경 방문 8년 후의 일인데 당시까지는 이 비석이 무학대사비로 알려져 있었다. 그는 이 비를 고증하면서 '진흥'이라는 칭호가 사망 후의 시호가 아니라 생시의 칭호였으며 건립 연대를 진흥왕 29년

김정희金正喜

이라고 단정했다. 그가 이와 같이 단언한 것은 각종 자료를 철저하게 고증했기에 가능한 일이었다. 그 밖에도 묘향산 유람에서 돌아오는 길에 평양의 옛 성벽에서 석각을 발견하고 곧 고구려 비석임을 알았다. 이때 그의 나이 44세였다.

김정희는 비문을 조사, 발굴하면서 정밀한 고증을 거친 뒤 《금석과안록(金石過眼錄)》을 저술했는데 현대와 비교해도 손색없는 과학적 접

추사 글씨 추사체는 개성이 강한 서체로, 획의 굵고 가늘기의 차이가 뚜렷하고 각이 지고 비틀어진 듯하면서도 파격적인 조형미를 보여주는 것이 특징이다.

근법을 사용해 금석학의 수준을 한 단계 끌어올렸다고 평가받는다. 근래에도 계속 새로운 금석문 자료들이 발굴되어 역사 연구에 귀중한 사료가 되고 있는데 여기에 김정희가 큰 역할을 했음은 물론이다.

김정희는 연경에 머무는 동안 금석학 외에도 중국의 역대 문필가들의 글씨체를 연구했다. 그는 왕희지, 구양순으로 대표되는 정법(正法) 서체 외에 옛 한(漢)나라 비석에 새겨진 예서체를 접하게 되면서 그 필법을 연구하여 해서에 응용해 소위 추사체라 불리는 독특한 서체를 창조해냈다. 추사체는 당대의 서체와 구별되는 개성이 강한 서체로, 획의 굵고 가늘기의 차이가 뚜렷하고 각이 지고 비틀어진 듯하면서도 파격적인 조형미를 보여주는 것이 특징이다. 조선 후기 서예가 중에는 추사체의 영향을 받은 사람이 많다. 김정희는 독보적인

명필로 알려져 있지만 그의 예술은 시(詩)·서(書)·화(畵) 일치 사상에 입각한 청나라 고증학을 바탕으로 하고 있다.

세한도에 숨겨진 수학적 구도

'세한도'는 김정희의 최고 걸작일 뿐만 아니라 우리나라 문인화의 최고봉이라 평가받는 그림이다. 추사가 제주도에 유배온 지 5년 되던 해인 59세 때(1844년), 제자인 통역관 이상적이 많은 책을 구해준 것을 고마워하며 그에게 그려 준 것이다. 초가집 한 채, 소나무 한 그루, 잣나무 세 그루를 간략하게 묘사하고 있는데 '세한(歲寒)'은 《논어》 '자한'편에 실린 '세한연후지송백지후조(歲寒然後知松栢之後彫)'라는 구절에서 따온 것이다. 추운 겨울이 되어 대부분의 낙엽송이 잎을 떨구었지만 소나무, 잣나무는 여전히 푸르러 가장 늦게 시든다는 의미이다. 이 말은 자연현상만을 이야기한 것이 아니라 인간세계의 신의를 비유한 것이다. 권력을 잃고 비참한 신세로 전락했다 하더라도 여전히 그를 배신하지 않는 진정한 벗을 말한 것인데, 제자 이상적을 말한다.

그런데 '세한도'는 철저한 수학적 구도하에 그려졌다는 것이 최근에 학자들에 의해 밝혀졌다.

국립중앙박물관 학예연구관인 이수미 박사는 세한도가 '수적(數的) 관계(numeric relationship)에 따라 정연하게 구상된 작품'이라는 논문을 발표했다. 즉흥적으로 그려진 작품이 아니라 철저한 계산과

김정희金正喜

치밀한 구도를 통해 제작된 작품이라는 것이다.

이 박사는 사람들이 세한도를 보면서 느낄 수 있는 탄탄한 균형감과 변화, 소박하면서도 깊이 있는 격조는 이와 같은 수적 관계가 배경에 깔려 있기 때문이라고 설명했다. 이 박사의 설명을 좀 더 자세히 따라가본다.

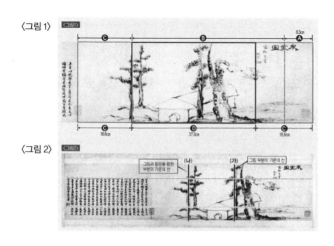

〈그림 1〉

〈그림 2〉

① 전체 그림과 안쪽 그림의 이중 구조

세한도는 종이 3장을 이어 붙여 그린 작품이다. 〈그림1〉을 보면 3장의 종이를 A(8.3㎝), B(45.6㎝), C(16.6㎝)라고 했을 때 A와 C의 비율은 정확하게 1대2가 된다. A를 두 배로 늘렸을 때 차지하는 부분을 C′라 하고, B에서 C′와 겹치는 부분을 뺀 나머지를 D라고 하면, 가운데에 해당하는 37.3㎝ 길이의 D는 낙관이 끝나는 지점에서 맨 왼쪽 잣나무의 줄기 가운데까지다. D에 세한도의 중요한 회화적 요소를 거의 모두 담아 전체를 포괄하는 화면(A+B+C)과 핵심적인 내적 화면(D)을 보여주는 이중 구조로 구분했다.

② 소나무의 기묘한 균형감각

〈그림2〉를 보면 세한도의 중심축은 양끝에서 35㎝ 떨어진 지점, 가운데에 곧게 선 소나무 밑동의 왼쪽 끝인 (가)다. 이곳을 중심으로 그림을 좌우로 나눌 때 오른쪽에는 제목과 낙관, 굵은 둥치의 노송까지 있어 왼쪽보다 무거운 느낌을 주지만 노송이 화면의 중심축인 소나무를 향해 기울어 있어 오른쪽의 무게감을 덜어 주게 되는 조형적 균형의 의도가 보인다. 또한 그림과 왼쪽의 발문(跋文)을 합한 전체 길이는 108.3㎝인데, 양쪽에서 54.1㎝ 떨어진 가운데 선은 맨 왼쪽의 잣나무와 일치하는 (나)가 된다.

③발문의 높이

〈그림2〉에서 점선으로 된 발문이 적힌 부분의 맨 위에 선을 그으면 왼쪽 낙관의 아래 선과 일치하며, 발문 맨 끝의 낙관 아래 선은 그림에서의 지면 높이와 맞춰지게 된다.

따라서 이수미 박사는 세한도에 대해 "모든 측면에서 그림과 글씨, 화폭 등 여러 요소들의 수적 관계에 바탕해 주도면밀한 구상으로 계획된 그림"이라고 단정지었다.

흔히 우리의 문화유산에 과학성이 부족하다고 많은 사람들이 지적하는데 김정희의 세한도 하나만 보더라도 우리의 선조들이 과학에 무지하지 않았다는 것을 알 수 있다. 그동안 이 부분에 대한 연구

김정희金正喜

와 정보가 부족했기 때문에 놓친 것이라고 볼 수 있다.

추사 김정희는 유복한 가정에서 태어나 어려서부터 천재성을 발휘해 조선시대 인물로는 잘 알려진 사람이다. 그의 학문 세계는 '사실에 의거하여 사물의 진리를 찾는다'는 의미의 실사구시(實事求是)로 요약될 수 있다. 그는 학문에서도 실사구시 정신으로 접근해 천문학에도 상당한 식견을 가지고 있었다. 일식과 월식 현상 등을 관측하며 서양 천문학의 지식을 받아들였다. 김정희 주변이 당대의 실학자들로 구성되어 있으므로 과학적인 지식으로 평생을 살았다. 그를 조선시대 실학자 중 선두주자로 설명하는 것은 '세한도'를 과학적 지식으로 그렸다는 것을 강조하지 않아도 충분할 것이다.

김정희의 제주 유배지는 현재 추사관이 지어져 제주의 명소가 되었다. 김정희는 유배 초기에 포교 송계순의 집에 머물다 몇 년 후 동네에서 가장 부자였던 강도순의 집으로 옮겨 9년 가까이 기거했는데 1948년 제주도 4·3사건 때 불타버리고 빈 터만 남았다. 1984년 제주지역 예술인들과 제주사 연구자들의 노력으로 추사유물전시관이 건립되었지만, 전시관이 낡은 데다 2007년 국가지정문화재 사적 제487호로 지정되면서 2010년 5월 추사관으로 새롭게 건립되었다.

건축가 승효상의 설계로 지어진 제주추사관은 세한도에 나오는 집을 현대식으로 재해석한 디자인으로 제주특별자치도 건축문화대상을 수상했다. 지하 2층, 지상 1층으로 '가장 단순한 형태로 지어진' 외관은 편안함을 느끼게 하고 내부는 천장이 높고 노출콘크리트로 마감을 했다. 건물 뒷편에는 추사가 9년 동안 머물렀던 강도순의 집자리에 초가집 4채가 복원되었다.

금석문의 종류

현재 우리나라의 문화유산 중에서 글자가 새겨진 것은 모두 금석문으로 볼 수 있는데 금문 종류로는 칼(刀劍)에 새긴 글자, 범종(梵鐘) 글자, 청동거울(銅鏡), 불기(佛器)에 새긴 글자, 불상, 구리 도장(銅印) 등을 꼽을 수 있다.

석문은 주로 비석에 새겨진 글귀인데, 그 내용에 따라 사적비(事蹟碑), 순수비(巡狩碑), 국경비(國境碑), 신도비(神道碑), 사찰비(寺刹碑), 탑비(塔碑), 석당비(石幢碑), 갈(碣) 등으로 나눈다. 그 외의 중요한 석문으로 석각(石刻), 석탑, 불상, 석등, 석주(돌기둥)에 새긴 글자 등을 꼽을 수 있다.

석문의 내용에 따른 분류

사적비(事蹟碑) : 어떤 사건이나 사업에 관련된 사실이나 자취를 기록한 비

순수비(巡狩碑) : 왕이 지방의 민정을 시찰한 것을 기념하며 세운 비석

국경비(國境碑) : 국경을 표시하기 위한 비석

신도비(神道碑) : 죽은 이의 일생을 기록해 묘 앞에 세운 비

사찰비(寺刹碑) : 절에 세운 비

탑비(塔碑) : 탑에 새긴 비

석당비(石幢碑) : 돌기둥에 새긴 비

갈(碣) : 머리부분을 둥글게 만든 비석

현재 가장 오래된 신라 비석으로 알려진 영일(포항) 냉수리비(迎日冷水里碑)를 비롯해 울진 봉평비(鳳坪碑), 진흥왕순수비(眞興王巡狩碑), 명활산성비(明活山城碑), 대구 무술오작비(戊戌塢作碑), 남산신성비(南山新城碑) 등이 있다.

금속류 종류로 유명한 것은 경주 호우총에서 출토된 광개토왕의 시호가 새겨진 술병(壺), 서봉총에서 나온 은합(銀盒) 등이 있으며 속칭 에밀레종이라 불리는 성덕대왕신종(聖德大王神鐘)의 명문과 그 비천상(飛天像)이 잘 알려져 있다.

10장

조선
최고의
지리학자

김정호, 1804년(순조 4) 추정~1866년(고종 3)

생몰년도 미상. 조선 후기의 실학자 겸 지리학자. 본관은 청도(淸道). 자는 백원(伯元)·백온(伯溫)·백지(伯之). 호는
고산자(古山子). 조선시대 가장 많은 지도를 제작하였고, 가장 많은 지리지를 편찬한 지리학자이다.

김정호

金正浩, 1804?~1866?

....

《대동여지도》 제작, 일제에 의해 옥사설 조작

고산자 김정호 초상
국립현대미술관 소장.

2003년 '과학기술인 명예의 전당' 헌정 대상자를 선정할 때 김정호가 과학자냐 아니냐, 하는 논의가 있었다고 한다. 김정호의 생애가 정확하게 알려지지 않은 데다 그가 지리학자가 아니라 '대동여지도' 등을 판각한 판각자에 지나지 않는다는 지적이 있었기 때문이다. 결론적으로 말하면 김정호는 현재 한국의 위대한 지리학자로 과학기술인 명예의 전당에 헌정되어 있다. 김정호를 과학자로 분류해도 충분한 자격이 있다고 판단한 것이다.

김정호의 본관은 청도이고 자는 백원(伯元)·백온(伯溫)·백지(伯之), 호는 고산자(古山子)이다. 18세기 전반을 살았던 지리학자이지만 생몰년조차 불분명하고 그의 일생에 관한 개인적인 정보는 거의 알려지지 않았다.

그런데 김정호에 대한 왜곡된 이야기가 널리 퍼져 그의 업적과 대동여지도의 역사적 의미까지 퇴색시켰는데 이런 왜곡 뒤에는 일제의 교묘한 의도가 숨어 있었다.

예전의 초등학교 교과서나 위인전 등에는 김정호가 전국을 돌아다니며 실측해서 대동여지도를 만들었다는 얘기가 자주 등장했다. 김정호가 지도를 제작하기 위해 팔도강산 방방곡곡을 3번이나 돌았고, 백두산에는 8번이나 올라갔다는 이야기가 자주 회자되었다. 그러나 이는 사실과 다르다. 이 얘기가 처음 나온 것은 일제강점기인 1925년 10월 8일, 9일자 〈동아일보〉에 육당 최남선이 쓴 '고산자를 회(懷)함' 기사에 처음 나타난다. 신문기사의 의도는 국가의 도움을 받지 않은 한 개인이 전국을 답사하고 측량하여 정확한 지도를 제작했다는 것을 내세워 민족적 우수함을 설명함으로써 일제 치하의 국민들에게 자긍심을 심어주려는 의도였다. 대동여지도가 현대의 정밀측정 지도에 비해 결코 뒤떨어지지 않기 때문에 이 같은 전설을 사실로 받아들인 사람이 많을 것이다.

그러나 당시의 교통 여건이나 그의 생활수준으로 보아 몇 곳에는 가보았을지 몰라도 전국을 순회했으리라고는 믿기 어렵다. 현재와 같이 교통이 발달한 상황에서도 전국을 일주하는 것은 쉬운 일이 아니다. 게다가 가난한 그가 전국을 돌아다니면서 어떻게 숙식을 해결하였을까? 설령 백두산을 비롯해 수많은 산을 등정했다고 하더라도 높은 산에서 보이는 것은 구름이나 산맥만이 제한적으로 보일 뿐 지도 제작에는 정보가 부족해 큰 도움이 되지 않았을 것이라는 추측이 설득력 있다. 더구나 한 개인이 답사하고 실제 측량한 성과물 한 가지로만 그렇게 자세하고 정확한 방대한 규모의 대동여지도를 만든 다는 것은 불가능한 일이다.

자연에 대한 정확한 이해가 필요

위성사진이나 컴퓨터가 없었던 과거에 지도를 제작하기 위해 서는 대상을 정확하게 모사(模寫)하는 그림 솜씨가 필수적이다. 원래 동양에서 '그림'은 사대부들의 기예 중 하나로, 시문, 글씨, 그림 세 분야에 모두 능해야 진정한 선비로 대접받았다. 그러나 조선시대에 는 이런 사대부들과는 다른 동기와 목적으로 그림을 그리는 사람들 이 있었는데, 도화서(圖畵署)에 소속되어 전문적으로 그림을 그리는 화원들이다. 당시에도 국가 행사 때에 행사 장면을 기록할 필요가 있 었고 이때 도화서 화원들이 동원되어 행사 장면을 사진처럼 정밀하 게 모사했다. 오늘날 기록 사진을 남겨 두는 것과 같다.

지도를 그리는 데에는 예술성이나 창의성보다는 정교한 모사가 요 구되었으므로 지도 그리는 일은 당연히 모사를 전문으로 하는 화원 들의 영역이었다. 그런데 사대부들의 시각에서는 화원들 그림을 잔재 주 기술로 인식하여 비판적이었다. 그림이라면 모름지기 글과 마찬가 지로 뜻이 담겨야 한다는 것이다. 예술은 도를 담는 것이므로 정확 하게 그리는 것은 중요하지 않다는 것이다.

그러나 19세기에 이르면 이 같은 자연관과 사물관에 변화가 생긴

김정호金正浩

다. 임진왜란과 병자호란 이후, 안으로는 자아에 대한 새로운 반성과 비판이 일고, 밖으로는 청나라의 실학풍과 함께 들어온 서양의 과학 사상에 영향을 받아 지식인들 사이에 새로운 학문을 연구하려는 움직임이 일어났다. 지식인층에서는 나라의 경제를 살리려는 여러 개선책이 제시되었고, 농업, 역사, 지리, 지도, 수리(數理), 역상(曆象), 어문(語文), 금석학 등에 이르기까지 새롭고 실증적인 연구가 일어났다. 그 중 가장 중요한 변화는 사물에 대한 정확한 이해를 중시하는 것으로, 이러한 생각은 그림뿐 아니라 지도를 그리는 작업에도 영향을 주었다.

조선 후기의 지리학자인 정상기(1678~1752)는 우리나라 최초로 좌표 개념을 지도 제작에 도입한 사람이다. 그는 지도가 정확하지 못한 것은 축척과 축소의 비율을 제대로 지키지 않고 주먹구구식으로 지도를 제작했기 때문이라고 비판하면서 정확한 비율을 지킬 것을 주장했다.

지도 제작에 있어서 두 차례의 획기적인 과학적 혁신이 있었는데 제1차 혁신은 숙종~영조 대에 정상기가 만든 《동국대지도(東國大地圖)》에 의해 실현되었고, 제2차 혁신은 고산자 김정호가 완성한 《청구도》와 《대동여지도》이다.

정상기의 지도는 정밀도에 있어서 김정호의 지도보다 뒤떨어졌으나 사용이 간편해 널리 유포되었다. 정상기는 어려서부터 병약하여 과거를 단념하고 저술에 힘써 많은 저서를 남겼는데 특히 여지(輿地, 땅·지구)에 큰 관심을 갖고 축척을 넣은 우리나라 지도를 처음으로 제작했다. 정상기는 함경북도 장에서 자신의 지도에 대해 다음과 같이 설명했다.

'우리나라 지도로 세상에 나온 것은 수없이 많으나 인쇄본이나 사본을 막론하고 모두 지면(地面)의 모양과 크기에 따라서 그렸으니 산천과 도(道)와 리(理)가 제대로 되어 있지 않아 10리쯤으로 가까운 것이 어떤 때는 수백 리나 되게 멀리 있고, 수백 리나 먼 곳이 때로는 10리쯤으로 가깝게 되어 있다. 나는 병환 중에 이 지도를 만들어 모든 산천의 험한 곳, 평탄한 곳과 도(道)와 리(里)의 거리를 재서 100리를 1척으로 하고, 10리가 1촌이 되게 했다. 서울로부터 재서 사방에 이르러 먼저 전도(全圖)를 1도(圖)로 하여 8도의 지형에 따라 그 전체 모양을 정하고 그것을 다시 8장으로 나누어 접어서 첩(帖)이 되도록 했다.'

정상기 지도의 특색은 백리축척(百里縮尺, 100리를 1척, 10리를 1촌으로 함)을 창안하여 실제에 가까운 〈동국전도(東國全圖)〉와 〈도별분도(道別分圖)〉를 작성하였다는 점이다. 즉 정상기는 백리축척을 가지고 전국 도리표(道里表)에 의하여 서울로부터 사방을 측정(평탄한 지역에는 100리를 측정하는데 1척을 사용하고, 산이나 강 등 곡선부에는 1척으로 120~130리를 측정)하여 한반도의 형상과 높낮이의 지형을 거의 원형대로 나타냈다. 종전의 지도는 대부분 지형의 높낮이나 넓고 좁음, 원근 개념을 거의 도외시해서 산천과 군이나 읍의 위치가 서로 뒤바뀌기도 했는데 이러한 모순을 과학적인 방법을 사용하여 비로소 비교적 정확한 지도를 작성한 것이다. 특히 수륙 교통로와 봉화대

김정호金正浩

와 같은 통신망을 표시했고 산맥을 뚜렷이 나타냈다.

정상기는 실학자 이익과 친구였는데 그래서 학자들은 이익이 제공한 서양의《기하원본》과 같은 기하학적 도법(圖法)의 원칙을 기준 삼았을 것이라고 추측한다.

정상기에 의해 구체화된 지도 제작은 19세기 김정호에 의해 꽃을 피운다. 김정호는 정확한 축척과 기호화를 적용함으로써 우리나라 지도 제작과 지리학을 한 단계 업그레이드시킨다.

세계 최초의 반자동 거리 측정기 기리고차(記里鼓車)

지도를 만들었다는 것은 길이의 측량 기준이 있었다는 것을 의미한다.

전 세계적으로 길이 측량의 시작은 인체의 손가락을 사용하는 것에서부터 비롯되었다. 중국 후한 때 허진이 쓴 기록에 '지(咫, 약 18센티)'라는 단위가 나오는데 그 길이는 중간 정도의 몸집을 가진 부인의 손 길이와 같다고 쓰여 있다. 또 '자(尺)'라는 단위도 있는데 그 기준은 손가락을 나란히 한 상태에서의 네 손가락의 폭을 말한다. 또 유척(鍮尺)이라 하여 지방 수령이나 암행어사가 검시 때나 조사를 할 때 사

기리고차(記里鼓車)를 복원한 모형
일정한 거리를 가면 북 또는 징을 쳐서 거리를 알려주는 조선시대의 반자동 거리측정 수레. 장영실이 왕명을 받아 중국에 유학하며 기술을 배워 기리고차를 더욱 발전된 모습으로 개량하였다.

용하던 놋쇠로 만든 표준 자인데, 보통 1자보다 1치 정도 더 길게 만들기도 했다.

측정해야 할 길이가 긴 경우에는 나무막대를 이용해 길이를 재었지만 그것도 안 되면 새끼줄을 길게 늘여서 측정했다. 그러나 새끼줄은 신축성이 심하고 부정확해서 재는 사람에 따라 거리가 다르게 나오기 십상이어서 대나무를 쪼개 연결해 만든 죽척(竹尺)을 사용했다. 이 죽척은 신축이 적어서 일제강점기의 토지 조사는 물론 1970년대 건설 현장에서까지 사용되었다.

또한 등나무 껍질로 만든 간승(間繩)은 일종의 줄자인데, 죽척보다는 신축이 심하지만 가늘게 제작할 수 있어 휴대에 편리하고 200미터 이상 측정이 가능한 이점이 있었다. 특히 해안이나 낭떠러지 등 험준한 산악지대 측량에서는 질겨서 잘 끊어지지 않는 간승을 사용했다.

우리 선조들이 발명해 사용했던 놀라운 측정 도구 중에 기리고차(記里鼓車)라는 반자동 기구가 있다. 1441년(세종 23) 3월 17일자 〈세종실록〉에 다음과 같은 기록이 있다.

'왕과 왕비가 온수현(溫水縣)으로 행차하니, 왕세자가 호종(扈從)하고, 종친과 문무 군신 50여 명이 호가(扈駕)하였다. 임영대군(臨瀛大君) 이구, 한남군(漢南君) 이어로 하여금 궁을 지키게 하고, 이후로는 종친들에게 차례로 왕래하게 하였다. 임금이 가마골에 이르러 사냥하는 것을 구경하였다. 이 행차에 처음 초여를 쓰고 기리고(記里鼓)를 사용하니, 거가(車駕)가 1리(里)를 가게 되면 목인(木人)이 스스로

김정호金正浩

북을 쳤다.'

여기서 온수현은 지금의 온양으로, 세종은 왕비, 세자와 함께 온천에 가는 길이었다.

기리고차는 말이 끄는 수레의 바퀴 회전수에 따라 울리는 종과 북 소리를 헤아려 거리를 측정하는 원리로 오늘 날의 택시 미터기와 같다. 수레가 0.5리를 가면 종을 한 번 치고 수레가 1리를 갔을 때는 종이 여러 번 울리게 하였으며 5리를 가면 북을 한 번 울리게 하고 10리를 갔을 때는 북이 여러 번 울리게 했다. 사람은 수레 위에 앉아서 종과 북 소리를 듣고 거리를 기록했다.

세종이 온양으로 행차하면서 갖고 간 기리고차는 다음과 같은 계산으로 거리를 구할 수 있다. 세종 때 확정된 척도의 기본은 주척(周尺)으로 1주척은 20.795센티미터이다. 당시 10리는 3.74킬로미터로 1리는 약 374미터이다. 100바퀴가 굴러가면 1리니까 한 바퀴는 3.74 미터이다. 이 길이는 주척으로 18주척이 된다. 따라서 세종 때 사용한 기리고차의 바퀴는 원둘레 18주척(374.31센티미터), 즉 지름 119.5 센티미터이다.

기리고차로 경도(經度) 1도의 거리도 측정하였는데 108킬로미터라고 하였다. 현재 그 값이 110.95킬로미터이므로 오차가 3% 이내였다. 기리고차는 반자동화한 세계 최초의 거리 측정 기계로서 조선 시대의 지리지와 지도가 체계적인 실측에 의해 제작되었음을 알려준다.

물론 기리고차는 조선의 독창적인 작품은 아니다. 기록에 의하면 중국 송나라 때부터 기리고차가 있었다. 학자들은 세종 때의 과학자 장영실이 다른 천문기구와 함께 기리고차도 만들었을 것으로 추정한다. 물론 자동화 길이를 0.5리, 1리, 5리, 10리로 세분한 것은 조선의 독창적인 아이디어다.

문종 원년(1450) 10월 23일에도 기리고차에 대한 기록이 있다.

'연파곤(淵波昆)은 수세(水勢)가 느리게 흐르고 또 광활하지도 않으니, 삼전도(三田渡)의 빠르고 급하여 건너가기 어려운 것과 같지 않다. 기리고차(記里鼓車)로써 삼전도와 연파곤 도로(道路)의 멀고 가까움을 재도록 했다.'

개인적 흔적이 없는 김정호

한국인으로서 《대동여지도》를 제작한 김정호를 모르는 사람은 거의 없지만 막상 김정호가 어떤 사람인가에 대해 알고 있는 사람은 없다. 김정호에 대한 개인적인 자료가 거의 없기 때문이다. 김정호의 생애와 성격에 대해서는 몇 줄의 기록과 약간의 구전만 전해지고 있을 뿐 가계나 내력, 심지어 출생한 해와 죽은 해까지도 불분명하다. 다만 황해도 어디에서 출생했을 것으로 짐작하는데 황해도 봉산(鳳山) 또는 토산(兎山)에서 1804년에 태어나 1866년에 사망했다는 설이 가장 널리 받아들여지고 있다. 또한 김정호가 서울로 올라와 남대문 밖(만리재)에서 살았다고도 하고 서대문 밖(공덕리)에서 살

김정호金正浩

왔다고도 하는데 이 역시 정확한 것은 아니다.

그렇게 유명한 김정호의 개인적인 배경이 안개 속에 가려져 있는 것은 그만큼 그의 생애가 미스터리 그 자체이기 때문이다. 당연히 그의 부모나 자식에 대한 것도 전혀 알려져 있지 않고 그의 집안이 양반이었는지 아니면 노비의 자식이었는지조차 확실하게 밝혀져 있지 않다. 그래도 그의 호가 고산자이며 또 그의 이름이 정호라는 것을 지도에서 밝히고 있으며 그에게 백원(伯元), 백온(伯溫), 백지(伯之) 등의 자(字)가 있었다는 사실도 알려졌다.

이상태 교수는 근래 발견한 자료로《대동지지》의 내용을 유추해 볼 때 김정호가 1866년까지 생존했음을 밝혀냈다.《대동지지》1권 국조기년(國朝紀年) 고종 조에 민비(閔妃)가 고종의 왕비로 기록되어 있다. 다른 왕들은 세자로 책봉된 후 세자빈을 맞았다가 함께 즉위하지만 고종은 세자 시절이 없이 바로 즉위했기 때문에 왕비가 없어 고종은 즉위하고 3년 후인 1866년 3월에 민씨를 왕비로 맞아들인다. 이를 볼 때 김정호는 1866년(고종 3) 3월 이후까지 생존했었다고 볼 수 있다는 설명이다.

김정호에 대한 기록으로는 이규경의《오주연문장전산고》, 겸산 유재건의《이향견문록(里鄕見聞錄)》, 신헌의 문집《금당초고》, 최한기가 1834년(순조 34)에 친구 김정호를 위해《청구도》에 서문을 쓴 것이 전부이다. 김정호와 동시대에 활동한 이규경은《오주연문장전산고》의 '지구도변증설'에서 김정호에 대해 최초로 기록을 남겼다.

'지구를 지도로 만든 것은 매우 많지만 우리나라에는 가본이 없으므로 매번 연경에 가는 편에 부탁했지만 역시 구하기 어렵다. 근래 (1834)에 최한기가 중국 장정빙의 탑본을 중간(重刊)했다. 최한기 집은 서울 남촌 창동에 있는데 갑오년에 대추나무로 판각했으며 이를 김정호가 새겼다.'

'근자에 김정호라는 사람이 《해동여지도》 두 권을 저술했다. 별도로 바둑판처럼 자호로 구분하여 경기와 각 군읍을 각각 그려 책에 수록했는데 자호에 따라 살펴보면 어긋남이 없다. 또 《방여고》 20권을 저술했는데, 《동국여지승람》에서 취하여 잘못된 것을 바로잡았고 시문을 제거했는데 이것도 매우 해박하다. 그의 지도와 지리지는 반드시 전해질 것이다.'

여기에서 《방여고》는 영남대학교 등에 소장되어 있는 《동여도지 (東輿圖地)》를 의미한다. 《동국여지승람》을 저본으로 필요한 사항을 발췌한 뒤 《동국여지승람》 편찬 이후 변경된 사항을 첨가했고 추가 사항을 좌우의 여백이나 첨부란을 이용해 편찬했다. 유재건이 지은 《이향견문록》은 조선시대 하층계급 출신으로 각 방면에서 업적을 쌓은 인물들의 행적을 모아놓은 책이다. 이 책의 '김고산 정호' 편에 다음과 같은 글이 있다.

'김정호는 고산자(옛산과 더불어 사는 사람)라고 스스로 호를 정했다. 재주가 많은 사람으로 여지학을 좋아하였다. 그는 지도를 널리 상고하고 이를 광범위하게 수집하여 일찍이 〈지구도〉를 만들고, 또

김정호金正浩

《대동여지도》를 만들었다. 그림도 잘 그리고 판각도 잘하여 세상에 간행하여 배포하였는데 상세하고 정밀함이 고금에 비할 바가 없다. 나도 한 본을 얻었는데 진실로 보배롭다. 또 《동국여지도》 10권을 편집했는데, 다 마치지 못하고 죽으니 심히 애석하다.'

유재건은 김정호가 〈지구도〉를 만들었다고 했는데 이는 최한기가 만든 것을 잘못 알고 김정호가 만든 것으로 적은 것이다. 최한기는 김정호와 거의 비슷한 연배로 평생의 동지이기도 했다. 최한기는 양반 출신이고 김정호는 평민 출신이었지만 신분의 차이를 뛰어넘어 교우했다. 1834년(순조 34) 《청구도》가 완성되자 최한기는 다음과 같은 서문을 썼는데 그 형식과 내용을 함축성 있게 설명하고 있다.

'나의 벗 정호(正浩)는 소년 때부터 깊이 지지(地志, 지리학)에 뜻을 두고 오랫동안 섭렵하였다. 모든 방법의 좋고 나쁜 점을 자세히 살피며 한가한 때에 사색을 하여 간편한 집람식(輯覽式)을 발견하였다. 김정호는 방안(方眼, 경도와 위도를 나타내는 선)을 그어 산수(山水)를 끊고 주현(州縣)을 배열하였는데 표선(表線)에 의하여 결계(結界)를 살

> **집람식(輯覽式)**
> 지도를 부분적으로 작성해서 이용하기 편리하게 펼쳐볼 수 있도록 만든 형태.

피는 것이 어려웠다. 그래서 그는 전폭(全幅)을 구분하되 가장자리에 선을 긋고 본조(本朝)의 역산표(歷算表)를 모방하여 한쪽은 위로, 한쪽은 아래로 하여 길고 넓은 형세가 제 강역(疆域)대로 접하게 되고 반청반홍(半青半紅)으로 수놓은 듯한 강산이 같은 색을 따라 찾을 수 있게 되었다.'

김정호는 하층계급 출신?

　　김정호에 대한 기록이 많지 않은 이유는 그가 하층계급 출신으로 당시의 여건상 중요 인물로 여겨지지 않았기 때문이다. 특히 그가 양반계급이나 부유한 가정에서 태어났지 않았다는 것은《이향견문록》과 신헌의《대동방여도(왕의 군사지도)》의 서문을 보아서도 유추할 수 있다.

　《이향견문록》은 하층민에 대한 글을 싣고 있으므로 여기에 수록되어 있다는 것 자체가 그의 신분을 가늠할 수 있으며 신헌은《대동방여도》에서 다음과 같이 적었다.

　'나는 일찍이 우리나라 지도에 뜻을 두고 비변사와 규장각에 소장된 것, 고가(古家)에 있던 것을 널리 모아 연구하였다. 여러 본을 참고하고 여러 책들의 내용을 종합하여 편집했다. 또한 김백원(김정호)에게 그것을 맡겨 만들게 하였다. 증명하고 입으로 전해주기를 수십 년이나 하여 비로소 한 부가 만들어졌는데 모두 23권이다.'

　　이 기록에 따르면 신헌은 상당 기간 김정호를 후원했던 것으로 보인다. 이는 김정호가 지도 제작자로서 중요한 위치에 있었음을 시사한다. 신헌의 유배 기간 중에도 김정호에 대한 신뢰와 후원은 지속되었을 것으로 추정되며 신헌이 유배에서 풀려난 1857년부터 본격화되었을 것으로 본다. 이는 신헌이 군사 전략가로서 누구보다 지도의 효용성을 깊이 인식하고 있었기 때문이다.

　　　　　　　　　　　　　　　　　　　　　　　　김정호金正浩

여기에서 주목할 것은 신헌이 김정호를 김공(金公)이 아니라 김군 (金君)으로 표기하고 있다는 점이다. 신헌이 자기보다 나이가 많은 김정호를 김군이라고 부른 것을 보면 김정호의 신분이 낮았음을 알 수 있다. 사실 김정호가 양반가의 사람이었다면 남이 알아주지도 않 는 지도 제작에 온힘을 기울였을 것 같지 않다. 또 좋은 환경에서 그 러한 위업을 이루었다면 그의 생애에 관한 기록이 많이 남아 있을 것이다. 김정호의 자손들 역시 궁핍하고 쇠락하여 그들의 소재라든 가 그 유무조차도 알 수 없었던 모양이다.

청도 김씨 대동보에 의하면 김정호는 봉산파로 분류되어 있는데 6·25 전쟁으로 인해 봉산파가 실계(失系)된 것으로 설명되어 있다. 그러나 6·25 전쟁과 관계없이 옛 족보에는 등재되어 있어야 하는데 김정호의 이름은 족보에 없다. 이는 김정호의 족보가 6·25 전쟁으로 사라진 것이 아니라 애초부터 족보도 갖지 못했던 한미(寒微)한 평 민 출신임을 뜻한다.

여러 가지 면을 검토할 때 김정호가 족보도 갖지 못했던 보잘것없 는 출신이라는 것을 암시하지만《대동여지도》를 비롯해 많은 지도를 제작한 것으로 보아 상당한 지식을 가진 것으로 보인다. 적어도 잔반 (殘班, 세력이나 살림이 몰락한 양반) 계급이거나 중인 계층으로 추측 할 수 있다.

그의 정확한 생존 연대도 알려지지 않았지만《대동여지도》의 재간행 과《대동지지》의 완성이 모두 1864년(고종 원년)에 이루어진 것으로 보 아, 순조·헌종·철종·고종 초기의 4대에 걸쳐 살았던 것으로 추정된다. 그가 사망할 때는 적어도 60여 세는 되었을 것이다.

《대동여지도》의 선배 《청구도》

 김정호의 신분이 어떠하든 그의 대표작들을 보면 뛰어난 과학정신을 느낄 수 있다. 김정호의 지도는 모두 방안(方眼)을 기본으로 하여 정확성과 정밀성을 보여주고 있는데 이것이 바로 과학정신의 기본이다. 물론 현대 지도와 비교해보면 《대동여지도》의 오류가 드러난다. 우선 백두산 쪽이 북쪽으로 약간 솟아 있고 함경도가 동쪽으로 불거져 나갔는가 하면 제주도가 약간 북쪽으로 본토에 접근해 있다. 그러나 GPS로 10센티미터의 오차도 허용하지 않는 현대 지도를 150여 년 전의 《대동여지도》와 비교한다는 것 자체가 무리이다. 김정호 지도에서 이 정도의 오차밖에 찾아내지 못한다는 것은 그 정확성과 정밀성 즉 과학성을 다시금 확인시켜 주는 것이다.

 일부 학자들은 《대동여지도》가 아니라 《대동여전도》라고 부르는 것이 원칙이라고 말하는데 여기서는 혼란을 피하기 위해 널리 알려진 《대동여지도》로 표기한다.

 김정호의 역작 가운데 가장 먼저 완성된 것이 《청구도》로, 건곤(乾坤) 2책으로 되어 있어 두 책을 상하로 연결하면 전국도가 된다. 필사본으로 제작된 《청구도》에는 지도 제작법에 관해서도 기록했는데 기하학의 동심원적 방법의 예를 들었으며 《기하원본(유클리드 기하학의 한문 번역본)》에 따른 방안(方眼)에 의한 지도의 확대 및 축소법을 예시하고 있다. 김정호가 당시 중국을 통해 들어온 근대 과학사상의 영향을 많이 받았음을 보여주는 대목이다.

 김정호는 이러한 과학 지식의 토대 위에서 축척의 기능을 하는 방

김정호金正浩

안(모눈)을 사용하였지만 그의 방안은 도면 전체에 가로 세로 선을 긋지 않고, 가장자리에 쌍선(雙線)을 긋고 그 쌍선 안에 일정한 간격마다 짧은 획을 그었다. 즉 상하 양쪽의 짧은 획을 세로로, 좌우 양쪽은 가로로 하여 안으로 향하게 연장시키면 경도와 위도가 만나는 방안이 만들어지도록 했다. 다시 말하면 각 면마다 방안의 표시만을 남기고 내부 공백에 지도를 나타낸 것이다.

《청구도》는《청구선표도(靑丘線表圖)》라고도 불리는데 최한기의 서문을 볼 때 완성 시기는 1834년(순조 34)으로 보인다. 내용은 '범례'와 '지도식'을 비롯해 '본조팔도주현도총목(本朝八道州縣圖總目)', '도성전도(都城全圖)' 및 다른 여러 주현도를 싣고, 부록으로 '신라구주군현총도(新羅九州郡縣總圖)', '고려오도양계도(高麗五道兩界圖)', '본조팔도성경전도(本朝八道盛京全圖)' 등의 역사 지도를 첨부했다. 이처럼 청구도는 지도와 지지(地志, 지도에 표현되지 못한 내용을 지도 여백에 지역의 인문지리에 관한 내용을 추가로 보완한 내용)를 합쳐놓은 것이다.

《청구도》에 담겨진 과학적 지식은 다음 세 가지이다.

첫째, 영·정조대 실제 천문관측으로 얻은 8도(道)의 경위도(經緯度)에 근거해 경위선을 확정했다. 이러한 방식은 정조 때 제작된《해동여지도》에서 이미 적용된 바 있었는데《청구도》는 전국을 커다란 하나의 방안(모눈)에 집어넣어 제작하기 때문에 이전에 제작된 다른 지도에 비해 상당히 정확성을 기할 수 있었다.

둘째는 서양 유클리드의《기하원본》의 기하학 지식을 활용하여 확대 및 축소의 정확성을 기했는데 이것은 17세기 이후 조선에 유입된 서양 과학 지식의 영향을 받았기 때문이다.

세 번째로 군현의 경계를 확실하게 파악할 수 있도록 각 읍의 군(軍), 호(戶), 전(田), 곡(穀)의 수를 군현별로 지도 안에 기록하여 그 군현의 규모를 쉽게 짐작할 수 있도록 하는 등 군현 지지(地誌)의 장점을 그대로 계승했다.

그러나 지도는 지도대로의 생명을 갖고 있고, 지지는 지지대로의 특색을 갖고 있으므로 지지를 완전히 지도에 나타낼 수는 없다. 그래서 김정호는 지지의 필요성을 강조하여 《청구도》 범례 중에서 각 주현(州縣) 중심의 읍지(邑誌) 편찬을 위한 주요 항목의 형식을 제시했다.

'지(志, 地志)는 도(圖, 지도)의 미진한 곳을 밝히고자 함이니, 여러 읍(邑)으로 하여금 제시된 주요 항목에 의하되 그 항목 중에 있는 것은 있는 대로 적고, 없는 것은 없는 대로 빼어, 이 방식에 어긋나지 않도록 할 것이며 그리하여 지와 도가 병행하도록 할 것이다.'

김정호는 지지 편찬이 개인 한 사람의 힘으로는 어려운 일이므로 무엇보다도 국가가 나서서 여러 주현(州縣)으로 하여금 일정한 방식에 의해 몇 년에 한 번씩 읍지(邑誌)를 편찬하도록 하고, 그것을 중앙에 보내어 종합, 정리하는 것이 최선이라고 일종의 아이디어를 제시하기도 했다. 그러나 그의 제안은 채택되지 않았다.

그의 만년의 대작인 《대동여지도》와 《대동지지》는 모두 《청구도》의 자매편이다. 《대동여지도》는 《청구도》의 지도적인 면을 재정리하여 좀 더 간편하고 실용적이며 정확성을 띠게 제작한 것이고, 《대동지지》는《청구도》의 지지적인 면을 더 확대하고 보충한 것이다.

《대동여지도》는 1861년(철종 12)에 김정호가 손수 판각하고 인쇄하여 펴냈고, 3년 후인 1864년(고종 원년)에 몇 군데 오류를 바로잡아 다시 발간했다. 모두 22첩(帖)으로 분리되며 이어진 각각의 첩을 접으면 책자와 같도록 만들었다.

《대동여지도》가《청구도》와 다른 것은 도로망, 산맥과 줄기, 그리고 강의 본류와 지류까지 나타내는 데 심혈을 기울였다는 점이다. 지도에 나타나 있는 도로망은 그물을 친 것과 같이 종횡으로 되어 있고, 그 위에 10리 간격마다 점으로 표시하여 멀고 가까운 거리를 한눈에 알아보게 했다.《대동여지도》는《청구도》를 다시 정리하는 동시에 종래의 산천지도와 도리표(道里表)를 참고하여 좀 더 간편하고 실용적이며 정확을 기한 김정호 만년의 집대성이라 볼 수 있다.

《대동여지도》의 축척은 얼마인가?

김정호의 지도 제작 이론은 중국의 역대 지리학 문헌에 나타난 이론을 완전히 소화해 자신의 방식대로 전개한 것이다. 거기에는 우리 고유의 지도 제작 이론과 방법이 사용되었는데, 이를테면 명산(名山)과 지산(支山)을 산줄기의 큰 마디로 그려냈다. 이런 방법으로 특별히 높은 산, 서로 겹친 산 등 2800개 이상의 산을 묘사했고, 산줄기를 따라 단면으로 그린 것을 기호화하는 방법으로 산맥을 나타냈다. 도시와 마을 그리고 행정적 요소와 군사 기지 등도 그 성격과

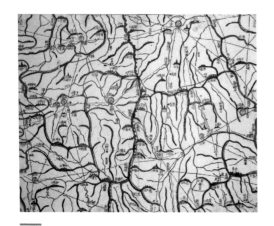

《대동여지도》16첩 3면 지도 위의 지역은 현재의 경상북도 상주시, 구미시, 김천군, 성산군, 충청북도 영동군, 옥천군, 전라북도 무주군에 걸쳐 있다. 가운데 위쪽에서 아래로 뻗은 산줄기가 현재 소백산맥이라고 부르는 백두대간이다.〈출처〉규장각.

크기에 따라 기호를 달리했다. 이런 기발한 지도 제작 기법이 《대동여지도》에 1만 2000개나 되는 지명과 수많은 지리적 요소들을 일목요연하게 나타낼 수 있게 해주었다. 그가 그린 산맥은 한국의 풍수가들이 그린 지형도인 묘도(墓圖)의 독특한 묘사법과 매우 비슷하다는 지적도 있다.

세계의 지도 발달사를 집대성한 《지도학의 역사(The History of Cartography)》에는 《대동여지도》를 한국의 지도 중에서 지도학적으로 가장 우수한 지도라고 평가했다. 그것은 《대동여지도》가 가능한 한 글씨를 줄이고, 표현 내용과 정보를 기호화하여 현대 지도와 같은 세련된 형식을 보여주었기 때문이다.

김정호는 1824~1834년 사이 《수선전도(首善全圖)》를 제작했는데, 수선(首善)이란 서울을 뜻한다. 근대 지도에 가까운 실측 세밀 지도로 크기는 82.5×67.5센티미터의 목판본이다.

《수선전도》는 북쪽 도봉에서 남쪽 한강에 이르는 지역을 오늘날의 종로가 가로지르는 것으로 그렸다. 이 지도는 1820년대 초의 서울을 정확하게 그린 도성도(都城圖)로, 주요 도로와 시설, 궁전, 종묘, 사직, 문묘, 학교, 교량, 성곽 등을 빠짐없이 그리는 등 460개의 지명

김정호金正浩

을 표시했다.《수선전도》는 정확성과 정밀함, 크기 면에서 서울을 그린 지도 중에서 가장 훌륭하다. 특히 지도 제작뿐 아니라 목판 제작 솜씨도 탁월하여 판목의 가치로도 중요성을 인정받고 있다.

김정호의 지도에서 꼭 짚고 넘어가야 할 것은《대동여지도》의 축척이 얼마인가 하는 것이다.《대동여지도》의 축척에 대해서는 이견이 많은데 이는 1리를 오늘날의 거리 단위로 환산한 데서 비롯된다. 현재의 기준으로 따지면 10리는 4킬로미터에 해당하지만 이것은 일제의 잔재다. 일본에서는 메이지유신 이후 1리(里)를 4킬로미터로 환산해 사용했지만 그 후 한국을 식민 통치하면서 10리를 4킬로미터로 쓰게 하였다.

조선시대의 문헌에 등장하는 거리를 미터 단위로 계산할 때 10리를 4.2킬로미터로 보는 견해와 5.4킬로미터로 보는 견해가 있다. 10리를 4.2킬로미터로 보게 되면《대동여지도》의 축척은 1:160,000 정도가 되며, 후자로 계산하면 1:216,000이 된다.

방동인 등이 1:160,000 축척을 주장하는데, 그 근거는 지도의 크기와 실제 지표면의 크기를 대비하여 계산한 것이다. 성남해 등이 주장하는 1:216,000 축척은 경위도 1도의 거리를 200리로 보고 계산한 것이다. 양보경은 축척이 실제 지표상의 거리를 지도상에 어떤 비율로 줄여 나타냈는가 하는 원론적인 입장에서 본다면 1:160,000이 더 설득력이 있다고 주장했다.

그런데 전상훈은《대동여지도》방안표의 한 눈금 길이가 당시 통용되던 주척으로 약 1.2촌으로 계측되므로《대동여지도》의 축척은 18만분의 1로 주장했다. 한편 1리를 주척 2160척으로 보아 이를 미터법으로 환산하면 10리는 약 4.536킬로미터가 된다. 이러한 《대동여지도》의 축척은 옛 지도 가운데 가장 큰 것이다.

허무맹랑한 김정호의 옥사설

김정호에 대한 왜곡된 전설에 대해 알아보자. 김정호에 대한 공식적인 기록이 거의 없음에도 구전되는 내용은 매우 충격적이다. 그 중 가장 많이 거론되는 것이 흥선대원군과의 연관설이다. 대원군이 집권하고 있을 때 김정호가 《대동여지도》의 인쇄본을 조정에 바치자, 나라의 기밀이 누설될 위험이 있다고 여긴 조정 대신들이 그를 옥에 가두어 죽이고 판각(板刻)을 몰수하여 소각했다는 것이다. 1993년에 발행된 초등학교 5학년 2학기 국어 읽기 교과서의 '김정호' 단원에는 이렇게 쓰여 있었다.

'늘 노자가 부족한 그는 어느 때에는 돌 위에서 쉬고 어느 때에는 나무 밑에서 밤을 지새우며 이 고을에서 저 고을로 옮겨 다녔다. 찌는 듯한 삼복더위에 땀을 뻘뻘 흘리며 가파른 산을 오르고 살을 에는 듯한 눈보라 속에 넓은 벌판을 헤매기도 했다. 때로는 끼니를 굶고 길에서 쓰러졌다가 지나가던 사람의 구원으로 살아나기도 했다. 이렇게 10여 년이 흘러갔다. 그 동안 그는 조선 팔도를 돌고 백두산을 오른 것이 여러 차례였다.

그러나 아! 슬프다. 그는 억울한 죄명으로 죽음을 당하게 되었다.

김정호金正浩

그때 나라를 다스리던 완고한 사람들이 그 지도를 보고, 나라의 사정을 남에게 알려주는 것으로 오해를 했기 때문이었다. 동시에 그들은 김정호의 피땀이 어린 지도의 판목까지 압수하여 불사르고 말았으니, 정말 안타깝기 그지없는 일이다. 그 당시 우리나라는 외국과 거의 왕래를 하지 않았고, 새로운 문화를 받아들이기를 꺼리고 있었던 것이다. 김정호는 억울한 죽음을 당했다.'

그러나 초등학교 교과서에까지 실렸던 김정호의 옥사설은 허무맹랑하게 날조된 이야기이다. 애꿎게 대원군만 욕을 먹었지만 김정호의 옥사설이 날조되었다는 것은 다음과 같은 근거로 추측할 수 있다.

첫째, 김정호가 죄인으로 체포되었다면 《대동여지도》의 판각뿐만 아니라 그 인쇄본이나 전사본(轉寫本, 옮겨 베낌)까지 모두 압수당하는 것이 정상이다. 물론 이미 모사되어 널리 퍼진 《청구도》 역시 같은 운명에 처해졌을 것이다. 그러나 오늘 날까지 《대동여지도》의 두 차례에 걸친 인쇄본과 사본, 그리고 《청구도》의 전사본 등이 아무런 수난을 겪은 흔적이 없이 잘 전해오고 있다.

둘째, 김정호가 죄인으로 처형 당했다면 그가 죽은 뒤 얼마 후 발행된 유재건의 《이향견문록(里鄕見聞錄)》에 김정호에 대해 감히 싣지 못했을 것이다. 특히 유재건은 김정호가 몰(歿)했다고 표현했는데 만약에 김정호가 옥사했다면 물고(物故)했다고 적었을 것이다.

셋째, 김정호와 가까웠던 최한기, 최성환, 그리고 국가 기밀 지도를 제공해주었다는 신헌 장군 등이 연루되어 어떠한 처벌이라도 받아야 했을 텐데, 그러한 기록이나 흔적을 찾을 수 없다. 오히려 신헌은 대원군 집권 당시 병조판서, 공조판서 등의 높은 자리에 올랐다. 김 정호가 죄인이었다면 신헌이 자신의 문집에 '김정호로 하여금 협력 하여 《대동여지도》를 만들게 하였다'는 기록을 남길 수는 없었을 것 이다.

일반적으로 김정호 이전의 지도는 모두 부정확했고 김정호의 천재 적 노력으로 비로소 정확한 지도가 만들어졌다고 알려져 있지만 이 부분에서도 사실과 차이가 있다. 지도에 대한 과거의 자료를 토대로 하여 그것을 집대성한 것이 《대동여지도》이다. 그러므로 그가 일정 부분은 답사를 했겠지만 기존에 제작된 수준 높은 많은 지도를 참 고했고 또 신헌 장군 등의 지원을 받았기 때문에 뛰어난 《대동여지 도》를 완성할 수 있었던 것이다.

한편 김동렬은 김정호가 《대동여지도》를 그린 사람이 아니고 유능 한 판각 책임자라고 주장했다. 지도 제작에 잘못이 있을 경우 책임 소재를 분명히 하기 위해 목판에 자기 이름을 밝힌 것이 '김정호=대 동여지도를 만든 사람'으로 와전되었다는 것이다. 특히 《대동여지도》 는 지도를 만드는 사람의 실측에 의한 것이 아니라 각 고을의 수령 들이 바치는 읍지도를 종합 편집한 것에 지나지 않는다고 설명했다. 이에 대해서는 앞으로 많은 연구가 있을 것으로 생각하지만 대동여 지도와 같은 거창한 지도를 종합 편집한다는 것이 일반 사람이 할 수 있는 작업이 아닌 것만은 틀림없다.

김정호가 《대동여지도》를 비롯한 지도 제작에 주력할 수 있었던 것은 그 혼자만의 일이 아니었음을 인식할 필요가 있다. 조선 말기 인 당시 국내외 위기 극복의 한 방법으로 좀 더 정확하고 상세한 전

김정호金正浩

국지도의 필요성을 공감하는 지식인층의 지원이 있었을 것이다. 또한 김정호는 이미 《청구도》 등의 제작으로 이름이 알려져 있었으므로 당대의 고위 관료인 신헌, 최한기, 김정호와 함께 《여도비지》를 편찬한 최성환의 도움을 끌어낼 수 있었을 것으로 추정한다. 《대동여지도》는 한마디로 김정호의 실력과 열정, 그리고 사명감 등을 알아주는 후원자들이 있었기에 완성될 수 있었다.

고려를 형제의 나라로 우대하라는 칭기즈칸의 유언

그렇다면 김정호가 조정으로부터 박해를 받아 옥사했다는 허무맹랑한 전설이 나온 까닭은 무엇인가? 그것은 우리 민족의 전통과 우수성을 깎아내림으로써 식민 지배를 유리하게 끌고 가려는 일제의 음모 때문이라는 것이 정설이다. 김정호의 옥사설이 공식적으로 처음 등장한 것은 1939년 일제가 발행한 《조선어 독본》이다.

'대원군의 명령으로 김정호 부녀를 잡아 옥에 가두었으니, 부녀는 그 후 얼마 안 가서 옥중의 고생을 견디지 못하고 통한을 품은 채 사라지고 말았다. 아아. 비통한지고! 때를 만나지 못한 정호….

그 신고와 공로의 큼에 반하여 생전의 보수가 그같이도 참혹할 것인가? 비록 그러하나 옥(玉)이 어찌 영영 진흙에 묻혀버리고 말 것이랴. 메이지 37년(1904)에 일로전쟁이 시작되자 《대동여지도》는 우리 군사(일본군)에게 지대한 공헌이 되었을 뿐만 아니라, 그 후 총독부에서 토지조사 사업을 착수할 때에도 둘도 없는 좋은 자료로 그 상세하고도 정확함은 보는 사람으로 하여금 경탄케 하였다.'

그렇다면 일본인들은 왜 김정호가 국가 기밀 누설죄로 단죄 받았다는 전설을 만들어냈을까?

그것은 우리의 역사를 보면 쉽게 이해된다.

칭기즈칸이 중앙아시아의 유목민임에도 불구하고 세계 역사상 가장 광대한 제국을 건설할 수 있었던 요인은 몽골인들이 용맹성과 함께 잔인성을 떨쳤기 때문이다. 몽골인들은 자신들에게 대항하는 적들은 철저하게 보복하지만 항복하는 사람들은 관대하게 살려 주었다.

한 예로 칭기즈칸은 손자 무아투칸이 바미얀에서 전사하자 그곳 주민 수십만 명을 한 사람도 남기지 않고 모두 살해했고 모든 거주 시설을 파괴해 버렸다. 그 후 몽골인에게 대적하다가 패배하면 전 민족이 말살될 수 있다는 것을 잘 알았기 때문에 거의 모든 민족들이 앞다투어 항복했고, 그 바람에 몽골인들은 광대한 지역을 무혈로 점령할 수 있었다.

그런 몽골인을 상대로 고려는 원나라와 거의 100년에 걸쳐 전투를 했다. 원나라에 맞서 100년 동안이나 버틴 것만 보더라도 얼마나 끈질긴 민족인지 알 수 있지만, 더욱 놀라운 것은 고려가 원나라와 100년이나 싸우면서 무던히 애를 먹였는데도 불구하고 막상 고려의 왕이 항복하자 그를 관행대로 처단하지 않고 원나라에 충성하는 조건으로 살려준 후 곧바로 한반도에서 철수했다는 점이다. 몽골인들

김정호金正浩

의 전투 습성으로 보아 예외적인 일이었다.

몽골이 고려를 점령하지 않은 이유는 칭기즈칸의 유언 때문인데 칭기즈칸은 고려 침략 후 형제국으로 맹약(盟約)하도록 지시했다.

'황제가 명하기를 적을 파한 후에 형제로 맹세케 해라.'

원나라는 각국과의 상호관계로 군신관계 외에 조손(祖孫), 부자, 백질(伯姪), 숙질, 형제 관계를 맺었는데 그 중 형제 관계가 가장 평등한 입장이다. 고려는 몽골에게 정복당했음에도 국가의 존립을 부인당하는 것이 아니라 형제국으로 대우받을 만큼 특별한 지위를 부여받았다.

고려인은 원래 몽골의 후예이므로 박해하지 말라고 칭기즈칸이 명령했다는 해석도 있지만 학자들은 고구려의 후신인 고려를 강국으로 보았기 때문으로 추정한다. 강력했던 수·당나라의 대군을 물리친 고구려의 후신으로 칭기즈칸이 고려를 실제 이상의 대국으로 생각했을 가능성이 있다는 해석이다. 특히 한반도의 지형적인 특성을 볼 때 원나라의 동쪽에서 언제라도 중국 북부를 공략할 수 있으므로 이를 사전에 억제하기 위한 최선의 정책으로도 볼 수 있다.

특히 쿠빌라이(칭기즈칸의 손자)가 1260년 황제의 자리에 오르기 위해 북상하는 도중 양양(襄陽)에서 고려의 세자(후에 원종)를 만났을 때 매우 기뻐하여 다음과 같이 말했다는 기록이 있다.

'고려는 만 리나 떨어져 있으며 당태종이 친히 정벌했을 때에도 항

복하지 않았는데 고려의 세자가 직접 복속해오니 하늘의 뜻이다.'

만주족이 통치했던 청나라도 마찬가지였다. 그들은 조선의 왕이 머물고 있는 남한산성을 포위하고도 함락시키지 않고 인내심을 갖고 항복하기를 기다렸다. 결국 선조는 항복하고 성 밖으로 나왔지만 만주인들은 완강히 저항하던 한반도의 작은 나라 왕을 죽이지 않고 앞으로 조공을 바치도록 한 후 철수했다. 우리의 장구한 역사 동안 북방(중국)으로부터 많은 침략이 있었고, 점령 혹은 항복으로 전쟁이 끝났지만 그 장수인 우리의 왕을 죽인 예는 한 번도 없었다.

점령지의 왕으로부터 항복을 받은 후에 점령 통치를 하지 않고 즉각 철수한 이유는 그들이 우리 민족의 특수성을 잘 알고 있었기 때문이다.

옥사설을 식민 지배의 명분으로 삼다

한반도의 지형은 산이 많고 길이 미로처럼 복잡하다. 그러므로 외국 군대가 한반도를 점령하고 있는 동안 우리 민족이 게릴라전을 벌여 퇴로를 차단하면 꼼짝없이 갇히게 되는 형국이다. 한반도를 공격해 들어왔을 경우 설령 점령하더라도 전술상 보급로가 막히므로 치명타를 입을 수 있다. 그러므로 조선(고려)과 같은 나라는 점령보다는 복속시켜 소란을 피우지 않게 하는 것이 최선이었던 것이다.

그런 의미에서 우리나라의 최고 통치 방법은 무도측안전(無道測安

김정호金正浩

全), 즉 한반도의 지형이 적에게 알려지지 않게 하는 것이 최선의 국가 방위책이었던 것이다. 물론 지도가 전혀 제작되지 않은 것은 아니다. 통치를 위해 정밀지도와 지지를 제작했지만 그것은 국가 안보상 극비리에 정부에서 수행하는 업무였다.

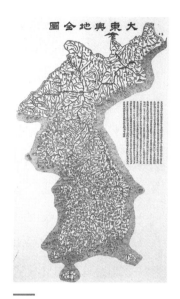

《대동여지도》 전도 전체를 펼쳐 이으면 세로 6.6미터, 가로 4미터로, 현존하는 조선시대 전국지도 중에서 가장 크다.

김정호가 조정의 허락을 받지 않고 당시로서는 최고급 통치 기밀을 스스로 만들어 국가에게 헌납했다면 위정자로서도 깜짝 놀랄 일이다. 그러나 김정호는 신헌 장군의 서문에 나오는 말처럼 신헌 장군에게 직접 지도 제작을 의뢰받아 만든 것이다. 김정호가 단죄되었다는 말이 허구라는 것을 잘 알 수 있는 대목이다. 그러나 만약 김정호보다 훨씬 선대의 사람이 김정호에 얽힌 전설처럼 독자적으로 지도를 만들었다면 어떻게 되었을까? 많은 군사 전문가들은 그 사람은 국가의 일급비밀을 누설한 죄로 틀림없이 사형을 받았을 것이라고 지적한다.

조선을 점령하고 있던 일본 정부는 조선을 보다 효율적으로 식민 통치하기 위한 방법을 찾고 있었다. 일본의 지배를 받고는 있지만 조선 민족의 저항이 완강하다는 것을 잘 알고 있기 때문이다. 가장 손쉬운 명분은 조선이 어리석은 나라이기 때문에 일본의 지배를 받아야 한다는 당위성을 부각시키는 것이다.

1898년 대한제국 광무 2년, 일본 육군은 한국 땅에서 극비리에 지도 제작에 착수했다. 육지측량부 소속의 50~60명의 요원들이 20개 조로 편성되어 1년에 걸쳐 전국적인 조사를 실시했다. 명분은 경부선과 경의선을 비롯해 호남과 경원 철도의 부설권을 얻었으므로 기초 조사를 한다는 것이다. 그들은 무려 300장에 달하는 5만분의 1 축척 지도를 만들었다. 그러나 제작 기간이 짧은 데다 토지 측량에 어려움이 많아 최신 지도 제작 기법에 따른 정밀지도를 만드는데는 실패했다.

그런데 얼마 후 일본 육군 육지측량부는 김정호의 《대동여지도》를 발견하고 깜짝 놀랐다. 그들이 지도를 만들기 40년 전에 이미 16만분의 1 지도가 출판되어 있었기 때문이다. 그들은 《대동여지도》의 정확성과 정밀함에 놀랐고 또한 김정호라는 한 개인이 만든 지도라는 사실에 충격을 받았다.

사실 일본 육군이 최신 기술을 총동원해 제작한 지도는 김정호가 혼자 만든 《대동여지도》보다 별반 나을 것이 없었다. 일본이 러일전쟁을 치를 때 대동여지도는 일본군에게 결정적인 기여를 했다. 일본인이 볼 때 김정호의 대동여지도는 식민지 찬탈을 위해서 매우 유용한 품목이었고 김정호는 그들의 구미에 가장 알맞은 인물이었다. 그래서 일본 정부는 김정호의 옥사설을 만들어 조선 정부의 무능함과 김정호에 대한 고마움을 표시한 것이다. 김정호와 같은 위대한 개척자를 억울한 누명을 씌워서 죽일 만큼 조선인이 우매하므로 일본의 통치를 받는 것은 당연하다는 의도를 품고 있다. 한마디로 조선을 식민 지배하는 데 김정호는 더없이 좋은 명분이 되었다.

다행히도 김정호 필생의 역작 《청구도》, 《대동지지》, 《대동여지도》

세 금자탑은 오늘날까지 전해지고 있다. 만일에 이런 저작물까지도 인멸되었더라면 김정호의 존재와 업적은 영원히 파묻혔을 것이다. 국가에서는 김정호에게 아무런 보답이나 상을 주지 않았지만 자신의 몸을 희생하여 우리나라 과학사에 불멸의 광채를 발하고 있는 것만은 틀림없다.

《대동여지도》는 현존하는 조선시대 전국지도 중에서 가장 크다. 전체를 펼쳐 이으면 세로 6.6미터, 가로 4미터에 이르는 대형 지도로, 적어도 3층 높이 이상의 공간이 있어야 펼쳐서 걸 수 있다. 지도가 이렇게 컸기 때문에 웬만한 책자에서 대동여지도를 수록하지 못했다. 수록하려면 너무 많이 축소되는 데다 사진 촬영도 어렵기 때문이다.

《대동여지도》의 가장 큰 장점은 목판으로 간행한 목판본 지도, 즉 인쇄본이라는 점이다. 당시까지 지도로 대표되는 지리지는 직접 베껴 쓴 지도로, 소수의 관리나 학자만을 위한 것이었다. 김정호 자신이 유능한 판각자이기 때문이기도 하겠지만 그는 지도가 보다 많은 사람들에게 보급되려면 목판 인쇄본이라야 한다고 생각한 것이다. 목판 지도는 지도의 보급과 대중화에 큰 역할을 했으며 그 중에서도 《대동여지도》는 상세하고 내용이 풍부한 전국지도로서 현재까지 전해지는 것만 해도 30여 질에 달한다. 물론 목판을 보면 다양한 조각 기법이 나타나는 것으로 보아 김정호의 보조 각수(刻手)도 있었을 것으로 추정한다.

더구나 김정호는 《대동여지도》를 분첩절첩식(分帖折疊式) 형태로 만들었다. 분첩절첩식 지도는 책자 형태의 지도에 비해 간편하고, 갖고 다니거나 보기에도 편리하다. 또한 부분과 전체를 나누고 합치는 것이 자유로워 서로 이어서 볼 수 있다.《대동여지도》는 우리나라를 남북으로 120리 간격, 22층으로 구분하여 하나의 층을 1첩으로 만들고 총 22첩(帖)의 지도를 상하로 연결하면 전국지도가 된다. 1층(첩)의 지도는 동서로 80리 간격으로 구분하여 1절(折 또는 版)로 하고 1절을 병풍 또는 아코디언처럼 접고 펼 수 있다. 22첩을 연결하면 전체가 되며, 하나의 첩은 다시 접혀져 병풍처럼 접고 펼 수 있으므로 부분만 필요할 경우 일부분만 뽑아서 휴대하거나 볼 수 있다.

《대동여지도》의 판본은 비교적 많이 전해지고 있는데, 성신여대 박물관 소장본은 보물 제 850호로 지정되어 있다. 경기도 수원에 있는 건설부 국립지리원 내에 김정호의 동상이 세워져 있으며, 서소문 밖 약현성당 내에 기념비가 1991년에 건립되었다. 다행하게도 개정된 초등학교 5학년 1학기 국어 읽기 교과서의 김정호 단원을 보면 억울한 죽음에 대한 내용이 삭제되었다.

김정호金正浩

11장

동양과
서양의
지식을
융합하다

최한기, 1803년(순조 3)~1877년(고종 16)

조선 말기의 실학자, 과학사상가. 자는 지로(芝老), 호는 혜강(惠岡)·패동(浿東)·명남루(明南樓). 19세기를 대표하는 학자로, 기존의 동서양의 학문적 업적을 집대성한 수많은 연구 저서를 내고 한국의 근대사상이 성립하는 데 큰 기여를 했다.

최한기

崔漢綺, 1803~1877

조선의 박식가, 평생 실업자 신세

　조선 말 실학자 중에서 가장 많은 책을 저술한 사람을 꼽으라면 아마도 가장 먼저 정약용을 거론하는 사람이 많을 것이다. 정약용은 스스로 약 500여 권의 책을 썼다고 밝히고 있는데 한 사람이 어떻게 이렇게 많은 책을 쓸 수 있는가 의문이 들 정도이다. 그에 대해서는 일반적으로 정약용이 18년 동안의 강진 유배생활을 이유로 든다. 왕성한 지식이 솟는 시기에 유배생활을 했으므로 시간적 여유가 많았으리라 생각하기 때문이다.

　그러나 조선시대에 정약용보다 더 많은 책을 쓴 사람이 있는데 최한기(崔漢綺, 1803~1877)이다. 알려지기로는 최한기는 무려 천여 권의 책을 썼다고 알려진다. 아쉽게도 지금 남아 있는 것은 120권 정도인데 그것들 모두 조선 말기 실학을 대표하는 역작들이다. 그의 문집에는 '명남루(明南樓)'란 제목이 적혀 있는데 명남루는 그의 당호

(堂號)이다. 그가 쓴 모든 저술을 자기 서재에서 완성했다는 것으로 동시대의 다른 실학자들이 풍파에 휩쓸리는 동안에도 그런 외부 상황에 휘말리지 않고 저술에만 전념할 수 있었다는 의미이다.

최한기는 19세기를 대표하는 실학자로, 기존의 동서양의 학문을 집대성한 많은 저서를 쓰고 우리나라의 근대사상 성립에 큰 기여를 한 인물이다. 최한기가 살았던 19세기는 17세기 이후 조금씩 밀려오던 서세동점(西勢東漸)이라는 조류가 조선에 본격적으로 큰 파고를 만들어내던 시기였다. 서세동점이란 '서양이 동쪽으로 점점 밀려온다'는 뜻으로 즉 밀려드는 외세와 열강을 뜻한다. 외세에 직면하여 조선의 지식인들은 새로운 길을 모색하는데 이들 중 잘 알려진 사람이 정약용, 김정희, 최한기 등 실학자들이다. 그 중에서도 최한기는 '기학(氣學)'이라는 학문 체계를 통해 동서양 학문의 융합을 꾀하면서 조선이 처해 있는 난국을 헤쳐나갈 새로운 돌파구를 찾고자 했다. 근래에 와서 학문간의 융합·통섭이 중요시되고 있는데 최한기는 이미 200년 전에 그것을 깨달은 선각자라 할 수 있다.

무과(武科) 집안 양자로 가다

최한기는 1803년 아버지 최치현과 어머니 청주 한씨 사이에서 태어났다. 태어난 곳은 개성이고 본관은 삭령이다. 본가와 외가는 여러 대에 걸쳐 개성에서 거주했지만 최한기는 대부분 서울에서 살았다. 자는 지로(芝老), 호는 혜강(惠岡)·패동(浿東)·명남루(明南樓)

최한기 초상 최한기는 생원시에 합격했지만 끝내 관직 진출의 꿈을 이루지 못했다.

등을 사용했다. 최한기 집안은 조선 전기 대학자인 최항(崔恒, 1409~1474)의 후손으로 알려져 있지만 직계 혈손은 아니다. 직계로 보면 8대조인 최의정이 음직(蔭職, 과거를 거치지 않고 조상의 공덕으로 얻은 관직)으로 감찰직을 지냈다고는 하나, 증조부 최지숭이 무과에 급제하기 전까지 문·무과는 물론이고 생원진사시에도 합격자를 배출하지 못한 미미한 가문이었다.

부친 최치현은 효성이 지극하고 문장에 뛰어나 일찍이 영락한 삭녕 최씨 가문을 일으킬 재목으로 촉망받았다. 그러나 과거에 번번이 낙방하여 출사가 좌절되면서 그 꿈을 이루지는 못했다. 벼슬길과는 인연이 없었지만 개성 지역에서는 나름대로 지식인으로 알려졌던 최치현은 그러나 1812년 27세로 요절했다. 부친의 사망 당시 10살이던 최한기는 큰집 종숙부인 최광현의 양자로 입양된 상태였다.

내세울 것 없는 본가에 비해 양아버지 최광현은 1800년에 무과에 급제해 지방 군수를 지냈고 많은 책을 소장하고 거문고를 켜는 등 문(文)과 예(藝)를 아는 교양인이었다. 최한기의 학문적 바탕은 친부와 양부 모두에게서 물려받은 것이었다.

꾸준히 신분 상승을 도모하던 최한기 집안이지만 최한기 대에도 큰 성공을 거두지는 못했다. 최한기가 1825년에 생원시에 급제하였다고는 하지만 벼슬길과는 거리가 멀었다. 조선시대에 생원은 소과의 하나인 생원시에 합격한 사람을 말하는데 이들에게는 진사와 더불어 성균관에 입학할 수 있는 자격이 부여될 뿐, 지금으로 치면 자격시험이나 마찬가지다. 3년마다 실시되는 생원식년시의 선발 인원은 100명이었다. 1894년 과거제도가 폐지될 때까지 조선시대를 통틀어 식년시 162회, 증광시 67회로 총 229회의 소과가 시행되었으므로 조선시대에 배출된 생원의 수는 2만4천여 명 정도가 된다. 이들중 문과에 진출한 수는 3천 명 정도이므로 절대 다수의 생원이 관직에 나가지 못하고 향촌사회에서 지식인으로 행세했다. 그러나 생원은 나름대로 특권이 있었는데 이들에게 주어진 벼슬은 없었지만 군역이나 잡역을 면제받았고 서원에 원생으로 들어가 공부하고자 할 때도 우선권을 주었다.

최한기가 생원시에 합격했다는 것은 관직으로의 진출을 꿈꾸었다는 것을 의미한다. 하지만 그는 끝내 꿈을 이루지 못하고 평생 생원으로 마감했다. 그러나 비록 급제하지 못했지만 그는 여느 생원과는 다른 삶을 살았다.

책 구입에 많은 돈을 쓰다

최한기의 개인적 생애에 대해서는 별로 알려진 것이 없다. 책을 천여 권 써낼 정도라면 많은 사람들과 교유했을 것으로 생각되는데 알려지기로는 《대동여지도》의 김정호, 《오주연문장전산고》의 이규경 정도만 가까이 지냈던 것으로 밝혀졌을 뿐이다.

고향이 개성인 최한기는 양부인 큰집 종숙부 최광현을 따라 인생

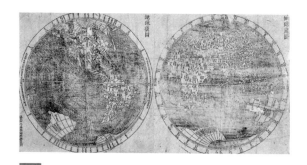

〈지구전후도〉 고산자 김정호는 친분이 두터웠던 최한기의 집에서 세계지도인 〈지구전후도〉를 판각했다. 규장각 소장.

대부분을 서울에서 보냈다. 현재까지 밝혀진 바에 따르면, 19세기 초반에 서울에 온 최한기는 서울 서부 회현방 장동(현재의 충무로 1가)에 살았다고 한다. 1834년 김정호가 남촌 창동 최한기의 집에서 세계지도인 〈지구전후도(地球前後圖)〉를 판각했다고 한 것으로 보아 1830년대 초에는 장동에서 창동으로 이사한 것으로 보인다. 현재 남아 있는 최한기의 준호구(准戶口, 관청에서 개인의 호적 사항을 증명하는 문서)에 기록된 주소지는 1852년 당시 서부 양생반 송현계 제3통 제3호로 되어 있다. 따라서 최한기가 장동에서 창동을 거쳐 송현계에 살았다는 것을 짐작케 한다.

최한기는 양아버지로부터 상당한 재산을 물려받아 지식인들 사이에서 상당히 알려진 부자였다. 그의 선대가 개성에 뿌리를 두고 있었고, 개성지역은 상업이 발달한 곳이라 어느 정도 부를 축적했을 것으로 추정되며 친부와 양부로부터 많은 재산을 상속받았을 것이다. 준호구에 의하면 가족으로는(슬하에 2남 5녀를 두었다) 부인 반남 박씨, 장남 최병대, 차남 최병천과 며느리 손자가 있고, 집안 노비로 여자종 11명과 남자종 13명을 거느리고 있었음을 볼 때 경제적으로 아주 안정되었음을 알 수 있다.

예나 지금이나 학문을 하기 위해서는 경제적인 안정이 필수다. 관직 생활을 하지 않은 최한기가 생계에 크게 신경을 쓰지 않고 최신 서적을 구입해 읽으며 연구에 전념할 수 있었던 것도 경제적으로 안정되었기 때문이다. 최한기는 상당한 양의 양서를 구비하고 있어 당대 지식인들의 부러움을 샀다. 대백과사전 《오주연문장전산고》를 저술할 만큼 집안 대대로 서적이 많은 이규경도 최한기의 서재를 구경하고 나서는 희귀하고 중요한 서적을 많이 가지고 있다고 부러워할 정도였다. 최한기가 그렇게 많은 책을 저술할 수 있었던 비결도 바로 소장하고 있던 서양 책 덕분이었다. 최한기는 자신의 저술이 서양 과학기술에 관한 책의 도움을 받았다고 밝혔고 어떤 것은 서양 책을 요약해 정리하였다고 적었다. 그가 참고한 서양 책이란 모두 중국에서 번역되어 출간된 서양 과학기술 서적을 말한다.

　최한기가 서울에서 구입할 수 있는 책이란 책은 모두 사들였기 때문에 전국의 서적상들이 그에게 책을 팔기 위해 모여들었다는 기록도 있다. 특히 조선 땅에 들어오는 중국 서적은 일단 최한기의 손을 거쳤다 하니 새로운 학문에 대한 학구열이 어느 정도였는지 알 수 있다. 한번은 지인이 요즘 책값이 너무 비싸다고 불평하는 것을 듣고 최한기가 그를 조용히 불러 다음과 같이 말했다고 한다.

　"책을 구하는 데 돈이 너무 많이 든다고 투정하기 전에 이 책 속의 인물이 나와 동시대의 사람이라고 가정해 보자. 그가 나와 같이 살아 있다면 그를 만나기 위해서 천 리라도 불구하고 찾아가야 하지만 지금 이 책으로 말미암아 나는 아무 수고도 하지 않고 가만히 앉아서 그를 만날 수 있다. 책을 구입하는 것이 돈이 많이 든다고는 하지만 식량을 싸가지고 먼 여행을 떠나는 것보다는 훨씬 낫지 않겠는가?"

최한기가 얼마나 책을 소중히 여기고 또 새로운 지식을 귀하게 여겼는지 알 수 있는 대목이다. 그의 학문을 대표하는 《기학(氣學)》과 《인정(人政)》이 경제적 기반이 탄탄했던 시기에 쓰인 것은 결코 우연이 아니다. 그러나 많은 책을 사들이다 보니 경제적으로 타격이 없을 수 없었다. 1860년 이후 최한기는 가세가 기울기 시작하여 1870년 중반에 와서는 귀중한 책과 물건을 전당 잡힐 정도로 어려움을 겪었다고 한다.

뉴턴의 만유인력을 다르게 해석하다

최한기는 '기학(氣學)'이라는 학문을 제창해 조선의 밝은 미래를 열고자 했다. 그는 근대사회의 가교 역할을 한 인물로 개화사상과도 연관이 있다. 최한기의 학문적 관심은 당시 학문의 주류였던 사서삼경 중심의 성리학이 아니라 십삼경(十三經)이었고 나아가 기학이라는 자신만의 학문체계를 형성했다. 또한 서구의 근대 과학기술에서 돌파구를 찾고자 했다.

십삼경(十三經)
유교에서 가장 중요한 경서 13종을 말한다. 《역경(易經)周易》 《서경(書經)尚書》 《시경(詩經)》 《주례(周禮)》 《예기(禮記)》 《의례(儀禮)》 《춘추좌씨전(春秋左氏傳)》 《춘추공양전(春秋公羊傳)》 《춘추곡량전(春秋穀梁傳)》 《논어(論語)》 《효경(孝經)》 《이아(爾雅)》 《맹자(孟子)》의 13종이다.

최한기는 과거의 유학자들이 금과옥조처럼 여기던 유교 경전보다는 눈앞에 펼쳐지는 인간의 경험과 인식을 중요시했다. 다산 정약용이 탈성리학을 외쳤다면, 혜강 최한기는 탈경전을 외친 것이다. 그는 학문하는 목적을 지구상 모든 나라들이 하나로 어울리는 '만국일통(萬國一統)'을 이루기 위해서라고 했다. 19세기에 이미 세계화를 주장한 것이다. 그러나 19세기 조선의 현실은 제국주의 열강들의 식민지 정책에 직면해 있었다. 그럼에도 최한기는 동양과 서양의 만남을 긍정적으로 바라보고 전 지구가 하나가 되는 이상론을 설계했다. 만국일통은 장밋빛 환상이 아니라 지식인들의 주체적 각성으로 이룰 수 있다고 생각한 것이다.

19세기 중반 동아시아는 서양 세력의 진출로 전통적인 중국 중심의 질서가 깨져가고 있었다. 난징조약(1842)을 계기로 청나라는 무너졌고 서양 침략을 겪은 중국 지식인들은 서양을 정확히 알아야 서양을 막을 수 있다고 생각했다. 서세동점은 이미 17세기 초반부터 시작되었지만 여전히 중화사상에 젖어 있던 청나라가 위기의식을 느낀 것은 19세기 중반이 되어서였다. 중국의 몰락은 조선의 지식인들에게도 상당한 충격을 주었다. 불똥이 조선에까지 미치리라는 것은 당연지사였다. 이에 대비해 지식인들이 나서야 한다는 생각이 실학사상으로 표출된 것이다.

최한기가 편찬한 세계지리서인 《지구전요(地球典要)》는 한국 과학사의 중요한 과학 자료이다. 그는 이 책이 자신의 독창적인 것이 아니라 《해국도지(海國圖志)》와 《영환지략(瀛環志略)》 등을 깊이 연구해 중국에 소개된 서양의 천문학, 지리학과 서양 사정을 적었다고 밝혔다. 그런데 《지구전요》에서 최한기는 지구의 자전과 공전에 대한 내용을 분명하게 소개하고 있다. 지구가 하루 한 번씩 자전해서 낮과 밤이 생긴다는 이치는 이미 1760년 경 홍대용(洪大容)이 독창적으로 밝혔지만 지구의 공전에 대해서는 최한기가 처음으로 다루었다.

총 7책 13권으로 된 《지구전요》는 우주 구조와 지구상의 인문지리 현상에 관해 서술하고 있는데 특히 후반부에서 아시아, 유럽, 아프리카, 남·북 아메리카 등 6대주 5대양에 관한 총론을 펴고 그 밑에 각 지방과 국가의 강역, 풍토, 물산, 생활, 상공업, 정치, 재정, 왕실, 관직제도, 예절, 형벌, 교육, 풍속, 병제 등에 관해 상세하게 기술하고 있다.

《지구전요》가 서양의 천체이론을 단순히 베낀 것에 불과했다면 큰 주목을 받지 못했겠지만 그는 기(氣)철학을 바탕으로 독창적인 '조선적 우주론'을 제창했다. 중국의 선교사 브누아(M. Benoit, 중국명 장우인)가 1767년에 저술한 《지구도설》을 통해 코페르니쿠스의 태양중심설을 숙지하고 1860년대에 윌리엄 허셜(W. Herschel)이 쓴 《천문학개론》을 통해 뉴턴의 만유인력을 읽고 그 원리를 받아들였다. 그러나 코페르니쿠스의 태양중심설에 입각하여 자전과 공전의 의미를 정확하게 숙지한 후 나름대로 해석을 달리하여 1836년에 저술한 《신기통》과 《성기운화》에서 천체운동과 우주현상에 대한 자신의 기철학을 피력했다. 그에 따르면 모든 천체는 둘레에 지구의 대기권과 같은 공기층인 기륜(氣輪)이 있어 항상 서로 작용한다는 것이다.

즉 뉴턴의 만유인력이 우주의 운동현상을 적시하고 있지만 그 원인은 제대로 밝혀내지 못했다고 지적하면서 중력의 작용이야말로 천체를 둘러싸고 있는 기륜이 서로 영향을 주고받으면서 생긴다고 주장했다. 특히 지구에 아침저녁이 생기는 것도 지구와 달의 기륜이 서로 접촉하고 작용하는 증거라고 설명했다.

그는 빛, 소리, 온도 같은 물리현상에 관한 서양의 과학지식을 소개하면서 그것을 자신의 기철학을 정립하는 과학적 기초로 삼았다. 또한 흙, 물, 불, 공기의 근본물질로 우주의 변화를 설명했던 아리스토텔레스의 '4원소설'을 부정했는데 그 이유는 우주에 있는 근원적인 기가 변해 흙, 물, 불, 공기가 된 것이므로 이 4원소를 근본 물질로 볼 수 없다는 것이다.

최한기는 플라스크 안의 공기가 차가워지면 수축하고 더워지면 팽창한다는 사실에 대해서는 기가 모이고 흩어지는 운동으로 설명했다. 또한 몸이 따뜻함과 차가움을 느끼는 것도 몸속의 기와 외부의 기가 소통할 수 있고 기가 우주 내에서 끊임없이 운동하고 변화하는 증거라고 주장했다. 방안에 앉아서 동쪽 창문을 닫으면 서쪽 창문이 열리는 것도 기가 방 안에 가득 차서 서로 부딪치기 때문이며, 호박(琥珀)과 지푸라기 사이에 정전기가 일어나면서 끌어당기는 현상, 자석이 서로 밀고 당기는 현상도 기가 교감하기 때문에 생기는 일로 파악했다. 그는 서양과학을 역수학(曆數學, 천문학과 지구과학), 물류학(物類學, 박물학), 기용학(器用學, 과학일반) 세 가지로 구분했는데 이런 과학을 배우는 것은 기를 인식하고 기를 변통하기 위해서라고 했다. 즉 자연과학이란 세상에 존재하는 기의 운동과 성질을 탐구하는 도구라는 설명이다.

최한기의 지식욕과 호기심은 여기서 그치지 않아 영어의 알파벳을 그대로 베껴 놓기도 했는데, 기초적이지만 영어를 소개한 최초의 책이라고 알려져 있다. 또한 중국과 서양 각국이 맺은 외교 조약을 필사하여 소개했는데 이는 서양의 상황을 정확하게 조선에 알릴 필요가 있다고 굳게 믿었기 때문이다. 조선도 멀지 않은 장래에 중국처럼 서양 각국과 조약을 맺을 날이 분명히 다가오고 있음을 예측한 것인데, 물론 조선은 그러한 국제 조약을 맺을 준비가 전혀 갖춰지지 않았다. 조선 정부는 국제 정보에 어두웠고 지배층들은 기득권 유지에만 급급해 있었다.

　이 문제에 관한 한 최한기의 다소 이상적인 면이 드러난다. 열강들에게 중국은 대단한 나라이지만 조선은 그다지 중요한 나라가 아니었다. 만약 서양 열강들이 탐낼 만한 것이 많았다면 조선과 조약이 아니라 점령하여 식민지로 만들었을지도 모를 일이다.

전천후 과학 저술가

　　최한기의 학문적 관심은 세계 인문·지리·천문·의학 등 실로 다양하다. 지금까지 알려진 그의 저술을 종합해보면 《농정회요(農政會要)》, 《육해법(陸海法)》, 《만국경위지구도(萬國經緯地球圖)》, 《추측록(推測錄)》, 《신기통(神氣通)》, 《기측체의(氣測體義)》, 《의상이수(儀象理數)》, 《습산진벌(習算津筏)》, 《심기도설(心器圖說)》, 《우주책(宇宙策)》, 《지구전요(地球典要)》, 《기학(氣學)》, 《인정(人政)》, 《명남루집(明南樓集)》 등 20여 종에 달한다. 그가 다양한 책을 저술할 수 있었던 것은 경험을 중시하면서 사물을 과학적이고 합리적으로 이해하는 방법을 찾았기 때문이었다.

　《추측록》과 《신기통》은 《기측체의》란 제목으로 함께 묶여지기도

했는데 한국 철학사에서는 경험철학을 담
은 명작으로 인식하지만 과학 분야에서는
우리나라에 서양의 근대 물리학을 소개한
가장 초기의 책으로 인식한다. 여기에서는
빛, 소리, 온도와 습도에 대한 근대 과학 지
식을 소개하고 있다.

최한기가 만든 지구의(地球儀) 최한기는 중국
에 들어왔던 서양 지리학의 지식을 바탕으로
해서 1834년 고산자 김정호와 함께 놋쇠로 지
구의(地球儀)를 만들었다. 숭실대학교 박물관
소장.

　최한기는 이 세상이 기(氣)로 가득 차
있다고 생각했는데 이 기의 작용이 여러
가지 물리적 현상을 일으킨다고 설명하고
있다. 최한기는 소리가 퍼져 나가는 것은
우리 주위에 가득 차 있는 기가 훈(暈)을 이루고 있기 때문이라고 설
명하면서 소리뿐만 아니라 빛과 냄새, 열 등도 모두 훈을 이루어 퍼
져 나간다고 적었다. 여기서 말하는 '훈'이란 파동의 옛 표현이다. 즉
현대에서 말하는 일체의 에너지를 파동의 전파현상이라고 파악한
것이다. 그는 물리 현상뿐만 아니라 인간의 생각도 훈에 의해 전달되
고 퍼져 나간다고 주장했다. 또한 그는 볼록렌즈, 오목렌즈를 소개하
고 망원경은 물론 온도계와 습도계도 설명한다.

　최한기는 기학(氣學)이라는 자신만의 철학을 피력했는데, 세상이
기로 되어 있으므로 그 기가 작용하는 데는 반드시 이치가 있으며
그 이치는 반드시 어떤 모양을 드러내며 그 모양 속에 수학적 질서
가 엿보이게 마련이라는 것이다. 자연 속에 내재하는 수학적 질서에
대해서 1839년에 《의상이수(儀象理數)》와 1850년에 《습산진벌(習算
津筏)》을 썼다. 《의상이수》는 수학과 천문학에 관한 것이고 《습산진

벌》은 수학책이다.

《인정(人政)》은 사회과학을 다룬 대작인데 이 책에서 그는 인재를 등용하는 방법으로 수학을 이용하자고 주장했다. 또한 지능 발달을 위해 일찍부터 수학 교육을 시켜야 한다며, 수학을 공부하면 판단력을 키워주어 선과 악, 허와 실을 구별하는 능력을 갖게 되므로 다툼 없는 밝은 세상을 만들 수 있다고 설파했다.

그는 지식도 진보한다고 보았다. 시간이 흐를수록 고급 지식이 증가하는데 그 이유는 기존의 지식을 바탕으로 계속 축적되기 때문이라는 것이다. 또 사람의 수가 늘어나면서 여러 사람의 머리에서 나온 지식이 그 이전에 비해 진보한다고 생각했다. 요즘 말로 집단지성의 힘을 믿은 것이다. 그에게 중요한 것은 많은 지식을 모으는 일이었다. 서구의 새로운 지식을 가급적이면 다 끌어모으려 한 이유도 여기 있다. 그는 모든 지역의 지식이 모였을 때 진정한 학문이 탄생한다며 다음과 같이 주장했다.

'주야의 운행과 시간의 흐름은 모두 지구 전체를 연구하면 알 수 있는데 사람들은 지구에 붙어서 각각 그 지방에 국한되어 살고 있으므로 그 왕래가 기껏 천 리 내지 만 리에 불과하다. 그러나 어찌 지구 전체를 볼 수 있겠는가. 지구의 전체를 올바르게 알려면 천하 사람들의 발자취가 닿는 모든 지역의 지식이 갖추어져야 할 것이다. 옛사람이 알지 못하는 수준의 지식으로 오늘날 발달한 지식을 갖춘 사람을 비판해서는 안 된다. 옛날에 태어나지 않고 오늘날에 태어났다고 하는 즐거움이 바로 여기에 있는 것이 아니랴.'

최한기崔漢綺

최한기는 엄청난 분량의 책을 쓰는 지적 생활만 한 것이 아니라 직접 과학 기자재들을 만들어 이를 실험하고 연구했다. 최한기는 1834년 고산자 김정호와 함께 놋쇠로 지구의(地球儀)를 만들었다. 이때 만들었던 지구의는 중국에 들어왔던 서양 지리학의 지식을 바탕으로 한 것이다. 1840년 이규경이 저술한 《오주연문장전산고》에 의하면 최한기가 중국에서 인쇄한 세계 지도를 구하고 이것을 바탕으로 김정호가 대추나무에 세계 지도를 새겼다고 적었다. 최한기가 지구의를 만든 것은 이를 실제 연구에 이용하려고 했기 때문이다.

의학사상가 최한기

이 정도면 최한기가 다루지 않은 과학 분야가 어디인가 싶을 정도이다. 그런 그가 특히 공을 들인 분야가 의학이다. 최한기는 의사가 아니었지만 한국 의학사에 매우 중요한 의미를 갖는 《신기천험(身機踐驗)》을 저술했다. 물론 이 책은 현대의 기준으로 볼 때 그의 독자적인 저술은 아니다. 이 책은 중국에서 번역한 과학서들의 내용을 전부 담았는데 그 저본으로 삼은 책이 중국에서 활동한 영국인 선교 의사 홉슨(Benjamin Hobson, 1816~1873)이 쓴 《전체신론》, 《박물신편》, 《서의약론》, 《내과신설》, 《부영신설》 등 5권이다. 이들 서적은 중국에서 출판과 동시에 선풍적인 인기를 끌어 수차례 재판을 찍을 정도였다.

최한기는 《신기천험》 서문에서 홉슨의 의학서를 토대로 했음을 밝히고 있지만 중간 중간 홉슨의 책에 대한 자신의 의견을 덧붙이는 방식으로 전개했다. 그는 홉슨 의학서의 어떤 부분은 삭제하고 어떤 부분은 순서를 바꾸거나 합쳐 자신이 구상하는 체제에 맞게 편집하여 홉슨의 의학서와는 차별되는 나름대로 새로운 책으로 탄생시켰다.

홉슨의《전체신론》에는 '조화론'과 '영혼묘용론'이 들어 있으나《신기천험》에는 이들 내용을 완전 삭제했다. 그 내용은 신구약 성서를 언급하며 창세기의 천지창조 등을 기독교적 설명으로 제시한 것인데 최한기가 이들 두 항목을 뺀 이유는 분명하다. 즉 서양의 과학기술 지식은 높이 평가하지만 기독교의 교리는 받아들이지 않겠다는 의도이다. 최한기는 동양의 오행론에 대해 비판하면서 서양의학의 기본인 해부에 대해서는 큰 점수를 주었다.

'서의(西醫)는 해부를 함으로써 몸의 이치를 밝히고 인체의 경락과 각 부위를 분명히 밝혔다. 부위가 분명하지 않으면 병의 원인을 밝힐 수 없고, 병의 원인을 밝힐 수 없으면 치료 방법도 역시 알 수 없다. 부위가 분명하면 병의 원인을 추측해낼 수 있고 따라서 병의 원인을 정확히 알면 치료 방법이 모두 효과를 보게 된다. 여기에 비교해보면 중국의 의서는 부위가 분명하지 않고 모호한데 오행은 여기에 혼란을 더한다.'

위의 설명은 최한기가 전통적인 한의학보다 서양의학의 우수성을 인정한 것이다. 그렇다고 해서 서양의학을 전적으로 받아들인 것은 아니어서 그는 서양의학에 기화(氣化)를 밝히지 못한 부분이 있다고 지적했다. 즉 서양 과학이 인체를 비롯해 각각의 대상에 대해서는 정확한 지식을 쌓았으나 이들을 하나로 꿰뚫는 기화의 작용을 밝히지 못했다는 것이다.

최한기는 서양의학과 중국의학 간의 차이점을 인식하고 있었지만 이런 차이점이 절대적이라고는 생각하지 않았다. 그는 중국의학이든 서양의학이든 사람의 몸이라는 동일한 대상을 다룬다고 생각했으므로 "어찌 의학에 중국과 서양의 가름이 있으며 상호 간에 사용하지 못할 약이 어디에 있겠는가"하고 반문했다. 치료 방법이나 이론의 차이는 사람들이 처한 자연환경의 차이에서 오는 것일 뿐, 중국과 서양의 의학이 근본적으로 다르지 않다는 것으로 당대의 감각으로는 파격적인 결론이다.

최한기의 주장은 여기서 끝나지 않는다. 그는 한 걸음 더 나아가 자신의 운화기(運化氣) 이론으로 동서 의학을 융합할 수 있다고 설명했다. 그는 모든 학문은 궁극적으로 기학(氣學)을 지향한다고 주장했는데, 그는 이 기학을 기본으로 천·지·인의 조화를 모으는 학문 체계를 꿈꾸었다. 그런데 그는 자신의 기학 이론에서 기존의 유교적 의미를 제거하고 하늘(天)은 물리적 우주, 땅(地)은 지구, 사람(人)은 생물학적 몸으로 보았다. 한마디로 동양사상이 아니라 서양 과학의 개념이다. 최한기가 이런 생각을 도출하게 된 것은 서양의학과 한의학을 넘어 새로운 기학(氣學)으로서의 의학의 가능성을 보았기 때문이다.

최한기는 의학 자체에 대한 관심은 없었다. 즉 의사로서의 과학성을 추구한 것이 아니라 사상가로서의 이론에 치중했다. 다시 말해 새로운 과학 지식을 받아들여 자신의 사상 체계의 토대로 삼기는 했으나 새로운 과학 지식의 창조자가 되지는 못했다는 설명이다. 이를 두고 강신익 박사는 "최한기의 의학사상은 있지만 최한기의 의학은 없다"고 말한다.

그러나 최한기의 한계는 분명하다. 그는 의사가 아니었기에 직접 의사처럼 해부하거나 인체를 관찰하여 이론을 정립하라고 할 수는 없는 일이다.

최한기는 관직을 꿈꾸고 생원시에 도전해 합격했지만 그 어떤 관직도 받지 못한 채 저술에만 전념하다 당시로서는 적지 않은 나이인 73세에 사망했다. 그는 조선시대 지식인들의 통과의례인 당쟁이나 유배에 처해진 적도 없고, 그 많던 재산을 책 구입에 아낌없이 사용했으며 이를 통해 천여 권의 책을 저술한 당대 최고의 지식인 중 한 명이었다.

그런 최한기를 과학자로 인정하는 것은 당연하겠지만 진정 '과학의 순교자'인가 하는 점에 대해서는 부연설명이 필요할 듯하다. 그는 자신의 재산을 써가며 탁월한 과학적 업적을 이룰 수 있었지만, 바꿔 말하면 출세의 기본인 관계(官界)로의 꿈이 좌절되었기 때문이라는 시각이 오히려 적절하다. 경제력이 보장된 양반이라면 골머리 아픈 저술을 하지 않고 친구들과 어울려 유유자적 일평생을 보내게 마련이다. 그러나 최한기는 자신의 처지를 결코 한탄하지 않고 낙후된 조선을 건설하는 데 앞장섰다. 어쩌면 이 생각 역시 다소 비현실적인 이상(理想)일 뿐이라고 할 수도 있다. 행촌의 일개 생원에 지나지 않은 그의 아이디어가 아무리 좋다 한들 폐쇄적이고 견고한 조정에서 받아들여질 리 없기 때문이다.

하지만 최한기는 아무도 알아주지 않는 이런 상황에서도 조선 역사상 가장 많은 천여 권의 책을 저술했다. 그것도 다양한 분야를 섭렵해가며 그 많은 책을 저술한다는 것은 간단한 일이 아니다. 그가 주장한 것이 세상에 빛을 본 것이 있느냐는 지적도 있지만 그는 자신의 주장이 받아들여지지 않았다고 해서 낙담하거나 자신의 생각을 중단하지 않았다. 그 의지 하나만으로도 최한기의 이름을 기릴 이유가 충분하다.

최한기와 기학(氣學)

최한기의 '기학'은 이(理) 중심으로 이해되어 오던 성리학적 사상 체계를 기(氣) 중심의 사상으로 전환시켰다. 성리학적 이기론 가운데 이(理)보다 기(氣)가 더 근본적이고 중요하며 이(理)는 기를 주재하는 초월적인 존재가 아니라, 기의 운동을 가능하게 하는 법칙으로서 기 속에 내재되어 있을 뿐이라고 보았다.

최한기는 가장 대표적인 기학자로 손꼽히며, 조선의 기학을 체계화하여 집대성한 인물로 평가된다. 따라서 '기학'을 말할 때에는 기학의 전통 가운데에서 최한기의 철학만을 지칭하거나 그가 저술한 《기학(氣學)》을 가리키는 경우가 많다.

최한기는 자신의 대표작 《기학》을 통하여 우주의 본질은 '이'가 아니라 '기'임을 제시하고자 하였다. 기는 일종의 생명 에너지로서 끊임없이 운동한다. 이처럼 정태적인 '이'가 아닌 역동적인 '기'를 궁극적인 본체로 보게 된 것은 서양 과학에 힘입은 바 크다.

서양의 천문학 서적을 통해서 알게 된 지식, 즉 지구가 자전하면서 동시에 공전한다는 사실은 최한기의 우주관을 형성하는 데 결정적인 영향을 미쳤다.

최한기의 기학은 '천하에 두루 통용되는 가르침(通天下可行之敎)'이 되는 것을 목표로 유교·불교·도교와 서양의 자연과학 및 기술이 통섭되어 성립된 학문이다.

그는 동양사상의 학문적 개념들은 재해석하고 발전시키는 한편 서양의 과학을 주체적으로 흡수하여 새로운 학문체계를 수립하였다. 이를 통해 조선사회는 새로운 문명을 맞이하는 데 필요한 사상적 기틀을 마련하게 되었다.

12장

과학자는
훗날의
평가까지
신경 써야 한다

지석영, 1855년(철종 6)~1935

의사·국어학자. 본관은 충주. 자는 공윤(公胤), 호는 송촌(松村). 서울 낙원동 중인 집안에서 태어났다. 일찍부터 서학(西學)을 동경해 중국에서 번역된 서양 의학책을 탐독하였는데, 특히 관심을 둔 것은 영국인 제너의 종두법에 관한 것이었다. 한글 보급에도 힘썼다.

지석영

池錫永, 1855~1935

종두법 보급, 친일 전력으로 명예의 전당 취소

2003년 1월 과학기술부(현 과학기술정보통신부)와 한국과학문화재단(현 한국과학창의재단)에서는 '과학기술인 명예의 전당'에 헌정할 과학기술인 명단을 발표했다. 그런데 지석영이 명단에 포함되었다는 소식을 들은 '부산을 빛낸 인물 선정위원회'에서는 지석영의 친일 행각을 지적하며 명단에서 제외해줄 것을 요구했다. 극일운동시민연합(의장 황백현)은 지석영이 이토 히로부미의 추도문을 낭독하는 등 친일 행적 전력이 있어 2002년 '부산을 빛낸 인물'에서 제외되었다고 밝혔다. 이 같은 지적에 따라 지석영은 '과학기술인 명예의 전당' 헌정 최종 명단에서 제외되었다.

과학이라는 단어조차 생소하던 조선 말, 지석영과 같이 우리나라 과학 발전에 앞장 선 사람도 그리 많지 않다. 그는 낙후된 조선에 종두법을 보급하고 한글을 장려하고 발명을 독려하는 등 과학의 생활

지석영池錫永

화에 헌신했다. 우리 과학사에 큰 역할을 한 지석영이 과거의 행적으로 인해 '과학기술인 명예의 전당'에서도 제외되었다는 사실은 우리에게 많은 점을 시사해준다. 아무리 탁월한 과학적 업적을 이루더라도 한순간의 잘못된 선택이 전 생애까지 부정당하는 족쇄로 작용한다는 점이다. 지석영의 공과를 보면 과학인들이 가져야 할 덕목이 무엇인가를 느낄 수 있을 것이라는 차원에서 여기서 다루어본다.

고약스런 천연두

인간의 몸은 오묘하여 질병에 노출되면 그에 대항하는 방법으로 '면역'이라는 특이한 무기로 방어를 한다. 이것은 인간의 보호 능력 중 하나인데 선천적인 경우도 있고 후천적인 경우도 있다. 예를 들면 홍역, 수두, 이하선염은 한 번 앓고 나면 일생 동안 이 질병에 대해 면역을 갖게 된다. 면역법이 알려진 것은 아이러니하게도 고대부터 가장 악명 높은 질병인 천연두 때문이다. 천연두는 전염성이 매우 강하여 전 세계적으로 몇 년을 주기로 크게 유행하면서 많은 사람들의 목숨을 빼앗아갔다. 우리나라에서는 신라 선덕왕

천연두 천연두에 걸려 온몸이 수포로 덮인 방글라데시 어린이. 1973년 촬영. 1977년 세계보건기구(WHO)는 '천연두는 지구상에서 완전히 사라졌다'고 선언했다.

과 문성왕이 진질에 걸려 사망했다고《삼국사기》에 기록되어 있는데 학자들은 진질을 두창(천연두)으로 인식한다.

천연두의 역사는 곧 인류의 역사이다. 인류 역사상 가장 오랜 동

에드워드 제너(Edward Jenner, 1749~1823) 천연두 면역법을 찾아낸 제너는 생전에 "내가 사용한 방법에 의해 천연두가 절멸하는 날이 반드시 올 것"이라고 예언했다.

안, 그리고 가장 심각하게 영향을 끼친 바이러스인 천연두는 오래 전부터 많은 인명을 빼앗은 인류의 적이었다. 또 다른 인류의 적은 그레이트폭스(greatpox) 또는 라지폭스(large pox)라고 불리는 '매독'이다. 이에 비견한다 해서 천연두 바이러스를 스몰폭스(smallpox)라고 부르기도 하는데 정식 명칭은 바리올라(variola)이다.

18세기 말까지 천연두는 세계 각국에서 가장 무서운 질병의 하나였다. 천연두로 사망하는 사람도 많았지만 다행히 살아났다 해도 심한 흉터를 남겼기 때문이다. 천연두를 가볍게 앓은 사람은 피부에 얕은 흠 정도에 그쳤지만 심하게 앓은 사람은 얼굴 전체에 깊은 흉터(곰보라고도 함)가 남아 평생 고통을 받아야 했다. 많은 사람들이 얼굴에 크고 작은 천연두 흉터를 갖고 있었고 또 앓지 않은 사람도 언제 자신에게 다가올지 모른다는 두려움에 떨어야 했다. 이런 천연두를 퇴치할 면역법을 찾아낸 사람이 에드워드 제너(Edward Jenner, 1749~1823)이다.

제너는 생전에 "내가 사용한 방법에 의해 천연두가 절멸하는 날이 반드시 올 것"이라고 예언했다. 그의 예언대로 1977년 10월 소말리아에서 마지막 환자가 발생한 후 1978년 실험실 사고로 두 명의 환자가 발생한 것을 끝으로 지구상에서 천연두라는 질병은 완전히 사라졌다. 1977년 세계보건기구(WHO)는 '천연두는 지구상에서 완전

지석영池錫永

히 사라졌다'고 선언했다.

실학자들이 종두법 도입

천연두 또는 두창(痘瘡)은 고대부터 가장 심각한 질병이어서 많은 사람들이 이에 대한 해결책을 찾기 위해 고심했다. 천연두에 대한 본격적인 기록이 나타나는 것은 조선 태종 때부터인데 〈제중원 1차년도 보고서〉는 4세 이전의 영아 40~50퍼센트가 두창으로 사망한다고 기록했다. 예부터 마마, 손님, 포창(疱瘡)으로 불렸으며 우리나라에서는 백세창(百世瘡)이라는 이름으로도 불렸다. 백세창은 '평생 한 번은 겪어야 하는 전염병'이라는 뜻으로, 한 번 병에 걸려서 살아남으면 재발하지 않는다는 면역의 기본원리를 우리 조상들이 이해하고 있었음을 알 수 있다.

천연두는 공기로 전파되는 바이러스가 일으키는 질환이다. 일단 감염되면 고열과 함께 발진이 일어나고 두통, 구토, 몸살 증상이 수반되며 2~4일이 지나면 얼굴, 손, 이마에, 이후에는 몸통에 각각 발진이 생긴다. 증상이 일어난 지 8~14일이 지나면 딱지가 앉고 흉터가 남는다. 조선의 명의 허준이 역사의 전면에 등장하게 된 배경에도 두창이 있었다. 일개 의관에 불과한 허준이 어의 양예수를 제치고 선조의 총애를 받은 것은 광해군의 두창 때문이었다. 과감한 처방으로 광해군의 두창을 치료한 그에게 선조는 일약 당상관에 임명했다. 그 이전까지만 해도 두창 증세와 기존 전염성 질환의 증상이 구별되지 않았는데 이런 상황에서 허준은 두창이라는 정확한 병명으로 분리해내어 공식적인 의학용어로 확립했다.

우리나라에서 실질적인 천연두 대책을 도입한 것은 정조 때 실학자 정약용에 의해서라고 추정한다.

조선 후기에는 천연두 치료법으로 인두법(人痘法)을 주로 썼는데 정약용이 인두법에 관심을 보인 것은 자신이 어린 시절 두창을 앓다가 죽을 뻔한 데다 자식들을 천연두로 잃은 아픔 때문인 듯하다. 정약용은 9명의 자식을 낳고 6명을 잃었다. 정약용은 청나라 때의《강희자전》에서 "모든 두즙(痘汁, 천연두즙)을 코로 받아들여 숨 쉬면 (천연두가 빠져) 나가게 된다. 이를 신통한 종두법이라고 한다"라는 구절을 읽은 뒤 종두법에 관심을 갖게 되었다. 보편적인 한의학에서는 질병을 내부에서 외부로 밀어내는 논리인데 종두법에서는 외부에서 내부로 심는다는 것에 주목했다.

인두법의 핵심은 두창의 딱지인 시료를 채취하는 방법에 있다. 천연두의 고름인 두장(痘漿)을 직접 채취해 쓰는 법과 두창을 앓은 사람의 옷을 입히는 법, 마마 딱지를 말려 가루로 만든 뒤 코로 빨아들이는 법 등이 있었는데, 가장 안전하고 확실한 방법으로는 습기 있는 두흔(痘痕, 마마 딱지)을 코로 빨아들이는 수묘법(水苗法)이 권장됐다.

그런데 문제는 이런 방법을 사용할 경우 자칫하면 오히려 감염의 위험에 노출될 수밖에 없다는 점이다. 그래서 종묘를 만들 때 좋은 묘를 구해서 도자기 병에 넣고 밀봉해 숙묘 단계로 변화시켜 사용한다. 이때 모든 것은 의사가 책임져야 한다. 그러자 시중에선 갖가지 황당한 루머가 나돌았다. 종두에 적합한 계절과 날짜, 시료 채취용 아이를 선택하는 방법이 따로 있으며, 이를 잘 정해야 만일의 위험에 대비할 수 있다는 것이다.

1799년 가을, 의주부윤 이기양(李基讓)이 임기를 마치고 돌아왔는데 그의 아들이 정약용에게 "의주의 어느 사람이 중국 연경에 들렀다가 《종두방》을 갖고 왔다"고 전했다. 정약용이 급히 달려가 그 책을 보니 천연두 예방법이 자세하게 기록되어 있었다.

'천연두가 성한 사람의 딱지 7~8개를 사기그릇에 넣고 손톱으로 맑은 물을 한 방울 떨어뜨린다. 그 다음 으깨어 즙액을 만들어 너무 진하지도 묽지도 않게 한다. 그리고 깨끗한 솜을 대추씨 크기만큼 뭉친 다음 가느다란 실로 꽁꽁 매어 단단하게 한 후 천연두 즙에 담갔다가 콧구멍에 넣는다. 남자는 왼쪽, 여자는 오른쪽 콧구멍에 넣는데 며칠이 지나면 아이가 통증을 느끼면서 턱 아래나 목 주위에 반드시 콩알만한 것이 돋는다. 이것이 천연두 접종의 징후다. 이렇게 며칠 동안 목이나 신체 부위에 부스럼이 생기고 고름이 차다가 아물면 딱지가 생긴다. 이렇게 하여 백 사람이 접종하면 백 사람이 살고, 천 사람이 접종하면 천 사람이 사는 것이다.'

정약용은 《종두방》에 설명되어 있는 천연두 예방법을 토대로 보급하려 했으나 천연두 환자의 딱지를 떼어내는 과정과 즙액의 농도가 일정하지 않아 문제가 있었다. 일찍이 인두법에 관심이 많았던 박제가(朴齊家, 1750~1805)는 1800년 정약용의 집을 방문하여 정약용이 그 동안 적어두었던 〈종두설〉을 보고 다음과 같이 말했다.

"우리 집에도 인두설에 관한 처방이 있는데 규장각의 책 중 일부를 내가 읽고 적어둔 것이네. 너무나 간략하여 정확한 치료법을 잘 몰랐는데 이 책을 보고 연구하면 좋은 결과가 나올 것 같네."

이 말을 보면 박제가가 정약용보다 먼저 인두법에 대해 알고 있었던 것으로 추측되지만 그 시기가 언제인지는 불분명하다. 여하튼 이후 정약용과 박제가는 인두법에 대해 자주 토론을 벌였는데 어느 날 박제가가 정약용의 집을 찾아왔다.

"내가 영평현에 부임하여 인두 접종에 관한 일을 관리들에게 말했더니 이방(吏房)이 골몰히 연구하여 두종 하나를 잘 채취해서 관리하는 법을 알아내었네. 먼저 자기 아이에게 접종해서 성공하자 두 번째로 관아의 노비 아들에게 접종하고 또 계속해서 내 조카에게도 접종하였더니 모두 효과가 좋았네. 그래서 그 마을 의사인 이씨에게 종두법을 가르쳐 북쪽 지역에 가서 접종케 하였네."

이 글을 보면 정약용과 박제가의 종두 접종은 상당한 효과를 보았던 것을 알 수 있다. 박제가의 제자였던 이종인은 스승의 뒤를 이어 천연두 예방과 치료에 대해 연구하면서 1817년 천연두 치료법에 관한 《시종통편》을 저술했다. 이종인은 북학파답게 청나라로부터 인두 접종에 관한 정보를 수집, 연구했다. 그는 여전히 천연두 균을 사람에게서 채취하여 코를 통해 흡입하는 인두 방식을 사용했는데 특히 인두의 균을 약화시켜 접종하거나 균을 흡입케 하여 약간의 저항

지석영池錫永

성을 가지게 했다. 그러나 사람으로부터 채취한 균의 성능이 일정치 않아 실패할 가능성이 높았다.

정약용과 박제가의 천연두 대책은 비교적 효과가 있었지만 1800년 정조가 사망하고 순조가 즉위하면서 서학(西學)에 대한 박해가 시작되자 천연두 연구도 중단되었다. 이때 정약용은 강진에, 박제가는 경원(慶源)에 유배되고 실학자들에 의해 보급되던 종두의 싹도 함께 사라져 버렸다.

비록 유배의 몸이지만 천연두의 위험성을 잘 알고 있던 정약용은 연구를 계속했다. 그는 인두의 어려움을 정확히 인지하고 우두를 시도하기도 했다. 우두는 소에서 천연두 균을 채취하는 방식인데 1835년 강진의 귀향에서 풀려난 후 우두 접종에 어느 정도 확신이 서자 소에서 채취한 균을 어린아이에게 접종했다. 이렇게 자신의 처방을 기록해 쓴 것이《마과회통》이다. 그러나 1836년 정약용이 사망하자 우두접종법은 제대로 보급되지도 못한 채 묻혀버리고 만다.

지석영의 등장

정약용이 연구했던 우두법은 시간을 훌쩍 건너뛰어 조선 말기에 와서야 지석영에 의해 다시 연구가 재개되었다. 지석영은 1855년(철종 6) 서울 종로구 낙원동에서 한방약국을 운영하던 지익룡의 막내아들(넷째)로 태어났다. 지석영의 자는 공윤(公胤), 호는 송촌(松村), 본관은 충주이다. 그의 아버지는 의학에 능통하여 일찍부터 중

지석영 종두법 보급에 기여한 의사이자 한글 보급에 힘쓴 국어학자. 그러나 친일행위의 오점을 남겨 '과학기술인 명예의 전당' 헌정에 취소되는 불명예를 겪었다.

국을 드나드는 통역관을 통해 서양의학 자료를 접했다. 일설에 의하면 양반이므로 약방을 개업하지는 않았다는 설명도 있다. 아버지가 약방을 개설했든 안 했든 약과 관련된 분위기에서 성장한 지석영은 어려서부터 의학에 남다른 관심을 갖고 있었다. 시인이자 개화 사상가인 강위(姜瑋) 밑에서 유길준(兪吉濬, 1856~1914)과 함께 공부했다.

1876년(고종 13) 강화도조약(조·일수호조약)이 체결되면서 정부는 그 답례로 그해 6월 김기수를 수신사로 임명하여 사절단 75명을 일본에 보냈는데 이 일행 중에 지석영의 스승인 박영선이 있었다. 의무담당 서기로 동행한 박영선은 지석영이 평소부터 우두법에 관심이 있다는 것을 알고 일본인 구가 가쓰아키(久我克明)가 지은 《종두귀감(種痘龜鑑)》을 구해와 귀국하자마자 지석영에게 주었다.

막상 책을 받았지만 서양의학에 대한 기초 지식이 없던 지석영에게는 이해하기 어려운 부분이 많았다. 더구나 실험할 수 있는 두균(痘菌)을 얻을 수 있는 상황이 아니었다. 1879년 부산에 와 있는 일본인들 사이에 우두 접종이 시행되고 있다는 것을 알게 된 지석영은 곧바로 부산으로 내려갔다.

막상 부산에 내려왔지만 아는 사람 하나 없어 우두에 대한 정보를 얻지 못하고 있는데 그에게 행운이 찾아왔다. 우연히 우리 말을

지석영池錫永

잘하는 일본인을 만났는데 그가 바로 조일수호조약 당시 양국 대표인 신헌(申櫶)과 구로다 사이에서 통역을 했던 우라세였다. 우라세는 종두법을 배우러 서울에서 부산까지 내려왔다는 지석영의 말에 감탄하여 일본 해군이 부산에 세운 제생의원(濟生醫院) 마쓰마에(松前讓) 원장을 소개해주었다. 마쓰마에는 지석영의 열의를 보고 흔쾌히 군의(軍醫) 도즈카(戶塚積齊)와 함께 우두법을 가르치기 시작했다. 마쓰마에 원장도 놀랄 만큼 지석영은 빠른 속도로 서양의학의 기초 지식과 종두법을 익혔다. 이 무렵 일본인 사카모토가 《속종두변의》에 다음과 같이 기록한 것으로 보아 지석영이 종두에 관해 얼마나 심혈을 쏟았는지를 알 수 있다.

'메이지(明治) 12년(1879) 12월 호치(報知)신문 조선 부산발(發) 기사를 보면, (…) 경성의 의사 지석영(25세)이 우라세의 소개로 부산의원을 찾아 초량(草梁)에 기숙하며 매일 종두술 교습을 받겠다고 출원, 이에 의원은 관청에 문의하였더니 무방하다는 답을 얻게 되어 12일부터 가르치기 시작했다. 이 사람은 일찍이 중국어로 된 양서를 습득하여 종두의 이치에 통하였기 때문에 시일을 허비치 않고 그 법을 이해했다. 지금 종두법은 이미 마쳤으나 더하여 의학의 지식 몇 가지에 의문을 품고 매일 나와 문답을 하고 있다.'

지석영은 우두 기술을 익히고 나자 두묘(痘苗) 3병과 종두침(種痘針) 2개를 얻어 귀경길에 올랐다. 서울로 돌아오던 중 처가가 있는 충주군 덕산면에 들러 2살 된 처남에게 접종하려 했다. 이때 처가에서는 건강한 아기에게 소의 고름을 접종한다고 맹렬하게 반대했는데 지석영은 자신이 수천 리를 무릅쓰고 가서 배운 의술을 믿지 못한다면 자신의 처남에게 접종시킬 생각을 하겠느냐고 반박했다. 처가에서 마지못해 승낙하여 처남에게 우두를 접종했는데 이때를 공식적으로 한국인이 한국인에게 우두를 시행한 첫 케이스로 인정한다. 지석영은 두묘가 채취한 지 오래된 것이어서 걱정했으나 처남은 4일 만에 무사히 발진을 보였고 그에 힘입어 동네 주민 42명에게도 접종했다.

1880년 서울로 돌아온 지석영은 곧바로 자신의 집에 종두장을 설치하고 많은 어린이들에게 종두를 실시했다. 그러나 부산의 제생의원에서 가져온 두묘만으로는 많은 사람들에게 종두를 실시할 수 없어 두묘 제조법을 배울 길을 찾아야 했다. 그러던 중 1880년 5월 김홍집 일행이 제2차 수신사로 떠난다는 것을 알고 수행원으로 일행 58명과 함께 일본으로 건너갔다. 김홍집이 일본에서 두묘 제조법을 배울 수 있게 해달라고 일본 관리에게 지석영을 소개하자 도쿄 위생국의 우두종계 소장 기쿠치(菊池康庵)는 지석영에게 종두 기술을 가르쳐주었다. 특히 지석영이 고대하던 두묘 제조법과 저장법, 어린 송아지의 사육법 및 두장을 채취하는 방법도 습득할 수 있었다.

일본에서 돌아와 종두장에서 좀 더 많은 어린아이들에게 우두를 접종하고 있던 지석영에게 예상치 못한 시련이 닥쳤다. 1882년 임오군란(壬午軍亂)이 일어났고 지석영에게는 친일 매국노라는 비난과 함께 체포령까지 내려진 것이다. 지석영이 사형 당할 위기에 빠진 까닭은 다음 두 가지로 볼 수 있다.

지석영池錫永

첫째는 조일수호조약의 결과로 1880년 서울 서대문 밖에 일본 공사관이 설치되자 지석영이 의원 김용현, 남사우 등과 함께 공관의 의관으로부터 서양의학을 교습 받았는데 이것이 인근 주민들에게 친일 매국으로 보였던 것이다.

둘째는 과거에 천연두는 두신(痘神)의 장난이라 하여 무당을 불러 굿을 했는데 우두 접종이 성행하면서 천연두가 감소되고 무당들의 생계에 지장을 주자 종두 도입자인 지석영을 마술쟁이로 부르면서 매국과 연결시킨 것이다.

지석영은 몸을 피해 다행히 죽음은 면했으나 종두장은 완전히 불타버렸다. 그 뒤 민비(명성황후)의 재등장으로 정권이 바뀌자 지석영은 서울로 돌아와 종두장을 부활하고 종두법 보급에 더욱 힘을 쏟았다. 그의 종두 보급은 전국으로 퍼져갔는데 전라도 어사 박영교의 요청을 받아 전주에, 충청도 어사 이용호의 요청에 의해 공주에 우두국을 설치했다. 때마침 〈한성순보〉에 종두에 관한 기사가 실리면서 종두법의 안전성이 널리 알려져 1884년 서울에 종두 전문회사 보영사가 설립되기도 했다.

또한 지석영은 우리나라 발명특허제도의 창시자이기도 하다. 1882년(고종 19) 8월, 지석영은 급변하는 세계정세와 우리보다 한발 앞선 일본의 근대화 등을 깨닫고 고종에게 상소문을 올려 과학기술의 장려와 특허제도의 필요성을 강조하며 특허제도의 실시를 주장했다. 이에 고종은 의정부(내각)에 이를 시행토록 하명했다. 그러나 1908년까지 특허제도에 관한 자료나 흔적이 없는 것으로 보아 당시로서는 특허제도가 실시될 만한 수준에는 이르지 못한 것으로 추정된다. 여하튼 지석영이 시대를 앞선 생각을 갖고 있었던 것만은 틀림없다. 참고로 우리나라 최초의 특허는 1908년 8월 공포된 일본의 칙령 제196호에 의한 '말총모자'이며 대한민국 수립 후 1946년에 제정된 특허법에 의한 발명특허 제1호는 '황화염료제조법'이다.

지석영은 1883년에 문과에 급제하여 성균관 전적(田籍)과 사헌부 지평(持平)으로 임명되었다. 이듬해인 고종 21년(1884)에 김옥균이 일으킨 갑신정변이 실패로 돌아가자 지석영에게 또 다시 모함이 제기된다. 그는 벼슬을 버리고 은둔하면서 《우두신설》이란 2권의 책을 저술했다. 이 책에는 제너의 우두법 발견과 우두의 실시, 천연두의 치료, 두묘의 제조, 독우의 사양법 및 채장법이 자세히 서술되어 있다. 1887년에는 국운이 기울어져 가는 것을 한탄하며 조세 등 국정의 잘못에 대해 11개조에 달하는 상소를 하는 등 개혁에 앞장서지만 일본에서 종두법을 배웠다는 것이 번번이 그의 발목을 잡는다. 〈고종실록〉에 적힌 그의 죄목은 다음과 같다.

'박영효가 흉한 음모를 꾸밀 적에 남 몰래 간계를 도운 자가 지석영이었고, 박영교가 암행어사가 되었을 때 모질게 하라고 부추겨서 백성들에게 독을 끼친 자도 지석영이었다. 흉물스런 저 지석영은 우두기술을 가르친다는 핑계로 도당들을 끌어모았으니 그 의도가 무엇인지 알 수 없다.'

그는 위험인물로 고발되어 1887년 강진의 신지도로 유배되지만 유배지에서도 여전히 우두를 연구하고 접종을 실시했다. 그곳에서

지석영池錫永

《신학신설》을 썼는데 이 책은 한글로 쓰여진 최초의 위생학이자 예방의학서로 알려진다. 지석영은 5년 만인 1892년에야 유배에서 풀려나는데 우두에 대한 집념이 한결같아서 곧바로 우두보영당을 설립하여 아이들에게 종두를 실시했다.

1894년 청일전쟁의 승리로 동양의 패권을 잡은 일본은 조선의 지배권을 확대하기 시작했고, 외세에 의한 개화운동이 밀물처럼 밀려오면서 근대적 체제를 확립하려는 갑오경장(甲午更張)이 일어났다. 이것은 지석영이 관직에 진출하는 계기가 됨과 동시에 결국 그의 발목을 잡는다. 갑오경장을 주도했던 김홍집은 평소 아끼던 지석영을 엉뚱하게도 형조참의 자리에 임명했고 지석영이 맡은 임무는 동학군 토벌이었다. 당시 일본군들이 경상도 일대에 배치되어 동학군을 토벌하고 있었는데 일본어에 능통한 지석영이 대구에서 일본군을 이끌며 통역을 맡기도 하면서 동학군 세력이 강했던 진주, 언양, 하동에서 동학군을 크게 물리친다. 개화파를 반대하는 동학군을 적으로 돌린 이때의 행적이 결정적으로 그에게 친일파라는 딱지를 붙여준다. 1895년 5월에는 동래부관찰사가 되어 동학군 혁파에 앞장서는데 그러면서도 동학의 문제점을 예리하게 분석하여 상소하는 것을 게을리하지 않았다.

'동학당의 창궐은 내외명리의 탐학(貪虐)에서 비롯된 것이므로 강직한 신(臣)을 각 도에 보내어 이를 안찰케 하며 탐학의 무리를 응징하는 한편 인민을 안일케 해야 될 것입니다.'

한성종두사(漢城種痘司) 종두 시술을 담당하던 곳. 종묘와 창덕궁 등 동쪽 궁궐을 야간에 순찰하는 임무를 담당했던 옛 좌순청(左巡廳) 청사를 개조하여 사용했다. 지금의 지하철 종로 3가역 인근.

한성종두사에서 두묘를 채취하는 모습

이것이 오히려 큰 화근이 된다. 그의 상소문을 본 조정에서는 지석영을 질책하며 한성소윤으로 교체시키고 당상관이던 그를 당하관인 대구판관, 영남토포사, 진주목사, 동래부사(뒤에 동래관찰사) 등으로 강등하여 임명한다. 1898년에는 망명 중인 유길준 등과 내통했다는 무고를 받고 황해도 풍천군 초도에 10년 유배형을 받는다. 형지로 떠난 지 100일 만에 무고함이 밝혀져 사면되었지만 이미 지석영은 권력에 혐오를 느끼고 모든 정치세력과 결별한다.

이때 그의 나이 43세였다.

관직을 떠난 지석영은 새로운 일에 눈을 돌렸다. 1898년 학부대신(學部大臣) 이도재에게 관립 의학교를 세워야 한다고 주장하여 1899년에 최초의 관립 의학교인 한성의학교를 세우게 했고 지석영이 초대 교장이 되었다. 그는 종두의 중요성을 각계에 호소하면서 1899년

지석영池錫永

6월 27일에 '각 지방 종두 규칙', 1899년 9월 6일에 '두창 예방 규칙'을 제정토록 함으로써 천연두 치료와 예방에 힘을 쏟았다.

종두에 대한 그의 집념은 조선의 의학을 한걸음 발전시키는 데도 큰 기여를 했다. 당시 우두 접종에는 적잖은 비용이 들어 의사들에게 종두법 시술은 좋은 수입원이었다. 서울에 한성종두사가 설치되었고 1911년의 기록에 의하면 전국적으로 종두 시술만 하는 종두업자가 1135명에 달할 정도였다.

1904년 한성의학교는 대한의원의 의육부로 개편되었고, 이곳에서 의사는 물론 약제사, 산파 그리고 간호사의 양성을 맡았는데 오늘의 서울대학교 의과대학의 전신이다.

한글 보급에 힘쓰다

지석영이 종두법과 새로운 의학의 개척자로 잘 알려져 있지만 그의 업적 중에 한글 보급도 빼놓을 수 없이 중요하다. 그는 개화가 늦어지는 이유가 어려운 한문을 쓰기 때문이라 생각해 교육을 확대하기 위해서는 알기 쉬운 한글을 쓸 것을 주장했다. 고종은 이 제안을 받아들여 1905년 '신정국문(新訂國文)'을 공포했는데 이는 지석영의 작품이다. 더욱이 지석영은 주시경과 더불어 한글 가로쓰기를 주장한 선구자이기도 하다. 그는 한문보다 한글을 널리 보급해야 한다고 주장하며 1902년 〈민중신문〉에 다음과 같은 내용을 게재했다.

'우리 조선의 세종대왕이 창제한 훈민정음은 보배로운 글이며, 25자모의 연결로 천종만물에 형용 못할 것이 없고 배우기 쉬워 아무리 둔재라도 며칠이면 해독할 수 있다. 이를 천대하여 아녀자나 겨우 쓰게 하고 심지어는 '암클'이라고까지 부르니 개탄할 일이다.'

지석영은 국민들이 한글에 대한 이해가 부족하여 초·중성의 합음으로 된 것을 모르고 있다는 점을 예로 들어 설명하며, 초성의 'ㄲ ㄸ ㅆ ㆅ'등 8자 병서에 대한 견해를 구체적으로 열거했다. 특히 그는 초·중·종성 합음론에서 "반절(半切) 독본 14행 154자가 모두 이와 같으니 이 합음되는 이치를 알면 참 세계에 유일무이한 조화문자로다"라고 한글의 우월성을 재삼 강조했다.

그는 1908년에 국문연구소 위원으로 임명되었고, 1909년에는 한글로서 한자를 해석한 국내 최초의 옥편 《자전석요(字典釋要)》를 간행했다. 《자전석요》는 한자의 음과 뜻을 한글로 적었는데 그 글자 수가 1만여 자에 이르렀다. 이 책은 한글을 익히는데 큰 도움이 되었는데 정약용의 저술인 《아학편(兒學編)》을 한자와 영어로 주석을 달고 각 한자에는 음과 훈을 표기함으로써 어린이 교육에도 상당한 업적을 남겼다. 이런 공로를 인정받아 고종으로부터 팔괘훈장과 태극훈장을 받았다. 또한 1910년에는 대한의원교육부 학생감으로서 공로가 인정되어 훈4등팔괘장을 받았다.

그러나 1910년 한일합방이 되자 지석영은 모든 공직에서 물러난다. 총독부로부터 의원에 계속 근무해 줄 것을 수차례 권유받았으나 거절하고 일체의 활동을 중지한 채 초야에 묻혀 은둔자처럼 지냈

지석영池錫永

다. 3·1운동 등 독립운동에도 별다른 활동을 보이지 않은 상태에서 1935년 자택에서 조용히 눈을 감았다.

일제가 만들어낸 신화

지석영이 살았던 19세기 말은 각종 전염병이 만연하고 위생 상태가 낙후되어 수많은 사람들이 천연두를 비롯한 온갖 전염병으로 목숨을 잃던 시기였다. 이러한 때에 지석영은 우두법의 도입과 대중화로 국민 건강에 결정적으로 공헌했으며 과학적 의학과 보건학의 도입을 촉진시켰다. 지석영의 집념으로 국내에 도입된 종두법의 효과가 탁월하지 못했다면 조선에서 근대의학이 뿌리내리는 데 보다 많은 시간이 걸렸을 것이다.

그런데 지석영에 대해서는 말도 많고 탈도 많다. 그 중 놀라운 주장은 지금까지 설명된 지석영의 종두법에 대한 공적은 일제가 만들어낸 신화에 지나지 않는다는 것이다. 신동원 박사는 일제강점기에 일제가 그들의 식민 통치를 정당화하기 위하여 지석영을 내세우고 조선 정부의 우두 보급에 대한 노력을 폄하했다고 지적하면서 이를 '지석영 신화'라 지칭했다.

어쨌든 일제가 지석영을 내세워 자신들의 지배를 합리화하는 데 이용했다는 것은 전혀 근거 없는 말이 아니다. 1928년 조선총독부는 지석영이 제생의원 원장 마쓰마에게 종두법을 배운 50주년을 기념해 대대적인 행사를 벌인 것은 물론 총독부 기관지 〈매일신보〉

에 지석영에 대한 기사를 연일 게재했다. 특히 1934년 조선총독부의 시게무라(重村義一)는 조선인들이 종두를 이해하지 못하고 있던 중 지석영이 일본으로부터 우두법을 들여왔다고 주장했다.

하지만 이것은 조선에 대한 의도적인 폄하였다. 지석영 이전에도 정약용, 박제가 등이 종두법을 알고 있었으며 종두법의 하나인 인두법은 조선 헌종 때 널리 시행되고 있었다. 이러한 사실을 과소평가해서는 안 된다고 학자들은 지적한다. 정약용, 박제가가 인두법을 알고 있었지만 당대의 시대상황에서 큰 기여를 하지 못한 것은 사실이다. 하지만 인두법이 어느 정도 알려진 상태였으므로 어떤 방법으로든 민간에서 전수되고 있었으리라 추정할 수 있다. 일제가 지석영을 자신들의 입맛대로 활용하려고 한 것은 때마침 자신들의 구미에 맞았기 때문이라는 설명이다.

지석영이라는 이름 석 자 앞에는 의사, 의학자, 어문학자, 행정가, 교육자 등 다양한 수식어가 붙는다. 하지만 훗날 친일 행적이 알려지면서 친일파라는 불명예까지 붙어 왜곡된 한말 지식인의 대표적 인물 중 한 명으로 거론된다. 종두법 보급에 누구보다 앞장섰지만 일본어를 잘한다는 이유로 친일 정권의 한 축이 되어 동학농민운동 진압에 적극적으로 가담했고 또한 이토 히로부미의 추도사를 낭독한 것 등이 그의 일생에 오점을 남겼다. 물론 그는 1910년 한일합방이 되자 모든 관직을 버리고 일제에 항의 아닌 항의를 했다고 하지만 그렇다고 독립운동 등에 적극적으로 참여한 것도 아니다.

지석영이 종두와 한글 보급 등으로 열악한 조선의 과학 풍토를 발전시키는 데 헌신적인 노력을 했다 하더라도 우리 민족에 큰 고통을

지석영池錫永

준 친일 행각과는 비할 바가 아니라는 시각이 있는 것도 사실이다. "국가가 있어야 야구도 있다"는 김인식 감독의 명언처럼, "나라가 있어야 종두(과학)도 있다"라는 생각을 한번쯤 했더라면 훗날 자신의 공로가 격하당하는 일도 없지 않았을까, 하는 아쉬운 생각도 든다.

과학자가 정치와 연결될 때 초래할 수 있는 부작용으로 볼 수 있지만 여하튼 지석영의 경우는 과학하는 모든 이들에게 큰 시사점을 준다. 후손들이 자신을 어떻게 평가할지 늘 가슴에 새기고 살아야 한다는 점만은 분명하다.

임오군란(壬午軍亂, 1882)

발생 1882년(고종 19) 6월 9일~종결 1882년(고종 19) 7월 13일.

고종을 비롯한 민씨 정권이 개화정책을 추진해 일본과 구미제국과의 교섭·통상관계가 이루어지면서 개화파와 수구파의 반목도 점차 심해지고 있었다. 그러던 중 제도 개혁에 따라 개화파 관료가 대거 등장하자 수구파의 반발이 격화되었다. 특히 5영(營)을 폐지한 후 신식군대인 별기군(別技軍)을 창설하는 등 군제 개혁이 단행되자 구 5영 소속 군병들의 불만이 고조되어 차별에 항거하여 군란을 일으켰다. 즉, 개화사상과 척사 사상이 대립한 것이다.

구식 군대는 월급을 13개월이나 밀렸고, 지급한 군료조차 쌀에 모래가 섞여 있었다. 이 밖에도 민씨 일가 정권의 인사행정의 문란, 매관매직, 관료층의 부패 및 국고의 낭비, 일본의 경제 침략으로 인한 불만 등이 최고조에 이르렀다. 이에 격분한 군인들이 폭동을 일으켰고 대원군을 앞세워 민씨 등 개화파를 제거하였으며, 일본 공사관을 습격하여 불태웠다.

조정에서는 청나라에 원군을 요청하였고 대원군이 청으로 압송된 후에야 사태가 수습되었다. 임오군란 이후 일본과 조선은 제물포 조약을 체결하였고, 청나라는 조선에 대한 정치적 간섭을 시작하였다.

말하자면 임오군란은 민씨 정권이 추진한 성급하고도 무분별한 개화정책에 대한 반발과 정치·경제·사회적인 모순을 배경으로 일어난 군민의 저항이었다고 할 수 있다.

갑신정변(1884)

발생 1884년 12월 4일~종결 1884년 12월 6일.

1884년(고종 21) 김옥균(金玉均)을 비롯한 급진개화파가 청국의 속방화 정책에 저항하여 조선의 완전 자주독립과 자주 근대화를 추구하여 일으킨 정변.

개항 이후 김옥균을 중심으로 결집한 개화파는 민씨 정권의 개화 정책에 참여하면서 개화사상을 현실정치에서 실현하려는 하나의 정치세력으로 급부상하였다. 그런데 개화파 안에서도 개혁의 궁극적 방향은 같이하면서도 실현 방법에서 입장의 차이를 드러내고 있었다. 김홍집(金弘集), 어윤중(魚允中), 김윤식(金允植) 등의 온건개화파는 민씨 정권과 타협해 청국에 대한 사대외교를 계속 유지하면서 점진적인 개혁을 수행하자는 입장이었고, 반면 급진개화파는 청나라에 대한 사대관계를 청산하는 것을 우선과제로 삼고 민씨 정권도 타도의 대상으로 삼았다.

임오군란 이후 청국은 대원군 정권을 붕괴시키고 민씨 외척 정권을 다시 수립했지만 군대를 철수시키지 않은 채 간섭정책을 자행하고 조선의 자주 독립권을 침해했다. 뿐만 아니라 청국은 개화당의 개화 운동이 궁극적으로 청국으로부터 조선의 독립을 추구하는 것이라 판단하고 온갖 방법으로 개화당을 탄압하고 개화 운동을 저지했다. 그 결과 김옥균 등 급진적 개화당의 정치적 지위가 매우 위험한 처지에 놓이게 되었다. 민씨 수구파는 임오군란에 의해 정권이 한번

붕괴되었다가 청국의 도움으로 재집권하게 되자, 청국의 조선 속방화 정책에 순응하여 자주적 근대화를 외면한 채 사리사욕을 채우기에 급급하였다.

결국 갑신정변의 원인은 청국의 조선에 대한 속방화 정책과 개화정책에 대한 탄압에 대하여 단호하게 무장 정변의 방법으로 대항해서 나라의 독립과 자주 근대화를 달성하려 한 것이다. 그러나 청군의 무력 공격에 패배함으로써 개화당의 집권은 '3일 천하'로 끝나고 말았다. 김옥균, 박영효, 서광범, 서재필, 변수(邊樹) 등 9명은 일본으로 망명하고, 홍영식, 박영교와 사관생도 7명은 청군에 넘겨진 뒤 피살되었다. 그 뒤 국내에 남은 개화당들은 민씨 수구파에 의해 수십 명이 피살되고 개화당은 몰락했다.

갑오경장(갑오개혁, 1894)

1894년(고종 31) 7월 초부터 1896년 2월 초까지 약 19개월간 3차에 걸친 일련의 개혁운동.

1894년 봄 호남에서 동학농민운동이 일어나자 정부는 청나라에 출병을 요청했고 일본도 군대를 파견했다. 농민군과 정부군과의 강화가 성립되자 청나라는 일본에게 공동 철수를 제안했으나 일본이 거절함으로써 청일전쟁이 발발하게 되었다.

청일전쟁에서 승리한 일본은 청나라를 등에 업은 민씨 정권을 타도하고 흥선대원군을 영입하여 신정권을 수립하였다. 그 뒤 개혁추진기구인 군국기무처(軍國機務處)가 설치되고, 영의정 김홍집(金弘集)을 중심으로 한 온건개화파의 친일정부가 수립되었다.

제1차 개혁에서 군국기무처의 혁신적인 개혁사업은 수구적인 입장을 고수하는 흥선대원군으로부터 거센 반발을 받았다. 일본은 흥선대원군을 정계에서 은퇴시키고 군국기무처를 폐지하고 그 대신 갑신정변을 주도했던 망명 정객 박영효와 서광범(徐光範)을 각각 내부대신과 법부대신으로 입각시켜 김홍집, 박영효 연립내각을 수립했다.

그러나 을미사변(명성황후 시해 사건)의 사후 처리에 있어 김홍집 내각이 보여준 친일적 성격과 단발령의 무리한 실시로 보수 유생들과 일반 국민들의 반발을 불러일으켰고, 급기야 국왕이 러시아공관으로 피신하는 아관파천(俄館播遷)이 단행됨으로써 김홍집 내각은 붕괴되었다.

말하자면 갑오개혁은 멀리 실학(實學)에서부터 갑신정변과 동학농민운동에 이르는 조선시대 여러 개혁 운동을 배경으로 하여 반청, 독립정신을 가진 친일 개화파 관료들이 추진한 개혁이다. 따라서 조선 사회에 있어서 근대적인 개혁의 지향을 반영한 획기적인 개혁으로서 우리나라 근대화의 중요한 역사적 기점이었다.

그러나 갑오개혁은 그 당위성에도 불구하고 추진 세력이 일본의 무력에 의존하였다는 제약성 때문에 반일, 반침략을 우선시했던 국민들의 반발에 부딪혀 좌절된 사건이다.

13장

과학은
진보주의다

김용관, 1897~1967

요업기술자, 과학기술 운동가. 호는 장백산(長白山) 서울 출생. 1897년 3월 21일 서울 창신동에서 유기 도매상 김병수(金丙洙)의 3형제 중 차남으로 태어났다. 1913년 관립공업전습소(官立工業專習所) 도기과를 졸업한 뒤 경성공업전문학교(京城工業專門學校) 요업과에 입학해 1918년 제1회로 졸업했다. 1924년 발명학회 설립에 중심이 되었고, 1933년 최초의 과학종합지 《과학조선》을 창간하고 '과학의 날'을 제정하는 등 민족의 과학의식을 높여 실력을 길러 종국에는 독립을 쟁취하자는 목표가 저변에 있었다.

김용관

金容瓘, 1897~1967

과학운동의 기수, 투옥과 가난

"과학이 왜 필요한가?"

이에 대해 조선 말기에는 비교적 간단한 단어로 정의되었다. 과학이란 '진보'다. 1899년 8월 5일자 〈독립신문〉의 기사를 보자.

'사람이 금수보다 특별히 다른 것은 능히 앞으로 나가는 학문이 있음이다. 태초에 하느님께서 만물을 창단하심이 사람이나 금수가 다 같은 동물이지만 사람은 영매한 지식이 날로 진보하기를 한이 없는 까닭에 토지를 개척하며 스스로 나라를 이루고 왕을 받들어 교화로 백성을 가르치게 하였으니 백성이 왕을 섬기는 것이 군사가 장수를 복종하는 것과 같다. 사람은 점점 나아가면서 지혜가 밝아지고 나라도 점점 나아감으로 정치가 훌륭해진다.'

기사의 핵심은 조선이 진보를 위해서는 많은 서양 학문과 과학을 교육시켜야 한다는 내용이다. 실학자들이 낙후된 조선을 발전시키기 위해 청나라의 기술은 물론 서양 과학을 배워야 한다고 부단히 주장한 것도 같은 맥락에서였다.

이러한 열망은 조선 말기와 일제강점기에 이르러 그 절박함이 최고조에 이르렀다. 조선조 말은 나라의 미래를 위해 과학을 발전시켜야 한다는 원칙론을 기본으로 조선의 각성을 주창했고 일제강점기에는 나라를 빼앗기자 비로소 과학의 중요성을 실감하고 조선인들이 과학을 알고 이를 현실에 접목시켜야 한다고 주장했다. 이것을 큰 틀에서 '진보'라고 설명했다.

진보론은 조선에서만 불붙은 것이 아니었다. 20세기가 시작하기 전부터 진보론은 전 세계 지식인들 사이에 급속히 전파되었는데 그 단초가 된 것이 다윈의 《종의 기원(1859)》이다. 여기서는 다윈의 생물학적 진화론에 대한 설명은 생략하고, 그의 진화론이 '진화'하여 사회진화론으로 변화한 과정을 살펴본다.

다윈의 진화론은 자연계에서 종의 갈등과 경쟁을 주장했지만 당시 제국주의자들은 양육강식에 의해 강자가 살아남고 약자가 소멸된다는 진화론의 개념이 매우 합리적이라고 생각했다. 제국주의자들의 관심은 보다 많은 식민지를 확보하는 것인데 이들이 아프리카 등의 점령을 합리화하기 위해 진화론을 끌어왔다. 즉, 우수한 인간 집단이나 민족·국가가 열등한 민족·국가를 지배하는 것은 지구상에서 벌어졌던 진화의 전형적인 행태라는 것이다.

사회진화론은 구한말 개화의 움직임과 함께 조선에도 밀어닥쳤다.

1880년경 유길준이 '경쟁론'으로 이를 수용했고 1890년대 후반에
는 독립협회가 적극적으로 이들 이론을 지지하여 〈독립신문〉에 게
재했다.

이후 1900년대 중국의 지식인 양계초의 《음빙실문집(飮冰室文集)》
이 수입되면서 지식인들 사이에서 진보에 대한 관심이 본격화되었
다. 사회진화론에 입각해 조선인들의 실력을 키워야 한다는 운동은
1910년 일제의 한반도 점령으로 더욱 확대되었다. 일본의 조선 합병
은 상상도 할 수 없는 일이었다. 그동안 조선의 위기를 과학으로 극
복해야 한다고 많은 지식인들이 주장했지만 막상 조선이 일본에 병
합되자 열등한 국가가 힘 있는 국가에게 먹힌다는 사회진화론이 현
실이 된 것이다.

당대 지식인들은 상상조차 하지 않았던 한일합방의 현실을 직시
하고 정신을 가다듬었다. 그동안 우물 안 개구리였음을 자각하고 조
선이 다시 태어나기 위해서는 개화와 과학기술의 발전을 통해 민족
의 독립을 성취할 수 있다고 믿었다.

"실력을 기르자"는 운동은 여러 형태로 나타나는데 1920~1930년
대에는 조선인들 스스로 실력을 기르면 민족이 처한 어려움을 극복
하고 민족의 독립을 꾀할 수 있다고 생각했다. 이는 무력으로 독립을
쟁취하자는 것과는 차원을 달리하는 일종의 문화운동으로, 먼저 산
업을 장려하고 교육의 보급, 의식 개혁 등이 주 테마였다. 또한 민족
의 실력을 기르기 위한 방법으로는 과학기술의 진흥, 한국사 교육을
통한 민족정기의 고양, 한국어 운동 등이 따랐다.

김용관金容瓘

과학의 날을 제창하다

과학 분야로 한정한다면 사회진화론의 맥락에서 한국 과학의 진보를 역설한 사람이 김용관(金容瓘, 1897~1967)이다. 김용관은 1897년 3월 서울 창신동 부유한 집안에서 김병수의 3형제 중 차남으로 태어났다. 호는 장백산(長白山). 유기 도매상을 하는 부친의 영향으로 어릴 적 꿈은 요업 기술자였으므로 자연스레 1913년 관립 공업전습소 도기과를 졸업한 후, 1916년 경성공업전문학교가 설립되자 요업과에 입학해 1918년에 1회로 졸업했

김용관 요업전문가이자 과학운동가. 민족의 과학의식을 높여 궁극적으로는 일제로부터 독립을 쟁취하고자 했다.

다. 그해 조선총독부 장학생에 선발되어 일본 유학길에 올라 동경고등공업학교 요업과에서 1년간 공부했다. 당시 고등공업학교는 오늘날의 초급대학 수준이거나 전문대 이상이었다.

3·1운동이 일어나자 김용관은 학업을 중단하고 곧바로 귀국했다. 귀국해서는 부산에 있던 조선경질도기 주식회사에 다니다가 총독부 산하 중앙공업시험소에서 잠시 근무했다. 이후 1922년 조선공예학원이라는 사설 강습소를 차려 운영했지만, 자금난과 경험 부족으로 7개월 만에 문을 닫았다.

그러나 김용관은 비록 자금난을 겪었지만 조선 사람을 깨우치게 하려면 조선인들이 과학에 대해 알아야 한다고 생각하고 본격적인 활동에 뛰어든다. 경성공업전문학교 동기생들, 그리고 물산장려운동 등 민족주의 운동에 참여했던 인물들을 일일이 찾아다니며 발명학

회의 필요성을 역설하여 41명의 창립 발기인을 모아 1924년 발명학회를 발족시켰다.

발명학회의 발기인 41명 중에는 경성공업전문학교 출신 발명가뿐만 아니라 당시 동양염직 사장이자 조선물산장려회 이사 김덕창(金德昌)과 유길준의 아들로 조선물산장려회 이사장이었던 유성준(兪星濬), 민립대학 설립 운동에 참여했던 이승훈(李昇薰) 등도 포함되어 있었다. 또한 김용관은 이화학연구소 설립도 추진했는데 민족의 공업이 성장하려면 공업 기술을 발전시켜야 했기에 민간 차원에서라도 발명가를 지원할 수 있는 기술 연구소를 꼭 세워야겠다고 생각한 것이다. 그는 조선이 힘을 기를 수 있는 맥락을 정확하게 파악하고 있었다.

김용관이 발명학회를 창설하게 된 동기는 당시 조선의 상황과 밀접한 관련이 있다. 1920년 8월 평양에서 조만식 등이 '조선물산장려회'를 만든 뒤 전국적으로 확산되기 시작했는데 이 운동은 1923년 1월 서울에서 조선물산장려회가 창립되면서 본격적으로 활동을 개시했다. 그 취지는 간단하다.

'조선 사람은 조선 사람이 만든 것을 사 쓰고, 조선 사람은 단결하여 그 사용하는 물건을 스스로 제작하여 공급하자.'

명분이 나쁘지 않은 일로 당시 경기도 참여관이던 유성준, 동양염직·경성상회·동양물산 등 상업에 종사하던 자본가와 동경 유학생 출신 신지식인층이 모임을 이끌었다. 거리 곳곳에서 '내 살림 내 것으로', '조선 사람 조선 것' 등의 깃발을 들고 거리 행진을 했으며 당시 신문과 잡지에서도 이들 구호를 적극 지지했다. 3·1운동이 일어

난 지 얼마 되지 않았던 때라 많은 사람들은 심
정적으로 물산장려운동을 일제에 저항하고 조
선 경제도 돕는 그럴 듯한 항일운동으로 여겼
다. 그러므로 너도나도 왜놈들이 만든 옷과 모
자, 신발을 벗어던지고 우리 동포가 만든 상품
으로 바꿔 입고 신었다. 1923년 본격적으로 운
동이 전개되자 한 모자 공장에서는 40일 동안
3800여 개의 모자를 팔았고 4월 초에는 하루
100여 개의 모자를 만들어야 할 정도로 폭발적
인 호응을 얻었다.

물산장려운동 포스터

　그런데 처음에 너도나도 적극적으로 호응하던 물산장려운동은 채
1년도 안 되어 흐지부지되었다. 국산품 애용이라는 말은 곧 '애국운
동'이란 말인데 조선 사람들이 이 운동에 등을 돌린 이유는 간단하
다. 물산운동이 조선을 위한 것이 아니라 일제를 위한 것임을 알아
차렸기 때문이다.

　물산장려운동은 사실 조선인들의 독자적인 작품이 아니라 일제의
고단수 정책이 개입된 '문화운동' 즉 조선인들을 회유하기 위한 방안
중 하나였다.

　일제는 3·1운동이라는 악재가 터지자 3·1운동을 분석하여 보다
적극적인 대안을 마련한다. 한마디로 일제의 입맛에 맞게 조선 지식
인들을 회유한다는 방안이었다. 그런데 그들이 내세운 명분이 정말
놀랍다. 일제가 조선을 병합한 것은 당대의 세계 정황상 부득이한
조치이지 결코 조선을 영구히 점령하려는 것이 아니라는 것이다. 즉

조선이 자립할 수 있는 능력을 갖추면 독립을 시켜줄 테니 그동안 일본의 보호 아래 경제, 문화 등의 실력을 먼저 쌓아 독립을 준비하라는 것이다.

그동안 민족주의 지도자 행세를 하면서 기회를 살피던 자본가, 대지주, 일부 지식인들은 애초에 조선의 독립이 불가능하다고 생각했다. 일본의 막강한 힘을 볼 때 독립이란 헛된 구호에 지나지 않으며 '달걀로 바위를 치는' 어리석은 짓이라고 생각했다. 그렇다고 "민족 독립을 포기하자"라고 주장할 수도 없었는데 조선이 실력을 쌓으면 먼 훗날 독립시켜 준다는 일제의 말은 그럴듯한 제안이자 자신들을 합리화할 여지를 만들어 주었다. 독립을 포기한 것이 아니므로 민족 반역자라는 욕도 듣지 않고 또한 일제의 보호 아래 명분 있는 삶을 누릴 수 있으니 '누이 좋고 매부 좋은 일'이었다.

새로운 아이디어로 무장한 지식인들은 조선이 일본의 식민지임을 현실로 받아들이고 일제와 타협하여 일제의 식민지법 아래에서 법을 지키며 먼저 실력을 쌓은 뒤 독립을 꾀하자고 주장했다. 이것이 소위 '민족 개량주의'였고 그 운동 가운데 하나가 '물산장려운동'이었다. 말하자면 이는 '항일운동'이 아니라 조선 물산의 소비운동이었다.

그런데 조선 물산의 소비운동은 얕은 속임수였다. 사실 이 운동이 민족 전체의 생활을 향상시키는 애국운동이 되려면 최소한 조선인 자본가는 상품 생산 능력이 있어야 하고 소비자는 소비 능력이 있어야 하는데 현실은 전혀 그렇지 못했다. 조선에서 소비되는 거의 모든 생산품은 일제가 독점하고 있었다. 당시 조선 전체 자본 가운데 조선인은 일본 자본의 5%, 원동력은 고작 8%에 지나지 않아 물산장

김용관金容瓘

려운동이 오히려 일본 자본가들의 배를 불려주는 운동이 되었다. 결국 물산장려운동이 표면적인 구호와는 달리 일제의 야욕이 숨어 있다는 사실이 알려지자 1년 만에 사라지게 된 것이다.

김용관은 이런 문제를 현장에서 깊이 느끼고 물산장려운동 같은 선전으로 조선인들의 눈을 속일 게 아니라 진정으로 조선인들이 자립할 수 있는 여건을 갖추어야 한다고 생각했다. 구체적으로는 발명학회 등을 통해 조선인들이 힘을 기를 수 있는 정보 제공이 우선이라는 의미였다.

발명학회의 힘찬 발족에도 불구하고 실제 조선인의 과학발명 활동은 매우 부진했다. 결국 김용관 1인에 의존했던 발명학회는 6개월 만에 문을 닫고 말았다. 발명학회 창립 이후 모든 경비를 자신이 부담하면서 학회 사업을 위해 많은 노력을 기울였으나 예산 부족으로 손을 놓은 것이다.

김용관은 후에 다시 발명학회를 재건하는데 그동안에도 그는 조선인의 과학화에 대해 역설했다. 그는 일제강점기의 실상을 정확히 분석한 후 갈수록 외국 자본만 부유해지는 반면 조선인들은 가난해지는 현실을 정확하게 파악했다. 조선인들이 가난에서 벗어나려면 적어도 생필품 정도는 제작할 수 있어야 한다고 주장했다. 대규모 공업을 일으켜 일본 등 외국 자본과 경쟁하는 것은 힘들더라도 소규모 공업으로 생필품 자급은 가능하다고 본 것이다. 실제로 김용관은 1927년 벽돌공장을 경영하며 과학운동에 자금을 대면서 과학 대중화의 꿈을 이어갔다.

그런데 경제적으로 어려운 상황에서 그는 다시 발명학회를 부활시켰다. 1932년 6월 1일 김용관, 근대 건축가의 시조로 일컫는 박길룡, 경성공전 동기인 현득영 등은 박길룡의 건축사무소에 모여 발명학회를 재건하기로 결의했다. 1930년대는 사회적 여건이나 시대상황에서 발명학회가 처음 생겼던 1920년대와 많이 변화했다. 그런데다 사회적 영향력이 있는 변호사 2인을 이사장으로 영입하면서 발명학회는 점차 활기를 띠기 시작했다. 이듬해에는 발명학회 기관지이자 우리나라 최초의 과학잡지인 〈과학조선〉을 창간했다. 그 전에도 과학잡지가 시도된 적이 있었지만 계속 간행되지는 못했다. 그러나 〈과학조선〉은 1년 뒤에 몇 번 중단된 일도 있었지만 1944년 1월 종간될 때까지 10년 넘게 유지할 정도로 대표적 과학잡지로 자리매김했다.

발명학회가 다시 재건되고 〈과학조선〉을 창간했다는 것은 김용관의 경제적 여건이 상당히 호전되었다는 것을 의미한다.

과학이 발전하기 위해서는 기본적으로 3가지가 필요하다. 예산, 인원, 그리고 시간이다. 셋 중 하나를 제외하라면 시간을 제외하는 것이 기본이다. 하루 8시간씩 근무하여 이룰 수 있는 것을 12시간 내지 15시간을 일한다면 상당 기간을 단축할 수 있다. 둘째는 인원이다. 인간의 능력에는 차이가 있으므로 단순 작업이 아닌 한 유능한 사람을 집중적으로 투여하면 빠른 시간 안에 성과를 얻을 수 있다. 그러나 예산은 전혀 다른 차원의 문제다. 아무리 탁월한 아이디어라고 해도 이를 지원할 예산이 없다면 허황된 이야기일 뿐이다.

그런데 김용관은 동분서주하며 각계각층의 지도층 조선인들을 동원하여 과학대중화 사업을 추진했다. 발명학회에서는 세미나 등을 개최하고 과학기술 관련 서적뿐만 아니라 역사, 철학, 문학 등의 책

김용관金容瓘

들도 발간해 상당한 수익을 거둔 것으로 알려졌다. 더불어 후원금도 많이 들어왔는데 당시 과학지식보급회 회장을 맡았던 윤치호와 이인이 각각 300원을 기부했고 박길룡은 200원을 기부했다. 당시 〈과학조선〉 1권 값이 20전이었으니까 300원이라면 잡지 1500권을 살 수 있는 큰돈이다. 김용관이 당대의 거물들로부터 상당한 후원금을 받을 수 있었던 것은 남을 설득하는 재능이 있었기에 가능했다.

일제강점기에 과학에 대한 지식을 습득하거나 배우는 것은 사실상 불가능했다. 일제는 조선을 합병한 후 1924년 경성제국대학을 세웠지만 식민통치에 효과적으로 이용할 수 있는 법문학부, 의학부만 설치했다. 조선 사람의 독립의식을 일깨울 수 있는 정치, 경제, 이공학부는 설치하지 않았는데 이공학부가 설치된 것은 17년이 지난 1941년이었다.

당시 변변한 과학기술연구소조차 없었고 과학자나 기술자가 되려면 일본 유학을 가야 하는데 이것이 간단치가 않았다.

일제는 조선인들이 과학에 눈을 뜨기 시작하면 식민 지배에 걸림돌이 될 것을 정확하게 알고 있었기 때문이다. 일제는 과학기술 분야는 일본인들이 전담해서 정책을 꾸렸는데 이는 기술로써 산업을 지배하고, 이를 통해 조선에 대한 지배를 영구화하려는 포석이었다. 조선인은 일본에 의해 병합될 정도로 무능한 민족이므로 일제의 통치를 받기만 하면 된다는 발상이었다.

교육기관에서 과학 지식을 얻을 수 없으므로 이를 해결할 방법이 대중매체를 통한 과학 정보 제공이다. 지금은 인터넷으로 많은 정보를 제공받을 수 있지만 과거에는 대중매체를 통한 정보 습득 방법뿐이었다. 큰 틀에서 보면 근대에 생겨난 방송매체를 제외하면 인쇄매체뿐이다. 인쇄매체라면 책, 잡지, 신문 등이 기본인데 80년 전에 김용관이 한국 최초로 과학잡지를 창간했다는 것은 대단한 영향력이 있었다는 의미이다.

　일제가 조선인의 과학 분야 교육을 억제했음에도 1945년 광복 이전에 일본에 유학하여 4년제 정규대학을 졸업한 이공계 출신은 200여 명이 된다. 여기에는 수학, 물리, 화학, 생물, 지질 공학이 모두 포함되는데 일제강점기 36년 동안 배출된 숫자라는 점을 감안하면 일제의 조선인 차별정책이 확연하게 드러난다. 당시 일본인 과학 분야 졸업자가 수만 명이 넘는 것을 감안하면 더욱 그렇다. 일본이 지금도 식민지 조선에서 경제적 건설을 이루었다는 주장을 계속하는 것을 생각하면 적반하장이 아닐 수 없다.

지식인들, 과학기술에 눈뜨다

　　1910년 나라를 빼앗긴 조선의 지식인들은 서서히 과학기술의 중요성에 눈뜨기 시작했다. 김용관 등이 과학의 대중화 운동을 벌인 것도 일제강점기에 신음하고 있던 민족의 역량을 기르기 위해서였다. 3·1운동 이후 일제의 감시가 상당히 완화되었다고는 하지만 드러내놓고 민족운동을 전개할 상황은 아니었다. 그래서 많은 민족 지도자들이 민족운동과는 직접 관련이 없어 보이는 과학대중화 운동에 힘을 썼는데 이것을 김용관이 날카롭게 꿰뚫고 〈과학조선〉을 창간했다고 볼 수 있다.

김용관 등 과학의 선구자들에게 문명 발달의
유일한 원동력은 바로 과학기술의 발달이었다.
김용관은 '문명의 요소는 발명과 발견'이라고 주
장했는데 그가 말하는 발명가는 현대의 과학자
를 포함한다. 당시 발명학회 이사장 이인(李仁)의
말은 더욱 구체적이다.

최초의 과학잡지 〈과학조선〉
창간호(1933년 6월)

'인류의 역사는 곧 발명의 역사라고 할 수 있
다. 이와 같이 인류 문명의 대부분이 발명에 의
해 이룩된 것을 보면 발명가의 인류에 대한 기여와 공헌은 참으로
큰 것이다. 산업을 개혁하여 국가 사회의 경제력을 충실하게 한 것도
발명의 힘이요, 문화가 발달하여 전대에 없던 세상을 만들 수 있는
것도 발명의 힘인 것이다.'

현대의 기준에서 본다면 당시의 발명가 수준은 아마추어 단계를
벗어나지 못했다는 것이 적절한 표현이다. 당시 발명가들(곧 과학자
들)의 수준을 잘 보여주는 한 예는 영구동력기관에 대한 그들의 집
착이다.

영구동력은 비용이 들지 않으면서 무한한 에너지를 생산한다는 점
에서 예부터 인간의 관심이 집중되었던 분야이지만 에너지보존법칙
에 의해 영구동력기관은 존재하지 않는다는 것이 밝혀졌다. 하지만
당시에는 여전히 가능하다고 생각한 사람들이 많았다. 이는 과학에

대한 기초 지식이 부족했기 때문인데 그들이 프랑스의 물리학자 카르노(Nicholas Carnot, 1796~1832)가 제창한 '카르노 사이클' 즉 영구기관은 절대적으로 존재할 수 없다는 것을 알았다면 도전해서는 안 될 분야라는 점을 분명하게 파악했을 것이다. 그럼에도 불구하고 당시 조선에는 여전히 영구기관에 대한 연구가 많았던 모양이다. 김용관은 〈과학조선〉에서 두 차례에 걸쳐 '아니될 상담 영구기관'이라는 제목으로 영구기관의 제작이 불가능함을 설명하고 있다. 이를 보면 김용관이 상당한 물리지식을 갖고 있음을 알 수 있다.

김용관이 과학의 대중화를 위해 추진한 과정을 보면 놀랍다. 그는 재벌도 아니고 명문가의 자손도 아니다. 그러나 일제강점기의 실상을 정확히 파악하고 과학의 대중화가 조선인을 위한 일임을 명확하게 파악하고 있었다. 김용관은 과학의 대중화가 필요한 이유를 〈과학조선〉 1934년 6월 호 '과학지식 보급에 대하야'에서 다음과 같이 적었다.

'우리 조선은 과학이라 하면 도저히 접근할 수 없는 어려운 학문적 이론처럼 생각하여 과학이 실제 사회와 거의 절연상태에 있습니다. 그리하여 과학의 황무지가 되었으니 이리하여 우리가 날마다 쓰고 접촉하는 외국의 과학 제품이 밀물처럼 들어와서 우리의 주머닛돈을 자꾸 남에게 빼앗기고 있습니다. 나는 과학조선의 앞날을 위하여 이 방면에 일하기를 쉬지 아니할 것을 여러 동지들에게 호소합니다.'

김용관金容瓘

〈과학조선〉은 '질문과 응답'이라는 흥미로운 코너도 만들었다. 과학 상식에 대한 정보를 제공하기 위해 만든 것인데 질문들을 살펴보면 다음과 같다.

① 태양 광선은 지구에 도달하는 데 몇 초가 걸립니까?
　답 : 대략 8분 16초올시다.

② 전등은 직류입니까, 교류입니까?
　답 : 교류올시다.

③ 자석에는 어째서 철이 붙습니까?
　답 : 이것은 아직 학설이 없습니다. 자연계의 신비입니다. 당신 같은 이가 신비를 해결하십시오. 자석은 철 이외에 니켈, 코발트 같은 금속을 붙입니다. 요새 새로 나온 10전, 5전짜리 동전은 잘 붙습니다. 실험하여 보십시오.

발명의 날 선포

김용관은 여세를 몰아 1934년 2월 28일 오후 5시 반, 서울 종로 YMCA 회관에서 이인의 사회로 '과학의 날' 행사를 논의하기 위한 모임을 개최했고, 이날 실행위원 37명이 선출되었다. 실행위원회는 과학의 중요성을 국민들에게 일깨워 주기 위해 당시 세계 최고의 과학자로 여기던 찰스 다윈 사망 50주년 되는 해를 기념해 다윈이 사망한 4월 19일을 제1회 '과학의 날'로 정해 행사를 추진했다. 한국 최초의 '과학의 날'이 탄생한 것이다.

1934년 제1회 과학의 날 행사는 계획 단계부터 언론의 주목을 받으며 기업, 사회 명사들로부터 후원금이 이어지는 등 높은 호응을 받았다. 제1회 과학의 날 행사를 홍보하기 위해 김용관은 4월 16일부터 3일간 매일 오후 7시 반에 라디오에 출연해 과학 불모지나 다름없는 조선에 과학지식을 보급하고자 역설했다.

4월 19일 밤 8시. YMCA 회관에서는 무려 800여 명의 사람들이 모여들었다. 강연 주제는 '과학의 개념(이정섭)', '산업과 발명(이채호)', '화학공업의 최근 경향'이었다.

1주일 이상 진행된 과학의 날 행사에는 수천 명의 사람들이 인산인해를 이루어 과학강연회, 과학 보급을 위해 무엇을 할 것인가에 대한 좌담회, 과학관과 중앙전화국, 중앙시험소, 경성방직 등을 견학했고 과학영화를 관람했다. 과학의 날 축제는 서울에 이어 평양에서도 성황리에 개최되었다.

제1회 과학의 날 행사는 당대의 지식인들에게 신선한 충격을 안겨주었다. 조선의 내로라하는 지식인들은 과학대중화 운동을 열렬히 지지했고 이에 힘을 얻은 김용관은 1934년 7월 5일 서울 공평동 태서관에서 '과학지식보급회' 조직을 알리는 창립총회를 개최했다. 여기에 참가한 사람들은 당대의 쟁쟁한 인사들이었다. 윤치호, 이인, 여운형, 김성수, 방응모, 송진우, 이종린, 최구동, 조동식, 현상윤, 이하윤, 윤일선 등 언론인, 작가, 사업가, 교육자, 학자 등 민족 지도자들

김용관金容瓘

이 총망라되었다. 말이 과학운동이지 실제로는 일종의 민족운동 그 자체였다. 이러한 활동의 저변에는 우리 민족의 과학의식을 높여 민족의 실력을 배양하고 종국에는 일제로부터 독립을 쟁취하자는 큰 목표가 깔려 있었다. 그러나 이들 명단에서 전문적인 과학자, 기술자들이 거의 보이지 않는다는 점이 당시 조선 과학계의 척박한 현실을 잘 드러내준다. 이들 명단에 들어갈 정도의 과학자나 기술자라 불릴 정도의 과학 분야 인사가 거의 없었기 때문이다.

조만식, 여운형, 송진우, 김성수, 이상협 등이 고문에 추대됐고, 주요한, 조동식, 이극로 등 유명 지식인들이 임원으로 참여했다. 김용관은 전무이사가 되어 실무를 도맡았다. 전국적인 조직망을 갖추게 된 '과학지식보급회'가 발명학회 기관지 성격의 〈과학조선〉을 인수하여 종합잡지로 성격을 바꾸고, 지방 순회 강연회를 개최하면서 조선의 과학대중화 운동을 이끌어나갔다. 1933년 6월 창간호를 시작으로 1년간 발간됐던 〈과학조선〉은 1934년부터 '과학지식보급회'에서 발간되어 1944년까지 발행되었다.

1935년 과학의 날 행사는 매우 성대했다. 박성래 교수는 "한국 역사상 가장 성대한 과학 행사"라고까지 표현했다. 이날 과학의 날에 서울에 있는 거의 모든 자동차 즉 54대가 동원되어 종로에서 안국동을 돌아 을지로로 이어지는 카퍼레이드를 벌였다. 선두 차량에는 '과학의 날'이라고 쓴 깃발을 앞세우고 '한 개의 시험관이 전 세계를 뒤집는다', '과학 대중화를 촉진하라' 등의 표어가 이어졌다. 뒤에 군악대가 따랐으며 홍난파 작곡 김안서 작시의 '과학의 노래'가 연주되었다.

새 못되야 저 하늘 날지 못하노라
그 옛날에 우리는 탄식했으나
프로페라 요란히 도는 오늘날
우리들은 맘대로 하늘에 나네.
(후렴) 과학 과학 네 힘의 높고 큼이요
간 데마다 진리를 캐고야 마네.

이뿐만이 아니다. 종로 YMCA에서 합창단이 과학의 노래를 3절까지 불렀고 기념식에서 여운형이 '과학자에게 고(告)하는 일언(一言)'을 낭독했다. 행사를 전후해 〈조선일보〉, 〈조선중앙일보〉 등이 연일 특집기사를 실었고, 또한 라디오 방송은 이날의 행사와 함께 과학 강연을 방송했고 평양, 신천, 원산, 개성 등지에서도 열렸다. 그야말로 온 조선에서 과학의 날을 기렸다.

총독부는 처음에는 조선 지식인들의 과학증진 운동을 방관했지만 이를 주도하는 사람들의 동태가 수상하다고 판단하자 칼을 빼든다. 1938년 제5회 '과학의 날' 행사 도중 김용관은 일본 경찰에 체포된다. 체포 이유는 명확히 알려지지 않았지만 조선인들 사이에 활발하게 벌어지고 있는 과학운동을 일제는 위험한 것으로 파악하고 다른 민족운동과 마찬가지로 탄압하는 과정에서 김용관을 체포한 것으로 추정할 뿐이다.

김용관의 투옥과 함께 '과학지식보급회'는 곧바로 해체됐고 발명협회는 일본발명협회 조선지부라는 이름으로 흡수되었다. '과학의 날'도 5회로 막을 내렸다.

김용관金容瓘

5년 후인 1942년 가석방된 김용관은 일본 경찰의 눈을 피해 만주 등지로 떠돌이 생활을 했다. 해방이 되자 귀국한 김용관은 과학의 날을 추진하던 활동력은 상실했지만 〈과학조선〉이 복간되었을 때 그는 재령에 있는 명신중학교 교사 자격으로 '독가스에 대하여'라는 글을 투고한 것으로 보아 과학에 대한 열정은 접지 않은 것이 분명하다. 같은 잡지에 실린 '보석 이야기'의 필자 김덕중이 김용관의 장남일 것으로 추정한다.

　이후 김용관은 전공했던 요업 분야와 관련해 서울공업고등학교 요업과 교사, 대한요업총협회와 한국요업학회 창립에 헌신적으로 관여했고 특허국 심사관, 발명협회 부회장을 지냈으며 11개의 특허를 얻기도 했다. 그러나 해방 이후로 그는 자신이 그토록 열성적이었던 과학대중화 운동에 관심을 보이지 않았고, 각지에서 과학기술 분야의 중요성이 대두될 때도 그는 열외였다. 무슨 이유에서인지 과학계에서 멀어진 그는 1967년 9월 70세를 일기로 세상을 떠났다.

　김용관의 가족사에 대해서는 잘 알려져 있지 않지만 2남 2녀를 두었고 평생 밖으로 나가 활동했기 때문에 가정에서는 그리 성실한 아버지 노릇은 못했던 것 같다. 가난에서 벗어나기 위해서는 과학을 생활화해야 한다고 주장했던 그였지만 아이러니하게도 과학대중화 운동에 헌신하느라 자신의 가정을 제대로 돌볼 수 없었고, 결국 가난을 선택할 수밖에 없었다.

　암울한 일제강점기에 일본의 식민지인 조선의 과학대중화에 앞장선 김용관은 현대로 치면 박사학위를 받은 적도 없고 교수로 활동한 적도 없다. 그러나 그는 1930년대에 조선의 과학을 남다르게 사랑한 당대의 대표적인 과학자이다. 최초로 근대 과학잡지를 창간했고 과학의 날을 창시했다는 이유로 일제에 체포되어 옥고를 치르고 만주 등지를 떠돌아야 했다.

물론 당시의 과학운동을 낮게 평가하는 사람들도 있다. 일제가 과학운동의 잠재적 위험성을 파악하고 5년 동안 방관하다가 탄압하여 결국 과학운동이 흐지부지되었기 때문이다. 당대의 과학운동을 보면 조선의 전형적인 지식인들의 생각을 읽을 수 있다. 그들은 양반 신분을 견지하면서 스스로 과학기술을 공부하기보다는 누군가 나서 주기만을 요구했다. 양반의 기득권을 견지한다는 것은 중인이나 기술자들의 일은 자신들이 관여할 바가 아니라는 태도이다. 이를 일제가 적절히 이용했다. 조선인들이 독립할 정도가 되면 어련히 알아서 독립시켜주겠다는 식이다. 조선의 지도급 인사들에게는 뿌리칠 수 없는 유혹이었다. 지도층들의 이런 안이한 생각이 김용관으로 하여금 단순한 국민계몽 활동을 넘어 과학기술로써 의식개혁의 수준까지 이끌어가고자 한 것이다.

김용관은 과학의 진흥 없이는 민족의 미래도 없다는 것을 조선인들에게 심어주었다. 일제강점기의 핍박 속에 있던 조선 사람들에게 과학 지식의 중요성이 스며들었기에 결국 광복 후 어려운 시대를 거쳐 지금과 같은 세계 10위 국가로 발돋움할 수 있는 단초가 되었다고 보는 것은 결코 과장이 아니다.

김용관金容瓘

| 참고문헌 |

「홍어의 비밀… 살보다 내장에 항암효과」, 박방주, 중앙일보, 2004. 8. 15

「홍어찜의 비밀」, 과학향기 퓨전, 2003. 7. 16

「선택! 역사를 갈랐다(20) 다산 정약용과 풍석 서유구」, 정명현, 2012. 서울신문, 2012.07.12

「CSI의 추억 혈의누」, 이윤성, 과학동아, 2005년 6월

「김용관」, 정성희, 네이버캐스트, 2011.04.21.

「대동지지(大東地志)와 김정호(金正浩)」, 이상태 외, 2007.9월

「도르래와 축바퀴 '힘의 이득 원리'」, 김동욱, 부산일보, 2007.05.18

「만만한 게 그것이라는데, 홍어가 뭐길래?」, 이정근, www.news.go.kr 국정넷포털, 2004. 7. 21

「무원록의 과학으로 선정 펼쳤다」, 김호, 《과학과 기술》 2004년 7월호

「박제가」, 정성희, 네이버캐스트, 2012.06.25

「새 산맥지도 분수계와 산맥을 혼동하고 있다」, 손일, 과학동아, 2005년 2월

「성병에 몸을 내던진 헌터 그리고 그의 제자 제너」, 대중과학, 2007년 제7호

「역사 및 인물을 통해 본 Forensic Science-국가 주도의 철저한 과학적 규명 (1)」, 월간 과학교육, 사이언스올, 2009.

「우린 아직 박제가를 모른다」, 김기철, 조선일보, 2010.02.24

「이중환」, 신병주, 네이버캐스트, 2012.12.17

「이중환의 국토편력과 지리사상」, 권정화, 월간국토, 1999년 2월호

「정약용」, 정성희, 네이버캐스트, 2011.01.17

「조선 최교리를 보내며」, 장보, 중국 절강성 임해현지(최현호 역), 블러그 일엽편주, 2006.11.3

「조선시기 流刑와 絶島定配의 推移」, 장선영, 가우리블러그정보센터, 2005.2.2

「조선시대 경제학자 13, 풍석 서유구」, 한정주, 이코노미플러스, 2007년 11월호

「조선시대 의사 인생은 고달팠다」, 유석재, 조선일보, 2007.2.6

「조선시대 최신식 어류 백과사전」, KBS 역사스페셜, 《역사스페셜7》, 효형출판,

2004.

「조선시대유배문화」, 문화콘텐츠닷컴, 한국콘텐츠진흥원, 2012

「질병의 권력학, 장희빈 뒤에는 '천연두'가 있었다!?」, 이상곤, 프레시안, 2013.07.10

「추사(秋史) '세한도'에 숨겨진 수학 비밀을 풀다」, 유석재, 조선일보, 2008.2.27

「택리지」, 블러그 susugirls, 2006.12.7

「택리지의 경관론적 고찰 : 복거총론 산수를 중심으로」, 정기호, 한국조경학지 21권 3호, 1993

「표해록 재평, 동방견문록 등 역사상 외국인 중국기행과 비교 참조하여」, 갈진가, 제2회 한국 연구 환태평양 국제회의, 1994.7월

「표해록의 최부, 중국상륙 500년만에 확인」, 머니투데이, 2004.2.9

「풍석 서유구의 생애와 사상」, Tistory, 2012.11.26

「한국우두법의 정치학」, 신동헌, 한국과학사학회, 2010

「한국의 아리스토텔레스 정약전의 해양생물학」, 이태원, 과학동아, 2003. 3

「화성」, 유봉학, 한국사시민강좌 제23집, 1998

《100 디스커버리》, 피터 매니시스, 생각의날개, 2011

《고고학사전》, 국립문화재연구소, 2001

《교실 밖 국사여행》, 역사학연구소, 사계절, 2008

《국어국문학자료사전》, 이응백 외, 한국사전연구사, 1998

《근대의 인물》, 이선근, 오늘, 1996

《농림수산고문헌비요》, 김영진, 한국농촌경제연구원, 1982

《동서양고전》, 한국방송통신대학교 문화교양학과, 한국방송통신대학교출판부, 2007

《동의보감》, 허준, 동의보감출판사, 2005

《뜻밖의 한국사》, 김경훈, 오늘의책, 2004

《민속기행》, 이재운, 녹진, 1993.

《민족 과학의 뿌리를 찾아서》, 박성래, 동아출판사, 1993

《박물관에서 대동여지도를 만나다》, 국립중앙박물관, 2007

《발명상식사전》, 왕연중, 박문각, 2011

《수원화성》, 김동욱, 돌베개, 2002

《역사, 길을 품다》, 최기숙 외, 글항아리, 2007

《역사로 읽는 우리 과학》, 과학사랑, 아침, 1994

《역주 흠흠신서》, 정약용, 현대실학사, 1999

《우리 과학의 수수께끼》, 신동원, 한겨레출판, 2008

《유네스코가 보호하는 우리 문화유산 열두 가지》, 시공사, 최준식 외, 2004

《유물로 읽는 우리역사》, 이덕일 외, 세종서적, 1999

《의학 오디세이》, 강신익 외, 역사비평서, 2007

《의학사의 숨은 이야기》, 예병일, 한울, 1999

《의학오디세이》, 강신익 외, 역사비평사, 2007

《인물한국사》, 인물한국사편찬회, 박우사, 1965

《임원경제지》, 서유구, 임원경제연구소, 2012

《자산어보》, 정약전, 신안군, 1998

《조선 최고의 명저들》, 신병주, 휴머니스트, 2006

《조선과학인물열전》, 김호, 휴머니스트, 2003

《조선시대 과학수사 X파일》, 이종호, 글로연, 2006

《조선시대 인물의 재발견》, 정두희, 일조각, 1997

《조선역사 바로잡기》, 이상태, 가람기획, 2000

《조선을 뒤흔든 16가지 살인사건》, 이수광. 다산초당, 2006

《청소년을 위한 택리지》, 김홍식 역, 서해문집, 2007

《택리지》, 이익성 역, 을유문화사, 2007

《테마가 있는 20가지 과학 이야기》, B. E. 짐머맨 외, 세종서적, 1996

《표해록》, 서인범 외, 한길사, 2004

《한국 속의 세계》, 정수일, 창비, 2005

《한국과학사》, 전상운, 사이언스북스, 2001

《한국민족문화대백과》, 한국정신문화연구원, 동방미디어, 2011

《한국민족문화대백과사전》, 한국정신문화연구원, 1994

《한국사에도 과학이 있는가》, 박성래, 교보문고, 1998
《한국의 고전을 읽는다》, 김명호 외, 휴머니스트, 2006
《한국인의 과학 정신》, 박성래, 평민사, 1998

미야모토 무사시의 오륜서

모든 것에는 박자가 있다

특히 검술의 박자는 단련을 하지 않으면
엉거주춤해지기 쉽다.
무예의 길에 있어서도
활을 쏘고 총포를 당기며 말을 타는 것까지
박자와 높낮이가 있는 법이다.
또한 눈에 보이지 않는 것에도 박자가 있다.
무사가 신분이 올라 벼슬을 하여 입신출세하는 박자,
뒤로 물러서는 박자, 호흡이 척척 맞는 박자,
그렇지 않은 박자 등.
혹은 장사에 있어서도 부자가 되는 박자,
망하는 박자 등 길에 따라 박자가 달라진다.
매사에 발전하는 박자, 퇴보하는 박자를
잘 분별해야 한다.

미야모토 무사시 지음 | 안수경 옮김 | 값 11,500원

수학적 사고법
끈질기게 생각하고, 명쾌하게 설명하라

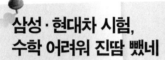

삼성·현대차 시험,
수학 어려워 진땀 뺐네

수학 문제로 종합적 정보 처리 능력 평가

(……)국내 대졸 취업 시장의 '쌍벽(雙璧)'인 삼성과 현대차의 인·적성 검사 당락은 '수학'에서 나뉠 것으로 보인다. 응시자들은 공통적으로 HMAT의 '공간지각', SSAT의 '시각적 사고' 분야가 가장 어려웠다고 말했다.(……)

삼성 관계자는 "이 같은 문제는 다양한 정보를 머릿속에서 취합한 후 종합적으로 사고하는 수학적 논리력을 측정하는 것"이라며 "기출 문제를 달달 외우는 식으로 준비한 학생들은 어려웠을 것"이라고 말했다.

— 2015년 4월 13일자 〈조선일보〉 기사 중에서

업무에서나 일상에서 어떤 일에 부닥쳤을 때 문제해결을 위해서는 분석하고 시행착오를 거쳐 해결방법을 찾아가야 한다. 그 과정에서 수학적 사고가 중요한 역할을 한다.

요시자와 미쓰오 지음 | 박현석 옮김 | 값 11,800원